湖北水利水电职业教育品牌建设项目规划教材
湖北水利水电职业技术学院课程改革系列教材

电气运行

主　编　马爱芳　丁官元　李银玲
主　审　刘凤珊　陈　渊

黄河水利出版社
·郑　州·

内 容 提 要

本书是湖北水利水电职业教育品牌建设项目规划教材、湖北水利水电职业技术学院课程改革系列教材之一,由湖北省财政重点支持,根据高职高专教育电气运行课程标准及工学结合教学要求编写完成。

本书共分10个学习情境,包括电气运行基础知识和电气运行技能操作两部分,内容主要有电气运行的基本知识,水轮发电机的运行,变压器的运行,高压断路器的运行,高压隔离开关、高压熔断器的运行,互感器的运行,绝缘子、母线及电力电缆的运行,防雷接地设备的运行,二次设备的运行,厂(站)用电交、直流系统的运行。

本书可作为高职高专院校发电厂及电力系统专业的教材,也可作为水力发电厂、变电站相关课程的培训教材,还可以作为电力生产现场人员和工程技术人员的培训教材和参考资料。

图书在版编目(CIP)数据

电气运行/马爱芳,丁官元,李银玲主编.—郑州:黄河水利出版社,2017.8 (2020.7 修订重印)
湖北水利水电职业教育品牌建设项目规划教材
ISBN 978-7-5509-1820-7

Ⅰ.①电… Ⅱ.①马… ②丁… ③李… Ⅲ.①电力系统运行-高等职业教育-教材 Ⅳ.①TM732

中国版本图书馆CIP数据核字(2017)第198833号

组稿编辑:简群 电话:0371-66026749 E-mail:931945687@qq.com

出 版 社:黄河水利出版社 网址:www.yrcp.com
地址:河南省郑州市顺河路黄委会综合楼14层 邮政编码:450003
发行单位:黄河水利出版社
发行部电话:0371-66026940、66020550、66028024、66022620(传真)
E-mail:hhslcbs@126.com
承印单位:河南承创印务有限公司
开本:787 mm×1 092 mm 1/16
印张:14.75
字数:340千字 印数:1 501—3 000
版次:2017年8月第1版 印次:2020年7月第2次印刷

定价:37.00元

编审委员会

前 言

按照“湖北水利水电职业教育品牌建设项目”规划要求，发电厂及电力系统专业是该项目的重点建设专业之一。按照项目建设方案和建设任务书，通过开展广泛深入的校企合作，不断创新基于职业岗位能力的“一主线、二融合、三层次、四岗位”的人才培养模式，以学生职业能力培养贯穿整个专业人才培养全过程，构建基于职业岗位能力分析的工学结合课程体系，优化课程内容，创新教学模式，不断进行优质核心课程、精品资源共享课程、在线开放课程的建设。经过多年的探索和实践，已形成初步建设成果。为了巩固专业建设成果，进一步将其应用到教学之中，最终实现让学生受益，经学院审核，决定正式出版系列课程改革教材。

“电气运行”是电力类高职高专院校发电厂及电力系统等专业的一门实践性很强的专业课程。本书根据电气运行值班的典型工作任务（设备的监控、巡视、操作、异常及事故处理），结合“基于工作过程”课程开发而编写，由电力生产现场专家组讨论编写课程教学大纲；书中列举了大量的异常、事故处理案例，有利于在教学过程中实施与电力生产现场工作一致的工作任务教学。

本书的编写团队中既有学院教师，又有在电力企业从事电气运行和调度工作的专家，且这些专家都是学院的兼职教师，不但具有丰富的实践经验，而且还有较强的教学和培训水平。

本书编写时引入了最新的电气运行规程、调度规程，采用了电气运行工作中的新设备、新技术和新方法，且避免各科理论的重复，致力于学习型工作任务的实施，通过工作过程获取相关的专业知识、技能与经验。本书内容与电力生产现场结合紧密，完全符合生产实际，实践性、实用性强，具有很好的针对性和可操作性，能最大限度满足学生能力目标培养的要求。

本书可作为高职高专院校发电厂及电力系统专业的教材，也可作为水力发电厂、变电站相关课程的培训教材，还可以作为电力生产现场人员和工程技术人员的培训教材和参考资料。

本书由湖北水利水电职业技术学院承担编写工作，编写人员及编写分工如下：学习情境 1 的任务 1.1、任务 1.2 和学习情境 2、学习情境 3 由马爱芳编写，学习情境 1 的任务 1.3、任务 1.4 和学习情境 7、学习情境 8、学习情境 10 由丁官元编写，学习情境 1 的任务 1.5、任务 1.6 和学习情境 4、学习情境 5、学习情境 6、学习情境 9 由李银玲编写。全书由马爱芳、丁官元、李银玲担任主编，由刘凤珊、陈渊担任主审。

由于编者水平有限，书中难免存在不足之处，恳请读者批评指正。

编　者

2017 年 5 月

本书配有丰富的图片和视频等资料，并配有大量练习题，可实现扫二维码在线答题

目　录

学习情境1　电气运行的基本知识

【学习任务描述】

本学习情境主要学习电气运行的基本知识，熟悉电气运行的主要任务、电气运行"两票""三制"的基本内容、设备巡视方法；掌握倒闸操作的基本概念和基本原则、倒闸操作票的填写及操作流程；熟悉电气设备事故处理的基本原则及流程；掌握常见的安全工器具的使用方法和注意事项。

电气运行是指发电厂、变电站和电力系统在电能的发、输、配、供、用过程中，运行值班人员（含系统调度员）对发供电设备进行监视、控制、操作和调节，使发供电设备正常运行，同时对设备运行状态进行分析，在出现异常状态及事故情况下，及时进行处理，以保证发电厂、变电站和电力系统的安全、稳定、优质、经济运行。

任务1.1　电气运行概述

1.1.1　电气运行的定义

电气运行值班人员在电能的发、输、配、供、用过程中，对电气设备进行监视、控制、操作、调节的过程，即为电气运行过程。电气运行工作由各级调度机构调度员及发电厂、变电站运行值班人员共同完成。

1.1.2　电气运行的主要任务

电气运行，实质是电力生产。电能是电力系统的产品，是一种较为特殊的商品，它在整个发、输、配、供、用过程中是连续而同时的，其大小也在不断变化。电能属于商品，必须满足一定质量要求。因此，电气运行的主要任务是保证电力系统安全、稳定、优质、经济运行。

(1)保证安全运行。在电能的供应、分配和使用中，必须保证人身安全和设备安全，不应发生人身事故和设备事故。若发生重大事故，不仅使本企业的设备和人身受到损害，而且直接影响到千家万户中断供电，甚至给国民经济造成严重的损失，因此电力的安全生产是十分重要的，电力生产必须保证安全运行。

(2)保证经济运行。电力系统的投资要少，运行费用要低，并尽可能采用新技术和其他能源的综合利用。发电部门应尽量降低燃料成本和厂用电率，降低每千瓦时的生产成本；供电部门应做好计划用电、节约用电和安全用电，并在社会上做好有关的宣传工作。

为了保证经济运行，应当加强技术管理，提高技术水平，采用经济运行方式，合理分配负荷，制订反事故措施，杜绝事故的发生，消除设备缺陷，保证设备健康水平。

(3)保证电能质量。电能质量指提供给用户的电能品质的优劣程度，通常以电压、频率等指标来衡量。电气设备的额定电压和额定频率是电气设备正常工作并获得最佳经济效益的条件。我国采用的额定工业频率(简称工频)为50 Hz。频率的变化范围一般不应超过±0.5 Hz。35 kV及以上供电电压正、负偏差的绝对值之和不应超过额定电压的10%，20 kV及以下三相供电电压偏差为额定电压的±7%，220 V单相供电电压偏差为额定电压的+7%、-10%。因此，电气运行应满足电能用户对电压和频率等质量的要求。

1.1.3 电力系统的运行组织原则

电力系统是由发电、输电、变电、配电、用电设施及为保证这些设施正常运行所需要的继电保护和安全自动装置、计量装置、电力通信装置、自动化设施、电力市场技术支持系统等构成的整体。

电力系统中，设有各级运行组织和值班员，分别担负系统中各部分的运行工作。

(1)电网调度机构。电网调度机构是电网运行的组织、指挥、指导和协调机构，负责电网的运行。目前，我国的电网调度机构是五级调度管理模式，即国调、网调、省调、地调和县调。

(2)发电厂、变电站运行值班单位。目前，发电厂、变电站运行值班实行“四值三倒”或“五值四倒”。无人值班的变电站，由变电站控制中心值班人员监控。发电厂、变电站运行值班的每一值(或变电站控制中心的每一值)为运行值班单位。电气运行的值班人员有值长、班长、主值班员、班员。

(3)调度指挥系统。电力系统是一个有机的整体，系统中任一个主要设备运行情况的改变，均将影响整个电力系统，因此就有必要在电力系统中建立起统一的调度指挥系统，设置调度机构，来统一领导系统的运行。

电网的运行由电网调度机构统一调度。调度机构的值班调度员是全系统运行中技术上的领导人，可以直接对系统内的发电厂、变电所的运行领导人发布命令。

1.1.4 电力系统的调度原则

调度机构是电网的生产运行单位，又是电网管理机构的职能部门，代表各级电网管理机构在电网运行工作中行使指挥权。各级调度在电力系统的运行指挥中是上下级关系。因此，下级调度机构制定的调度规程不应与上级调度部门制定的调度规程相矛盾，各发电厂和变电站的现场运行规程中涉及调度业务的部分，均应取得相应调度机构的同意，如有与调度规程相矛盾的条文，应根据调度规程予以修订。在跨省大区电网中，网调是最高调度管理机构；在省内电网中，省调是最高调度管理机构。

电力调度一般满足如下原则：

(1)各级调度机构在电力调度业务活动中是上下级关系，下级调度机构应服从上级调度机构的调度。

(2)调度机构管辖范围内的发电厂、变电站、监控中心等的运行值班单位，应服从该调度机构的调度。

(3)未经调度机构值班调度员许可,任何人不得操作该调度机构调度管辖范围内的设备。

(4)设备在操作前应经上级调度机构值班调度员许可,操作完毕后应及时汇报。

(5)调度机构调度管辖设备运行状态的改变,对下级调度机构调度管辖的设备有影响时,操作前后应及时通知下级调度机构值班调度员。

(6)属厂(站)管辖的设备,操作前应经调度机构值班调度员许可。

(7)发生威胁电力系统安全运行的紧急情况时,值班调度员可直接(或通过下级调度机构值班调度员)越级向下级调度机构管辖的发电厂、变电站、监控中心等的运行值班单位发布调度指令,并告知相应调度机构。

1.1.5 运行人员正确对待调度员的操作命令

(1)运行值班人员应认真执行调度员的操作命令。运行值班人员对调度员下的操作命令不清楚或与现场不符,应向发令人提出。

(2)运行人员对直接威胁设备和人身安全的操作命令应拒绝执行,同时向发令人报告拒绝执行的理由和建议。

1.1.6 允许不经调度许可的操作

(1)直接对人员生命有威胁的设备停电或将机组停止运行。

(2)将已损坏的设备隔离。

(3)恢复厂(站)用电源或按规定执行"紧急情况下保证厂(站)用电措施"。

(4)母线已无电压,拉开该母线上的断路器。

(5)将解列的发电机并列(指非内部故障跳机)。

(6)按现场运行规程的规定:

①强送或试送已跳闸的断路器;

②将有故障的电气设备紧急与电网解列或停止运行;

③继电保护或自动装置已发生或可能发生误动,将其停用;

④失去同期或发生振荡的发电机,在规定时间不能恢复同期,将其解列等。

1.1.7 电气值班人员的任务

电气值班人员在行政上受当班值长的领导,应完成当班值长交给的一切工作任务,熟悉操作规程和安全规程,保质保量完成职责范围内的工作。

(1)掌握电气运行操作规程和相关安全规程。

(2)按照规程要求,协助值长对所发生的异常运行的故障进行判断和处理。

(3)熟知发电厂主接线系统、直流系统、厂(站)用电系统、照明系统及主要电气设备运行特性、极限参数、继电保护、自动装置、厂(站)用系统二次接线、额定数据、动力保险定值等。

(4)主要工作岗位是控制室,主要职责是监盘,合理地调整机组有、无功负荷,保证机组安全、经济运行和电能质量，并能正确使用信号。

(5)在值长的统一指挥下，主动、迅速、正确地处理事故及异常运行。

(6)负责厂(站)用电系统、直流系统、照明系统的检查、维护及停、送电操作，监护其他值班员进行厂(站)用系统的倒闸操作。

(7)根据值长的指示做好厂(站)用电系统工作票的安全措施。

(8)根据值长的指示，值班员可以担任厂(站)用电系统工作票的许可人。

(9)对不符合电气设备规定的操作和不合理的运行方式，提出建议，并给予适当的纠正。

(10)熟知主要电气设备的极限电流、温度及其他主要极限参数。

(11)做好报表、仪表、安全用具、钥匙及材料备品的管理工作。

(12)负责检查并备齐高、低压配电室、配电箱用的熔断器，并保证定值符合要求。

(13)按时正确地记录报表及进行电量计算。

(14)负责监视发电机、主变压器、厂(站)用变压器的温度变化。

(15)负责发电机碳刷维护和更换工作。

(16)在监护下进行电气设备的倒闸操作，填写倒闸操作票。

(17)发生事故和异常时，在值长统一指挥下，协助处理事故，根据命令复归保护装置，详细、准确地做好保护动作情况记录。

(18)熟悉电气运行的安全和技术经济指标。

1.1.8 对电气值班人员的要求

1.1.8.1 职业道德

(1)作风踏实，工作细致认真。

(2)具有一定的事业心和责任感。

(3)忠于职守，热爱本专业。

(4)坚持原则，严守企业秘密。

1.1.8.2 相关知识

(1)熟悉掌握本专业的运行规程、事故处理规程、正常及特殊运行方式。

(2)熟悉电业安全作业规程。

(3)熟悉电力生产流程、生产技术和规程规范。

1.1.8.3 技能技巧

(1)具备电气维修技术水平，能看懂一次、二次图。

(2)具备很好的语言组织及口头表达能力。

(3)具备较好的人际沟通能力、创新精神。

(4)具有良好的学习能力和分析判断能力，条理性强，有团队合作精神。

(5)具备按生产指令组织生产的能力，且执行力强。

(6)熟练使用 Word、Excel 等办公软件，能承受一定工作压力。

1.1.9 电气运行人员技术学习内容

(1)电业安全工作规程，运行操作规程，事故处理规程，技术等级标准，岗位规范和有关规程制度。

(2)本公司发生过的事故、障碍,历年累积的设备异常情况资料汇编和反事故技术措施等。

(3)反事故演习中暴露出来的薄弱环节及反事故措施、对策。

(4)新旧设备的构造原理、参数性能、系统布置和运行操作方法。

(5)安全经济运行方式和先进工作方法。

(6)设备检修和异动后运行方式。

(7)季节变化对运行设备影响及预防措施。

(8)运行专业理论或操作技能示范等。

(9)调度规程有关部分。

任务1.2 电气运行的管理制度

电气运行管理制度是指保障安全生产、维持正常的生产秩序、提高运行水平的重要的管理制度。

电气运行管理制度包括:工作票制度、操作票制度、交接班制度、设备定期试验与轮换制度、巡视检查制度、运行分析制度等,前五种制度称为"两票三制"。

1.2.1 工作票制度

工作票制度就是指在电气设备上工作时应遵守的相关规定和要求的制度。

1.2.1.1 工作票的作用

工作票是批准在电气设备上工作的书面命令,也是明确安全职责,严格执行安全组织措施,向工作人员进行安全交底,履行工作许可手续,工作间断、工作转移和工作终结手续,同时实施安全技术措施等的书面依据。因此,在电气设备上工作时,必须按要求填写工作票。

1.2.1.2 工作票的种类

工作票一般分为以下六种:

(1)变电站(发电厂)第一种工作票。

(2)变电站(发电厂)第二种工作票。

(3)电力电缆第一种工作票。

(4)电力电缆第二种工作票。

(5)变电站(发电厂)带电作业工作票。

(6)变电站(发电厂)事故应急抢修工作票。

1.2.1.3 工作票的使用范围

1.第一种工作票的使用范围

(1)凡在高压电气设备上或在其他电气回路上工作需要将高压电气设备停电或装设遮栏者。

(2)凡在高压室内的二次回路和照明等回路上工作,需要将高压设备停电或做安全措施者。

一份工作票中所列的工作地点以一个电气连接部分为限,之所以这样规定,是因为在一个电气连接部分的两端或各侧施以适当的安全措施后,就不可能再有其他电源窜入的危险,故可保证安全。

2. 第二种工作票的使用范围

(1)带电作业和在带电设备外壳上的工作。

(2)控制盘、低压配电盘、配电箱、电源干线上的工作。

(3)二次接线回路上的工作,无需将高压设备停电的。

(4)非当值值班人员用绝缘棒对电压互感器定相或用钳形电流表测量高压回路的电流等。

(5)转动中的发电机的励磁回路或高压电动机转子电阻回路上的工作。

第二种工作票与第一种工作票的最大区别是不需将高压设备停电或装设遮栏。

3. 带电作业工作票的使用范围

带电作业或与邻近带电设备距离小于《电力安全工作规程》(简称《安规》)中所规定的工作。

4. 事故应急抢修单的使用范围

事故应急抢修可不用工作票,但应使用事故应急抢修单。

1.2.1.4 工作票所列人员的安全责任

1. 工作票签发人职责

《安规》规定了工作票签发人的职责,即考虑工作的必要性、工作的安全性、措施的完备性以及所派人员是否符合工作的需要,对作业现场进行检查。

2. 工作负责人(监护人)职责

按照自己的岗位标准、规范,认真组织作业班人员进行安全培训教育,监督监护作业人员遵章守纪(安全规程、技术规程、劳动纪律、文明生产规定),检查工作票所列安全措施,布置安全注意事项,开展危险点分析预控,及时制止违章行为,掌握作业人员变动情况。

3. 工作许可人职责

负责接收、审核工作票,对工作票所列项目的正确、完备负责,对现场布置的安全措施是否完善负责,负责检查停电设备有无突然来电的危险,对工作负责人讲明带电的部位及其他危险,对工作票发生的微小疑问必须向工作票签发人询问清楚,必要时要求做详细补充。

4. 作业人员职责

认真执行《安规》,执行工作票措施,作业中不得擅自变更、撤销安全技术措施,不得擅自扩大作业范围,不得无票、借票作业,作业过程中正确使用各种工、器、具,正确佩戴劳动保护、防护用品、用具,做到不伤害自己,不伤害他人,不被他人伤害。

1.2.1.5 工作票所列人员的资格

1. 工作票签发人资格

(1)工作票签发人由基层单位提名,有关部门考试合格,总工程师批准,具有多年实践经验的值长、班长、技术员签发本单位管辖区域内的设备、设施检修与维护，与其他单位工作无关的工作票。

(2)设备大小修工作标签发人由基层单位提名，根据工作内容、作业范围、作业时间等，按设备系统情况，由经有关部门考试合格，总工程师批准的专业工程师、技术员签发本专业或系统作业工作票。

2. 工作票签发人条件

工作票签发人必须熟悉本单位设备设施原理、构造、工艺、性能，熟悉《安规》，本单位检修规程、运行规程的有关部分，掌握作业人员安全技术条件，了解作业环境。

3. 工作许可人资格

工作许可人一般由运行班长担任，基层单位主管领导提名，经有关部门考试合格，总工程师批准，由有能力正确执行和检查安全技术措施的独立值班人员担任。

4. 工作许可人条件

工作许可人必须熟悉《安规》、运行规程，熟悉设备原理、构造、工艺、性能、编号、名称、位置、操作方法，为有能力正确执行和检查安全技术措施的独立值班人员。

5. 工作负责人资格

工作负责人一般由有多年现场实际经验、业务技术、组织能力的人员担任，能够保证作业的安全、质量、进度(聘任的农民工临时作业人员、入场不满两年的工作人员，不得担任工作负责人)。

6. 工作负责人的条件

工作负责人必须熟悉《安规》、运行规程，熟悉设备原理、构造、工艺、性能、编号、名称、位置和与检修设备有关的系统情况，熟练掌握作业流程、检修的方法和工艺要求及质量标准。

7. 作业人员条件

作业人员必须熟悉《安规》、检修规程的有关部分，了解掌握检修设备情况(如设备结构存在的缺陷)和与检修设备有关的系统情况，正确的作业方法、检修工艺要求和质量标准。

1.2.1.6　工作票填写要求

(1)工作票应用蓝色、黑色签字笔、圆珠笔、钢笔填写，一式两份，一份由工作负责人在作业现场保管，一份由运行值班人员保管，按值移交。

(2)工作票由工作负责人或工作票签发人填写，工作票签发人认真审核后确认全部内容无误后签发，工作票签发人不得担任该作业项目的工作负责人。

(3)工作票填写关键字、词不得涂改，字体端正，涂改不得超过三个字，涂改处工作票签发人必须签名盖章，超过三个字为不合格票，不予审批。

(4)填写完成的工作票在最后一项措施项目后空白行左侧处盖“以下空白”章。

1.2.1.7　电气第一种工作票的填写(电气第二种工作票参照执行)

(1)标题栏：“________电气第一种工作票”处填写本企业名称(此处可在印制工作票时直接把企业名称印好)；“工作部门________”“班组________”处填写所在工作部门、班组，“No ________” 处为工作票统一编号。

(2)“工作内容和工作地点”栏:必须将工作的具体内容、地点填写清楚,且只能填写一项工作内容(在一项主要工作内容之后可用括号填写分项工作内容)。

(3)“安全措施”(由工作票签发人填写)栏:每条措施均应有序号,写清停电设备的名称、编号以及拉开的开关、刀闸和保险,接地线装设地点、应设遮栏地点、应挂标示牌名称。若措施少出现空白行,要紧顶第一空白行盖“以下空白”章,中间不能留空白行。

(4)“安全措施”(由工作许可人填写)栏:工作许可人每完成一项安全措施后,填写清楚已做该项安全措施,已装设接地线标明地点、编号,当所有安全措施完成后,会同工作负责人到现场再次检查所做的安全措施是否完备,以手触试,证明检修设备确无电压,向工作负责人指明带电设备的位置和注意事项,并在工作票上注明带电设备部位和注意事项,工作许可人和工作负责人在工作票上分别签名。若工作许可人认为安全措施不全需要补充,可在补充安全措施栏进行补充。

(5)“工作负责人变动”栏:因工作关系需要变更工作负责人时,应由工作票签发人将变动情况记录在工作票上,填写变动时间,并在工作票签发人处签名,被变更的工作负责人要向新的工作负责人交代清楚工作内容、安全措施和工作人员情况后方可离去。

(6)“工作票延期”栏:工作在预定时间尚未完成,工作票签发人同意延期后,由工作负责人向工作许可人和值长申请办理延期手续,填写延期时间并签名。

(7)“备注”栏:填写需要向工作负责人交代的事项或其他问题。

1.2.1.8 变电站(发电厂)第二种工作票的填写

变电站(发电厂)第二种工作票中,与第一种工作票相同的各栏填写要求和第一种工作票相同,与第一种工作票不同的各栏填写要求如下:

(1)工作条件:当工作对象不需要停电时,填写“不停电”;当需要停电时,填写“停电”。

(2)注意事项:

①带电工作时重合闸的投、切情况。

②做保护定校、检查工作时,该套保护及母线的保护连接片投、切情况,工作设备与其他相邻保护应用遮栏隔开的情况。

③在直流回路、低压照明回路或低压干线上工作时,电源开关及熔断器切除情况,按需要装设的接地线或挡板情况。

④在邻近运行设备工作时应注明设备运行情况,安全距离应以数字表示。

⑤在蓄电池室内工作,应提醒工作人员注意“禁止烟火”。在控制室、直流室或蓄电池室顶部工作时,下面应设遮栏布及注明其他注意事项。

⑥在高处作业时,应注明下层设备及周围设备运行情况。

⑦工作时防止事故发生的措施,不要笼统地写“注意”“防止”等字样,如“防震动、防误跳、防误拔继电器、防跑错间隔”等,而写明具体措施,如“加锁、切连接片”或“贴封条”等。

⑧在水电厂内地面挖掘时,应注明地下电缆及接地装置情况。

(3)备注栏:工作中的特殊危险点及需设的专责监护人,还应填写姓名、地点及具体工作。

1.2.1.9　填写事故应急抢修单的规定

事故抢修系指设备在运行中发生了故障或严重缺陷,需要紧急抢修,而工作量不大,所需时间不长,在短时间内能恢复运行的。在事故抢修情况下可以不用工作票,但应使用事故应急抢修单。

注意:抢修前必须做好安全措施,并得到值班员的许可。如果不能恢复、需转入事故检修的,则仍应补填工作票,并履行正常的工作许可手续。

1.2.1.10　工作票的执行流程

(1)工作负责人或签发人根据停电申请填写工作票。

(2)工作票签发人进行工作票签发。

(3)运行人员接收工作票。

(4)运行人员根据工作票做安全措施。

(5)工作许可人进行工作许可。

(6)检修人员进行工作,履行工作监护。

(7)工作负责人会同工作许可人进行工作总结。

(8)运行人员拆除工作票上安全措施。

(9)工作许可人进行工作票的终结。

注意:若两张工作票公用安全措施,先工作终结那张票不能拆除安全措施,需在该张票上填写清楚哪些接地开关未拆除,但在备注栏需根据操作票写清楚拆除接地开关的时间。

1.2.1.11　工作票的执行程序

1. 如何接收工作票

工作票一般应在开工前一天,当日消除缺陷的工作票应在开工前一个小时,送交运行班长,由具有工作许可人资格的运行人员对工作票全部内容进行审查,必要时填好补充安全措施,确认无问题后记上收票时间,并在接票人处签名。

审查发现问题时应向工作负责人询问清楚,如安全措施有错误或重要遗漏,应要求工作票签发人重新签发工作票。

接票人签收工作票后应在工作票登记簿上进行登记。

必须经过值长审批同意后方可执行工作票。

非计划工作可随时提票,但必须事先征得工作许可人或值长的同意方可办理。

2. 如何布置和执行安全措施

根据工作票计划的时间和值长的意见,由班长在适当的时间布置运行值班人员或亲自执行工作票所列安全措施。

安全措施中如需要电气值班人员执行断开电源措施,应填写“停电联系单”。

确认安全措施全部正确执行完毕,经运行班长确认后,联系工作负责人办理开工手续。

3. 如何办理工作许可

检修工作开始前,工作许可人和工作负责人应共同到现场检查安全措施,必须认真执行。

工作许可人和工作负责人共同到检修施工现场，由工作许可人向工作负责人详细交代安全措施布置情况和安全注意事项。工作负责人对照工作票检查安全措施无误后，双方在工作票上签字并记上开工时间，工作许可人留存一份，工作负责人自持一份，作为开工凭证，即可开工。

4. 如何办理工作延期

工作任务不能按批准完工时间完成时，工作负责人一般应在批准完工期限前两小时向工作许可人申明理由，经值长同意后办理延期手续。

两日及以上的工作应在批准期限前一天办理延期手续。

延期手续只能办理一次。如需再延期，应重新签发工作票，并注明原因。

5. 如何进行检修设备试运

经过检修后的设备需经过试运、检验方能交工。工作负责人在试运前将全体工作人员撤至安全地点，然后将工作票交工作许可人。

工作许可人认为可以试运时，应将试运设备检修工作票有关安全措施拆除，检查工作人员确已撤出检修现场后，填写"送电联系单"联系送电，在确认不影响其他作业班组安全的情况下，进行试运。

试运后尚需工作时，工作许可人按工作票要求重新布置安全措施并会同工作负责人重新履行工作许可手续后，方可继续进行检修工作。

如果试运后工作需要改变原工作票安全措施范围，应重新签发新的工作票。

6. 如何办理工作终结

工作完工后，工作许可人会同工作负责人共同到现场全面检查验收，包括文明生产方面，确认无问题时，办理终结手续。

工作许可人在一式两份工作票上记入终结时间，双方签名后盖上"已执行"印章，双方各留一份保存。

工作许可人要求工作负责人将设备检修情况、设备变动情况以及运行人员应注意事项向运行人员进行交代，并在检修交代记录本或设备变动记录本上记清楚。

1.2.2 操作票制度

运行人员要完成一个操作任务，必须先填写操作票，这就是操作票制度。

操作票是安全正确进行倒闸操作的根据，它把经过深思熟虑制订的操作项目记录下来，从而根据操作票面上填写的内容依次进行有条不紊的操作。电气设备改变运行状态，必须使用操作票进行倒闸操作，这是防止误操作的主要措施之一。

1.2.3 交接班制度

交接班制度主要是规定运行值班人员在交接班时的职责和职权、交接班的内容、交接班的方法和顺序。

交班人在交班前应做好准备，检查本班有关事项是否均已记入各类记录簿，各类交接物件是否齐全等。在未做好交班准备时双方不应交接班。接班人应提前到班做好接班前的检查准备工作，并会同交班人一起进行各项交接班检查。交接班检查结束后，双方在交接班记录簿上认可签字，交接班手续至此完成。

1.2.3.1　交接班的内容

(1)读有关记录簿，交代设备的运行情况，包括一、二次设备，直流系统及站用变设备。

(2)倒闸操作情况。

(3)使用中的工作票，修、试、校情况及安全措施的布置，接地线的位置、数量和编号。

(4)新发现的设备缺陷和异常运行及处理经过。

(5)继电保护、自动装置的动作和变更。

(6)上级命令、指示内容及执行情况。

(7)提醒下一值的注意事项。

(8)交代当值的运行方式和设备的实际位置。

(9)按专责分工，共同到现场巡视设备，检查环境卫生，交接工具、仪表、文具用品、材料、消防设施、钥匙及有关资料记录等。

(10)交接巡视完毕，专责人应向接班值班长汇报接班检查结果，双方确认清楚无误后，交、接班值班长签名并写上交班完毕时间。

注意：运行部门应制定交接班工作标准。运行人员应按照交接班工作标准进行交接，未办完交接手续前，不得擅离职守。

在处理事故或进行重要的操作时，不得进行交接班。

1.2.3.2　值班日志和运行日志

(1)值班日志：包括交接班记录本、倒闸操作记录本、工作票记录本、设备缺陷记录本、命令记录本等，主要记载值班时设备运行情况，值(班)长和运行值班人员都应在记录本上认可签字。

(2)运行日志：按时系统地记录各电气设备的运行参数及技术数据，进行运行分析。

注意：上述值班记录在交接班时，交班人员应交代清楚，接班人应仔细查阅，询问明白。

1.2.3.3　交接班工作标准

交接班必须要做到“五清四交接”。

1. 五清

一是看清，即接班人员在接班前应对本班所管辖的运行(包括备用)设备进行检查，看清楚是否处在正常的运行状态，看清楚上一班甚至前几班值班日志和运行日志所做的运行记录，掌握各设备近期运行情况。

二是讲清，即交班人员在交班时必须将本班的运行情况及有关事项一一讲清楚。

三是听清，即接班人员在接班时一定要将交班人员所讲述的情况听清楚，必要时应做好记录。

四是问清，即接班人员对交班人员所讲述的情况不清楚或有疑问时一定要问清楚，必要时应做好记录。

五是点清，即接班人员要对交班人员所移交的工具、物品等一件件点清楚，看是否移交齐全。接班人员还应点清本班到班人员，并做好记录；交班的要在离岗前点清本班人数,核对是否与接班时相同。

2. 四交接

一是站队交接:站队交接既能产生一种严肃认真的气氛,提醒接班人员要进入到上班状态,又能方便本班清点人员,有效避免迟到早退。

二是图板交接:接班人员应对设备实际运行方式(结线)与模拟图板进行核对,并与交班人员在模拟图板上预演正常后再进行交接,进行图板交接能有效减少误操作。

三是现场交接:现场交接是指接班人员与交班人员到每一设备现场进行逐一核对交接,现场交接能使接班人员掌握每一设备的运行情况,特别是能更清楚地掌握正在检修的设备的现场情况,能有效地避免对检修设备送电。

四是实物交接:实物交接是对在值班中有可能使用到的工具、物品等一一进行交接并分类摆放好,方便值班人员急需时使用。

1.2.4 设备定期试验与轮换制度

设备定期试验与轮换制度主要包括各种设备的预防性试验、继电保护及电网自动装置的定期检验以及设备定期轮换的要求。

电气设备必须严格按照《电力设备预防性试验规程》和《继电保护及电网安全自动装置检验条例》规定的项目、周期进行试验或检验。

运行部门应掌握所辖设备的试验、定检周期表和年度、月度设备试验、定检计划。

运行部门应保存完整、齐全的设备试验、定检记录,并分类归档。

定期试验检查的设备一般包括变压器冷却器、备用电源切换装置、重合闸、中央信号系统、事故照明等。

定期轮换的设备一般包括备用的变压器、站用变、电抗器、直流电源、备用电源等。

对运行设备影响较大的轮换试验,应安排在适当的时候进行,并做好事故预想、安全措施。轮换试验结果应及时地记入有关记录簿中。

具体内容如下:

(1)运行各班、各岗位应按规定的时间、内容和要求,认真做好设备的定期试验、切换、加油、测绝缘等工作。班长在接班前应查阅设备定期工作项目,在班前会上进行布置,并督促实施。

(2)如遇机组启停或事故处理等特殊情况,不能按时完成有关定期工作时,应向值长或值班负责人申明理由并获同意后,在交接班记录簿内记录说明,以便下一班补做。

(3)经试验、切换发现缺陷时,应及时通知有关检修人员处理,并填写缺陷通知单。一时不能解决的,经生产副厂长或总工程师同意,可作为事故或紧急备用。

(4)电气测量备用辅助电动机绝缘不合格时,应及时通知检修人员处理。

(5)各种试验、轮换操作均应按岗位职责做好操作和监护,试验前应做好相应的安全措施和事故预想。

(6)定期试验与轮换中发生异常或事故时,应按运行规程进行处理。

(7)运行人员应将本班定期试验与轮换工作的执行情况、发现问题及未执行原因及时登记在定期试验轮换记录簿内,并做好交接班记录。

（8）为了保证备用设备的完好性，确保运行设备故障时备用设备能正确投入工作，提高运行可靠性，必须对设备定期进行试验与轮换。

1.2.5 巡视检查制度

运行值班人员在值班期间，对有关电气、机械设备及系统进行定时、定点、定专责全面检查的制度，称为巡视检查制度。

巡视检查是保证设备安全运行、及时发现和处理设备缺陷及隐患的有效手段。每个运行值班人员应按各自的岗位职责，认真、按时执行巡视检查制度。

在巡视检查过程中要按照规定的巡检路线和巡检项目做到"五到"：

一是走到，即要走到被检设备现场进行检查。为了使每一巡检者都走到，可在要求巡视检查的设备现场设置一记录本，每一巡检人员巡检到该设备时必须在该记录本上记下自己的姓名和巡检时间。

二是看到，巡检人员走到设备现场后应对该设备按照规程中的检查项目进行认真细致的检查。

三是听到，有很多设备（如变压器）其内部是看不到的，检查其外部正常后还应听其声音，根据响声是否异常来判断该设备是否正常运行。

四是闻到，有些设备在运行不正常时会发生臭味，可从其发出的气味中加以判断。

五是在必要时要摸到，对不带电的设备，外观、响声和气味都正常，但对其运行是否正常而有怀疑时可以用手去触摸，根据其振动、发热等进一步加以判断。

设备巡视检查可以两人一起进行，也可一人进行，但一人进行时应由有多年实际工作经验的人担任。

任务1.3 电气设备的巡视检查

设备巡视工作是运行人员日常工作中的一项重要内容，是随时掌握设备运行情况，及时发现设备异常和缺陷，预防事故发生，确保设备连续安全运行的主要措施。值班人员必须按设备巡视线路认真执行，巡视中不得兼做其他工作，遇雷雨时应停止巡视。

值班人员对运行设备应做到正常运行按时查，高峰、高温认真查，天气突变及时查，重点设备重点查，薄弱设备仔细查。

1.3.1 设备巡视的种类及周期

发电厂、变电站的设备巡视检查，一般分为正常巡视、全面巡视、夜间熄灯巡视和特殊巡视。

1.3.1.1 正常巡视

正常巡视内容按照发电厂、变电站现场运行规程所列要求进行。发电厂及有人值班变电站应每天三次，包括交接班巡视、高峰负荷巡视；无人值班变电站按各单位规定的巡视周期进行巡视。

恩施天楼地枕水力发电厂规程规定，除发电机和变压器外的电气一次设备，每周至少巡视检查一次，水轮发电机组及其辅助设备每天至少巡视检查一次，励磁系统每班至少巡视检查一次，运用中的主变及厂高变每天至少巡视检查一次。

1.3.1.2 全面巡视

全面巡视是对设备进行全面的检查，应按规定时间和要求进行，通常每月一次，主要是对设备、建筑及基础进行全面的外部检查；检查消防用器具、安全用具是否齐备；检查试验是否过期；检查室内外场地、巡视操作小道是否整齐清洁；检查设备的薄弱环节，对缺陷有无发展作出鉴定；检查防火、防小动物、防误闭锁等有无漏洞；检查接地网及引线是否完好。

1.3.1.3 夜间熄灯巡视

夜间熄灯巡视应每周一次，主要是检查设备有无电晕、放电，接头有无发红与过热现象。

1.3.1.4 特殊巡视

特殊巡视检查主要有以下情况：

(1)恶劣天气（大风前后、雷雨后、冰雪、冰雹、雾天、温度骤变等）时。

(2)事故跳闸时。

(3)新安装设备投入运行时。

(4)设备经过检修、改造或长期停运后重新投入系统运行时。

(5)设备异常运行或运行中有可疑现象（过负荷或负荷剧增、超温、设备发热、系统冲击、跳闸、有接地故障）时。

(6)设备缺陷有发展时、法定节假日、上级通知有重要保电任务时。

1.3.2 设备巡视的方法

1.3.2.1 一般巡视方法

传统的巡视方法主要有看、听、嗅、摸和分析，微机巡视仪作为先进的巡视方法已开始使用。

(1)目测检查法：用眼睛检查看得见的设备部位，通过设备外观的变化来发现异常情况。通过目测可以发现的异常现象主要有：引线断股、散股、接头松动；变形（膨胀、收缩、弯曲）；变色（烧焦、发红、硅胶变色、油变黑）；渗漏（漏油、漏水、漏气）；污秽、腐蚀、磨损、破裂；冒烟，接头过热；火花、闪络；有杂质异物；指示不正常（表计、油位）；有不正常的动作等。

(2)耳听判断法：用耳朵或借助听音器械，判断设备运行中发出的声音是否正常，有无异常声音。

(3)鼻嗅判断法：用鼻子辨别是否有电气设备的绝缘材料过热时产生的特殊气味。

(4)触试检查法：用手触试设备的非带电部分（如变压器的外壳、电机的外壳），检查设备的温度是否有异常升高或局部过热。

(5)仪器检测法：借助测温仪、望远镜、遥视探头对设备进行检查，是发现设备过热的有效方法，目前使用较广。

(6)比较分析法：对所检查的设备部件有疑问时，可与正常设备部件比较；对于数据型结果，可通过与其他同类设备及本身历史数据进行横向、纵向比较分析，综合判断设备是否正常。

1.3.2.2　巡视工具的使用

1. 测温仪

对于发电厂、变电站配备的红外测温仪，一般情况下结合正常巡视使用。根据运行方式的变化，在下列情况下进行重点测温：长期重负荷运行的设备，负荷有明显增加的设备，存在异常的设备，新投设备或运行方式改变后投入运行的设备，检修人员测温时发现温度偏高但尚能坚持运行的设备，其他有必要的情况。

2. 智能巡检仪

配置了智能巡检仪的发电厂、变电站，在巡视时按照掌上电脑的提示进行检查，避免发生漏检和检查不到位的情况。

3. 遥视系统

装有遥视探头的发电厂、变电站，可通过调整探头的角度和远近，检查正常情况下看不到的设备上部及高处的母线、绝缘子串有无异常。

1.3.2.3　设备巡视方法的具体运用

1. 检查油位高低

注油设备油位过高，原因可能是注油设备过负荷、内部接头过热或故障、注油设备散热环境不良或者气温高等，对于变压器还可能是假油位。当注油设备油位过低看不见时，可能是因注油设备外部漏油或内部漏油，以及气温突降等多种因素造成的。

2. 油温判断

油温判断通常采用比较法，即与以往的运行数据比较，如发现油温较高，应查明原因。一般变压器类设备装设有油温表。油温高的因素可能有：冷却器有故障；散热环境不良，散热器阀门没有打开；环境温度高；负荷大；内部有故障；外部有故障；温度计损坏。

通过比较安装在变压器上的几只不同温度计的读数，并充分考虑气温、负荷的因素，判断是否为变压器温升异常。变压器的很多故障都有可能伴随急剧的温升，应检查运行电压是否过高，套管各个端子和母线或电缆的连接是否紧密，有无发热迹象。

3. 声响判断

变压器在正常运行中会发出均匀的嗡嗡声，而大多数设备正常运行时处于无声状态。当发生各种异常或故障情况时，就会发出各类声响，也就是异声。对于声响判断，通常采用比较法。当有异常声响时，应查明原因。一般发生异常声响的可能性因素有：内部发生故障、负荷突变、过负荷、内部个别零件松动、铁磁谐振、外部有故障、其他因素（如设备外部附件螺丝螺母松动造成的不正常声响）。

4. 检查接头发热方法

根据示温蜡片状况进行检查；根据相色漆的变色来判断接头是否发热；观察接头上有无热气流、水蒸气和冒烟现象；观察接头金属的变色；用红外测温仪测量接头温度。

5. 检查绝缘子裂纹方法

检查绝缘子裂纹方法主要包括：雨后检查水波纹；对着日光检查，绝缘子表面污秽程度越大，其反射光线聚光点的亮度就越暗；用望远镜检查；根据声响判断。

1.3.3 设备巡视的安全要求和事项

(1)设备巡视检查工作,由值班长按照规程规定安排正常巡视检查和特殊巡视检查。

(2)巡视前针对巡视内容、天气情况、设备运行状况进行危险点分析。

(3)巡视设备时应戴安全帽,并按规定着装,检查所使用的安全工器具是否完好,应按照规定的巡视路线进行巡视,防止漏巡。

(4)在设备检查中,要做到"四细":细看、细听、细嗅、细摸(指不带电设备外壳),严格按照设备运行规程中的检查项目检查,防止漏查缺陷。

(5)巡视人员状态应良好,巡视过程中精神集中,要做到五不准:不准做与巡视无关的工作;不准观望巡视范围以外的外景;不准交谈与巡视无关的内容;不准嬉笑、打闹;不准移开或越过遮栏。

(6)巡视高压设备时,人体与带电导体的安全距离不得小于表1-1中的规定。

表1-1 人体与带电导体的最小安全距离

电压等级(kV)	6~10	20~35	110	220	500
无遮栏(m)	0.70	1.00	1.50	3.00	5.00
有遮栏(m)	0.35	0.60	1.50	3.00	5.00

(7)巡视保护室禁止使用移动通信工具,开关保护屏门应小心谨慎,防止过大振动。

(8)进入GIS设备室前应先通风15 min,且无报警信号,确认空气中含氧量不小于18%,空气中SF_6浓度不大于1 000 μL/L后方可进入。

(9)不要在GIS设备防爆膜附近停留,防止压力释放器突然动作,危及人身安全。

(10)室外SF_6设备气体泄漏时,巡视人员站位要合适,应从上风接近检查;避免站在设备压力释放装置所对的方向。

(11)雷雨天气,需要巡视室外高压设备时,应穿绝缘靴,并不得靠近避雷器和避雷针。

(12)高压设备发生接地时,室内不得接近故障点4 m以内,室外不得接近故障点8 m以内。进入上述范围人员应穿绝缘靴,接触设备外壳和架构时,应戴绝缘手套。

(13)夜间巡视应开启设备区照明,熄灯夜巡应带照明工具。

(14)用红外线测温仪测温、继电保护巡视、绝缘杆等检查设备须由两人进行,如果是非运行人员完成这些工作则必须执行工作票制度。

(15)巡视配电装置,进出高压室,应随手关门,防止小动物进入室内。

(16)高压室的钥匙至少应有3把,由配电值班人员负责保管与移交。一把专供紧急时使用,另一把专供值班员使用,其他可以借给单独巡视高压设备的人员和工作负责人使用,但登记签名,当日交回。高低压室的钥匙应严格管理,不得外借给非电业系统的人员使用。

(17)运行人员在进行巡视检查中发现设备缺陷或异常运行情况,应详细记录在运行日志和缺陷记录簿上,班内要做好缺陷分析定性。对紧急缺陷及严重异常情况需立即向上级和有关调度汇报,加强对设备薄弱环节的监视,做好事故预想,并按值交接。

(18)巡视检查时,遇有威胁人身和设备安全的情况,应按事故处理有关规定进行处理,并同时向上级和有关调度汇报。

(19)担任副值及以上岗位的运行人员允许单独巡视高压配电装置,新进人员不可单独巡视检查,应由允许单独巡视高压配电装置的人员陪同。

(20)经本单位批准允许单独巡视高压设备的人员巡视检查发电厂、变电站,集控所运行人员巡视检查无人值班的变电站时,必须在变电站的出入登记簿上签名登记,离开时检查门窗、灯、水是否关好。

1.3.4　设备缺陷定性

(1)一般缺陷是指性质一般,危害情况较轻,对安全运行影响不大的缺陷。

(2)严重缺陷是指对人身或设备有严重威胁,暂时还能坚持运行但须尽快处理的缺陷。

(3)危急缺陷是指设备或建筑物发生了直接威胁安全运行并需立即处理的缺陷。

任务1.4　电气设备的倒闸操作

1.4.1　倒闸操作的基本概念

1.4.1.1　电气设备的状态

发电厂及变电站电气设备通常有以下四种状态:

(1)运行状态。设备的断路器及隔离开关均在合位,保护及自动装置按规定投入或退出,控制、保护、信号、合闸、储能等二次电源均投入,设备的远方/就地开关在远方位置。

(2)热备用状态。设备的断路器在分位,隔离开关在合位,保护按规定投入或退出,重合闸装置退出,控制、保护、信号、合闸、储能等二次电源均投入。对小车断路器,小车柜应在工作位置,断路器在合位,控制小开关和二次插把投入。设备的远方/就地开关在远方位置。

(3)冷备用状态。设备的断路器及隔离开关均在分位,保护按规定投入或退出,重合闸装置退出,控制、保护、信号、合闸、储能等二次电源均投入。对于小车断路器,小车柜应在试验位置,断路器在分位,控制小开关和二次插把投入。设备的远方/就地开关在远方位置。

(4)检修状态。设备的断路器及隔离开关均在分位,重合闸装置退出,本路保护联跳他路断路器压板应退出,他路保护、自动装置联跳本路断路器压板应退出。本路其他保护压板均按要求投入或退出,控制、保护、信号、合闸、储能等二次电源均退出,且按规定做好安全措施(接地、装设遮栏、悬挂标示牌等)。对于小车断路器,小车柜应在检修位置,断路器在分位,控制小开关分开,二次插把取下。设备的远方/就地开关在就地位置。

1.4.1.2　倒闸操作

在进行电气运行的工作中,运行人员要随时根据设备的运行状态及调度的命令改变系统的运行方式或改变设备的状态，以保证电力生产的安全性及经济性。例如，让某某线路由运行转检修，让某某母线由热备用转冷备用等，我们把这种调节行为称为倒闸操作。因此，倒闸操作就是将电气设备由一种状态转换为另一种状态或改变系统的运行方式所进行的一系列操作。

1.4.2 倒闸操作的主要内容

电气一次设备及二次设备倒闸操作的内容主要有：

(1)电力线路的停、送电操作。

(2)变压器的停、送电操作。

(3)电网的并列与解列操作。

(4)倒母线及母线停、送电操作。

(5)继电保护和自动装置的启用、停用。

(6)装设和拆除接地线的操作(合上和拉开接地开关)。

(7)变压器的调压操作。

(8)站用电源的切换操作等。

1.4.3 倒闸操作的基本原则

进行倒闸操作时必须遵循一定的原则，否则就会造成设备事故及人身伤亡事故。倒闸操作原则的核心是：停电操作时先断开断路器，然后拉开负荷侧隔离开关，再拉开电源侧隔离开关；送电操作时先合上电源侧隔离开关，然后合上负荷侧隔离开关，最后合上断路器。

1.4.3.1 线路的停、送电操作原则

1. 单电源线路的停、送电操作

停电操作按照断开断路器、负荷侧隔离开关、母线侧隔离开关的顺序依次进行，送电操作顺序与停电操作顺序相反。这样的操作顺序可以起到两方面作用：一是防止带负荷拉、合隔离开关；二是即使在断路器处于合闸状态时，造成带负荷拉、合隔离开关的事故，可将事故限制在线路侧隔离开关，只引起本线路短路事故，本线路保护动作将跳闸切除故障，不影响母线上其他线路运行，造成的事故范围及修复时间将大为缩小。

2. 双电源线路的停、送电操作顺序

停电时，应先将线路两端的断路器断开，然后根据调度命令依次拉开线路侧隔离开关和母线侧隔离开关。送电操作顺序与此相反，先合母线侧隔离开关，再合线路侧隔离开关。

用断路器并列时，应经同期检定，严防非同期并列。

1.4.3.2 变压器的停、送电操作原则

(1)单电源变压器。停电时应先拉开负荷侧断路器，再拉开电源侧断路器，最后依照先负荷、后电源的原则拉开各侧隔离开关。送电操作顺序与此相反。

(2)双电源或三电源(包括两台及以上并列运行)变压器停电时，一般先拉开低压侧断路器，再拉开中压侧断路器，然后拉开高压侧断路器，最后依照先变压器侧(负荷)后母

线侧（电源），按照低、中、高的顺序拉开各侧隔离开关。送电操作顺序与此相反。

（3）投入或断开中性点直接接地空载变压器（电压为 110 kV 及以上的空载变压器）时，应将变压器的中性点接地，以防变压器线圈引起操作过电压。操作完后，根据调度要求，决定中性点接地隔离开关是否保持在合闸位置。

（4）中性点直接接地两台变压器的中性点的切换应遵循先合后拉的原则，中性点经消弧线圈接地两台变压器的中性点消弧线圈的切换应遵循先拉后合的原则。

1.4.3.3 倒母线的操作原则

在倒母线操作时，首先应使母联两侧隔离开关及断路器均在合闸位置，然后将母联断路器的操作保险取下，使母联断路器成为死开关，以避免倒母线过程中母联断路器误跳闸，保证母线隔离开关倒闸操作满足等电位要求。

在倒同一元件母线侧不同隔离开关时应遵循先合后拉原则。

1.4.3.4 隔离开关的允许操作

回路中未装设断路器时，允许用隔离开关进行下列操作：

（1）拉开或合上无故障的避雷器或电压互感器。

（2）拉开或合上无故障的母线。

（3）拉开或合上变压器中性点。

（4）拉开或合上无故障的中性点消弧线圈。

（5）拉开或合上励磁电流不超过 2A 的无故障空载变压器和电容电流不超过 5A 的无故障空载线路。

（6）拉开或合上 10 kV 及以下、电流在 70 A 以下的环路均衡电流。

（7）与断路器并联的旁路隔离开关，当断路器在合闸位置时，可拉、合该断路器的旁路电流。但在操作前，须将该断路器的操作保险取下。

1.4.3.5 单相隔离开关和跌落式熔断器的操作原则

按排列方式不同，分两种情况：水平排列时，停电拉闸应先拉中相，后拉两边相；若有风则按照中相、下风侧相、上风侧相的顺序进行。送电时操作顺序与此相反。垂直排列时，停电拉闸应从上到下依次拉开各相。送电合闸操作顺序与此相反。

1.4.3.6 其他操作原则

（1）在只有刀开关和熔断器的低压回路，停电时应先拉开隔离开关，后取下熔断器。送电时与此相反，先插上熔断器，后合上隔离开关。

（2）保护和自动装置的投退或改变定值，应遵照调度规程和现场规程的具体规定执行。

（3）当由变压器向接有电压互感器的空载母线合闸充电时，如该系统未装设消谐器，则在可能条件下，应将变压器的中性点接地或经消弧线圈接地。如条件不许可，可直接带一路送出线向母线充电，以防止谐振过电压而产生中性点自发位移。

（4）母联兼旁路断路器带线路时，不允许用旁路隔离开关给旁路母线首先充电。正确操作方法有以下两种：一种方法是用断路器给旁路母线充电，充电良好后断开该断路器，合上需带线路的旁路隔离开关，最后用断路器合闸。另一种方法是断路器充电良好后，再用需带线路的旁路隔离开关合环（等电位法）。

1.4.4 倒闸操作票的内容

发电厂、变电站的电气运行人员要完成一项操作任务一般都要进行十几项甚至是上百项的操作，为了保证倒闸操作的安全性，避免出现人身及设备事故，我们必须将倒闸操作的先后顺序详细记录下来，并将此记录单称为倒闸操作票，操作人员在倒闸操作过程中以倒闸操作票作为行为标准。

1.4.4.1 倒闸操作票的格式

发电厂(变电站)倒闸操作票的一般格式如表1-2所示。

表1-2 发电厂(变电站)倒闸操作票

单位＿＿＿＿＿＿＿＿ 编号＿＿＿＿＿＿＿＿

<table>
<tr><td>发令人</td><td></td><td>受令人</td><td></td><td>发令时间</td><td>年 月 日 时 分</td></tr>
<tr><td colspan="4">操作开始时间：
年 月 日 时 分</td><td colspan="2">操作结束时间：
年 月 日 时 分</td></tr>
<tr><td colspan="6">(　)监护下操作　(　)单人操作　(　)检修人员操作</td></tr>
<tr><td colspan="6">操作任务</td></tr>
<tr><td>顺序</td><td colspan="2">操 作 项 目</td><td>模拟</td><td>操作</td><td>时分</td></tr>
<tr><td>1</td><td colspan="2"></td><td>√</td><td>√</td><td></td></tr>
<tr><td>2</td><td colspan="2"></td><td></td><td></td><td></td></tr>
<tr><td>3</td><td colspan="2"></td><td></td><td></td><td></td></tr>
<tr><td colspan="6">备注：</td></tr>
<tr><td colspan="2">操作人：</td><td colspan="2">监护人：</td><td colspan="2">值班负责人(值长)：</td></tr>
</table>

1.4.4.2 操作票填写说明

(1)第一栏为单位栏。第一项填写发电厂或变电站的单位名称，第二项编号按现场规定填写，同一操作任务有多页时编号一样。

(2)第二栏为命令栏。“发令人”填写发布正式调度操作命令的调度员姓名。非调度管辖设备的操作填写发出操作命令的站长或副站长(操作队队长或副队长)或当班值班负责人姓名；“受令人”填写接受正式调度操作命令的值班员姓名；“发令时间”填写调度员发布正式调度操作命令的时间，精确到分，年采用4位阿拉伯数字填写，月、日、时、分采用2位阿拉伯数字填写。

(3)第三栏为操作时间栏。“操作开始时间”在实际操作开始时填写；“操作结束时间”在本操作票所列操作项目全部执行完并进行操作质量检查后填写，在操作任务未全部执行完但因故不再执行其余项目时，已操作的最后一项时间为操作结束时间。

(4)第四栏为操作分类选择栏。在实际操作类型前的括号内打"√"即可,变电站一般都采用"监护下操作"。

(5)第五栏为操作任务栏。用统一的调度术语简明扼要说明要执行的操作任务,操作任务栏内必须写明设备的电压等级及双重名称。母线、母线分段(母联)断路器、旁路断路器、母线电压互感器、主变中性点,均应在其设备名称和编号前面加上相应的电压等级。

(6)第六栏为操作项目栏。

第一列为顺序栏,分项书写文字可占用数行,顺序号不变,并连续。

第二列为操作项目栏,应填写设备的双重名称(可不填写电压等级,但主变侧断路器、母线、旁路母线、旁路断路器、母线电压互感器等应填写电压等级),根据操作任务,按操作顺序及操作票的要求、规定,依次填写分项内容;可占用数页,但应在前一页备注栏内中间写"接下页",在后一页的操作任务栏中间写"接上页"。操作票填写完毕,在操作项目栏最后一项下面一行左边平行盖"以下空白"章,操作票填写刚好一页,在备注栏相同位置盖"以下空白"章。

第三列为模拟操作完成检查栏。每操作完一项,检查无误后打上"√"。

第四列为操作任务完成检查栏,每操作完一项,检查无误后打上"√"。电气设备操作后的位置检查应以设备实际位置为准,无法看到实际位置时,可通过检查设备的机械位置指示、电气指示、仪表及各种遥测、遥信的变化确认,且至少应有两个及以上有效指示同时发生对应变化时,才能确认该设备已操作到位。

第五列为操作项目完成时间,每完成一项操作任务,检查无误后填写相应完成时间的时分。

(7)第七栏为备注栏。在操作票因故作废或在执行过程中中断操作,在未执行操作票的各页任务栏右边盖"作废"章,作废原因应在备注栏注明。当作废页数较多且作废原因注明内容较多时,可自第二张作废页开始只在备注栏中注明"作废原因同上页"。

(8)第八栏为签名栏。操作人填写操作票完毕并审查后签名;监护人根据模拟图板,核对所填的操作任务和项目,确认无误后签名;如果监护人不是值班负责人,最后还要由值班负责人审核签名。值班负责制的站和监控中心人员在站端所写的操作票,可由值班担任监护人和值班负责人。无论以何种方式填写的操作票,均应由本人亲笔签名,不准代签或打印。

1.4.5　倒闸操作票的填写要求

(1)操作票应用钢笔或圆珠笔填写,也可用微机防误的专家系统制票,要求票面整洁、字迹清楚,重要文字(如拉合、调度编号、操作时间)不能涂改;有错字的,在错字上打"×",接着书写,但一页中不得超过三处;如有一项发生错误,则在该错项上盖"此项作废"章,接着书写。但以下三种情况错字不得涂改,应重新填票:一是设备名称、编号写错;二是时间及保护定值等参数写错;三是操作动词写错,如拉、合等。

(2)填写操作票时设备的名称应使用中文,母线、母线电压互感器、保护的段别应使用罗马数字,设备的编号、消弧线圈和主变分接头的档位、操作票的编号、时间等应使用阿拉伯数字。

(3)在填写操作票时,应严格使用电力系统统一的调度、操作术语。

(4)以下项目应填入操作票:

①应拉合的断路器和隔离开关;

②检查断路器和隔离开关的位置;

③装拆接地线;

④检查接地线是否拆除;

⑤插上或取下控制回路或电压互感器回路的熔断器(熔丝、小开关);

⑥切换保护回路(启用或停用继电保护、自动装置及改变保护定值区间);

⑦用验电器检验停电的导电部分是否确无电压;

⑧检查负荷分配(如停送主变、线路并解列、联络线路的停送等);

⑨设备检修后合闸送电前,检查送电范围内接地隔离开关已拉开,接地线已拆除。

(5)为防止误操作,下列项目在操作票中应作为单独项目填写:

①在操作隔离开关前检查断路器确在“分闸”位置。

②断路器、隔离开关操作后应检查其实际位置(分闸或合闸位置)。

③合上、拉开接地隔离开关后(或装设、拆除接地线后)应检查其实际位置。

④在回路转热备用前检查所有安全措施确已拆除,具备带电条件。

⑤在冷备用转检修前检查该设备确在冷备用状态(即该设备各隔离开关均在“分闸”位置)。

⑥如果设备由运行转检修操作中,未退出保护,送电时检查该设备“所有保护确已正确投入”,不必分项检查(主变大修后主保护应分项检查)。

⑦合上或切换母线隔离开关时,检查二次电压切换正常。

⑧在投入、退出设备保护时,按类别、段别(如Ⅱ段、Ⅲ段)分项填写清楚,处于运行状态的设备的保护或自动装置切换前,应用高内阻电压表检测出口压板两端确无异常电压。

⑨对有远控功能的发电厂、变电站,在就地停、送电操作前,必须切换该回路的“远方”“就地”控制切换开关。

⑩母线停电时,在拉开母联、分段断路器前,应检查该母线上各母线隔离开关均在“分闸”位置。

⑪在合上接地隔离开关装设接地线前,应填写“验明××与××间三相确无电压”。

⑫对装有VQC装置(电压无功控制装置)的变电站,在操作电容回路前,必须退出VQC装置上该回路出口压板;在操作主变前,必须退出VQC装置上主变档位调节出口压板。

⑬在特定情况应填写抄录的三相电流或电压。

⑭合线路侧接地隔离开关或装设接地线前检查旁路隔离开关确在分闸位置。

(6)断路器检修时应分项先取控制电源,后取信号电源、合闸电源熔断器。

(7)母线停电时,母线电压互感器作为母线上最后一个停电设备退出运行。送电时作为第一个送电设备投入运行。

1.4.6 倒闸操作所需条件

要进行倒闸操作,必须要有相应的设备设施,所需设备设施如下:

(1)调度电话、电话录音设备,以便与调度进行通信、接受调度命令及报告调度执行情况,并将与调度的通话进行录音(便于核对调度命令或事故后对责任人进行追查)。

(2)运行工作记录簿等相关记录簿,记录倒闸操作情况等。

(3)合格的安全工器具、安全防护用具、操作工具,以保证操作人员的安全。

(4)电脑钥匙、录音笔、操作票及夹板等。

1.4.7 倒闸操作流程

1.4.7.1 接受调度预令

在取消预令的单位,此项为"接受正式调度命令"。

(1)倒闸操作必须根据值班调度或值班负责人的命令。

(2)发布和接受调度命令,应由上级批准的人员进行。

调度管辖设备应由具备发令权的所属当值调度发令;调度部门授权或调度规程允许由发电厂、变电站自行进行操作管理的设备,由当值值班负责人发令。

接受当值值班负责人操作命令的运行人员(监护人)必须具备正值资格,凡副班以下人员无权接受操作命令。因故离岗3个月以上的运行人员必须重新认定其值班资格。资格认定应进行《安规》、调度规程、现场规程考试,必要时应进行技术考试。

(3)发布及接受操作任务的双方人员应主动互报单位(站名、哪一级调度)、岗位(值班长或正值班员)、姓名。发布命令时应冠以××时××分及"调令编号",发布命令应准确、清晰,使用规定的调度术语和设备调度双重名称,同时应说明操作目的和注意事项。发布的操作任务如涉及继电保护及二次运行方式的改变,在发布操作任务的同时,要将继电保护及二次运行方式的改变向受令人交代清楚。

(4)受令人在接受命令时应随听随记,接令后,受令人应按照记录的全部内容逐字逐句向下令人进行复诵,并得到下令人的确认。

(5)在接受命令的过程中,安排专人(运行人员)进行监听。

(6)接受调度命令全过程录音,因此应随时保持录音设备正常运行。

(7)调度下令过程的录音应重放,参与操作的值班员均应重听核对。

1.4.7.2 审核调令、通告全值

(1)如果受令人不是当值值班负责人,应立即向值班负责人汇报调度命令全文内容。如调度命令有特殊要求,受令人应解释清楚,如解释不清,值班负责人必须主动联系调度,询问清楚。如认为调度命令有疑点,值班负责人必须主动联系调度,核实清楚。

(2)进行现场查勘,结合当时的运行方式核对调度命令。

(3)如果认为该命令不正确,应向调度员报告,由调度员决定原调度命令是否执行。但当执行该项命令将威胁人身、设备和电网安全时,则必须拒绝执行,同时将拒绝执行的理由及改正指令内容的建议报告给发令的值班调度员,并向本单位领导汇报。

(4)确认调度命令后,值班负责人应立即召集当值人员,向全值人员通告调度命令

的内容及要求,并分析倒闸操作方案。

(5)值班负责人根据操作任务的要求,指定合格的监护人和操作人,并根据当时的运行方式和设备状况,全面详细地向他们布置操作任务,交代安全注意事项,并安排操作人员填写倒闸操作票,认真开展“三查”工作(查安全思想、查安全工器具、查安全措施)。

1.4.7.3 填写操作票

(1)操作票由操作人填写,有操作票专家系统的发电厂或变电站必须在图形开票栏里进行,禁止直接提取“典型倒闸操作票”和“预存倒闸操作票”。运行人员在填票前,应检查专家系统的一、二次设备与实际运行方式是否一致。

(2)操作人通过操作票的填写,对将要进行的整个操作应做到心中有数,在执行操作过程中,应具有判断正误的能力,不能依赖监护人。

(3)填票过程中出现的错票、废票,应立即销毁,不得继续使用。

1.4.7.4 对操作票进行三级审核

(1)操作人填写操作票完毕后,在操作项目栏内容的最后一项下面一行空格最左方盖“以下空白”章。

(2)操作人对操作票进行自行核对正确后,交监护人再次进行审核签名,值班负责人进行最后审核签名。

(3)对审核中发现的错误应由操作人重新填写倒闸操作票,错票应立即销毁;特别重要和复杂的操作还应由站长或上级技术人员进行审核。

1.4.7.5 明确操作目的,做好危险点分析和预控

操作人和监护人对此次操作的目的、内容和过程进行相互考问,以熟悉操作的全过程,并根据操作的类型、设备现存的问题、可能会出现的危险进行预测、预控。要求尽可能地将倒闸操作中的危险点列举出来,并制定相应的防止措施。例如,本次操作主要危险点有3个:①本次待操作的设备是××,相邻带电间隔为××,停电范围为××,操作中一定要保持与带电设备的安全距离;②操作中可能走错间隔,一定要注意核对设备名称和编号,避免出现误操作;③操作时必须使用安全工器具,注意安全防护等,以保证人身安全。

1.4.7.6 准备操作

(1)准备好操作过程中需要的物品、钥匙(断路器、隔离开关、间隔、高压室等)、操作用具(录音笔、操作票夹板)、安全工具。

(2)操作用具和安全工具的检查试验,应按操作用具和安全工具的标准化检查流程进行。

1.4.7.7 接受正式调度命令

在取消“预令”的单位,无此项内容。

由值班负责人主动和调度联系,汇报操作任务的准备工作已做好。接受正式调度命令,监护人填写发令人、受令人、发令时间,并在“监护下操作”栏对应的括号内打“√”。

接受正式调度命令的要求(录音、监听、记录等)与接受预令相同。

1.4.7.8 模拟预演

在操作实际设备前,监护人和操作人必须先在五防机(或模拟图板)上进行模拟预

演。模拟预演由监护人按操作票所列步骤逐项下令,由操作人复诵并模拟操作。

(1)打开录音笔,从模拟预演开始直至正式操作结束均应使用录音笔进行全过程录音。

(2)当监护人唱票时,操作人应手指五防机(或模拟图板)上的设备进行复诵,监护人审核复诵内容和手指部位正确后,下达执行令:“对,执行!”操作人在五防机(或模拟图板)上进行模拟操作。模拟操作完成后操作人应认定设备已操作到位,向监护人汇报“已执行”,监护人与操作人再次共同核查操作无误后,方可进行下一步的操作。

(3)对于五防机(或模拟图板)上无法预演的操作步骤,如投退保护压板、检查操作后的设备位置、检查负荷分配、检验设备确无电压等也应进行唱票、复诵制。

(4)操作预演后应再次核对新运行方式与调度预令相符。

(5)监护人插入电脑钥匙进行五防传票。

1.4.7.9　现场操作

(1)戴好安全帽,穿好操作服和绝缘靴,操作人携带操作用具和安全工具,监护人携带操作票、钥匙(包括电脑钥匙)、录音笔、操作票夹板。

(2)进入操作现场,监护人记录本次操作的开始时间。操作人在前,监护人在后,操作人应按操作项目有顺序地走到应操作设备的位置,等候监护人唱票。操作过程必须严肃认真,集中思想,不准闲谈或做与操作无关的事。

(3)操作人应站在操作设备的正面,不得超过0.5 m以上距离,操作中要求监护人站在操作人的左后侧或右后侧,其位置以能看清被操作设备的双重名称及操作人的动作为宜,便于纠正操作人的错误动作。

(4)核对设备。在执行每项操作前,监护人和操作人应共同核对设备的名称、编号和实际位置。

(5)唱票复诵。监护人手指设备标示牌大声地进行唱票,操作人应手指设备标牌大声地进行复诵,经监护人确认,发出“对,执行!”命令,监护人将电脑钥匙交予操作人。

(6)操作人用电脑钥匙打开防误闭锁装置进行操作,严禁监护人亲自动手操作。

(7)操作完成后,操作人应检查操作质量,确认设备已操作到位,再向监护人汇报“已执行”,并交还电脑钥匙。

(8)操作质量检查。每操作完一项,监护人和操作人应再次核对设备名称、编号和位置是否与操作任务相符;操作人与监护人在现场检查操作的正确性,如设备的机构指示,信号指示灯、表计变化等,确定设备实际分、合位置。核查无误后,监护人方可在操作票上该步骤后画执行钩“√”。

(9)每操作完一项,监护人应提示操作人下一步操作的内容。

(10)操作复查。全部操作完毕后,由监护人和操作人共同进行复查,确认设备无异常,未发现任何不正常现象和声光信号;仔细核对操作票上的项目是否已全部执行,每个步骤后是否都画了执行钩“√”。

(11)复查无误后,由监护人填写操作终了时间,在操作票上盖“已执行”章。

现场操作完毕后,将电脑钥匙回传五防机,核对五防机一、二次设备状态是否符合现场实际。有模拟图板的发电厂或变电站应更改模拟图板接线方式。

1.4.7.10 正确归放

钥匙、安全用具和操作用具等设备都要正确归放。

1.4.7.11 汇报调度、作好记录

(1)操作完毕后,监护人和操作人向值班负责人汇报操作情况。

(2)由值班负责人及时向调度汇报操作情况及操作终了时间,此过程必须进行录音、监听。

(3)将汇报情况记入运行记录簿中,并作好其他相关记录。

1.4.7.12 操作评价

由值班负责人(或站长)组织对本次操作情况进行评价,重点应包括操作中发现的问题以及整改措施。

1.4.8 倒闸操作的管理

为保证倒闸操作准确无误,电气倒闸操作应遵照操作"五制"进行。

(1)核对命令制。发令人下达操作命令后,受令人应复诵命令内容,发令人认可后执行。必要时应将操作命令的下达录音。操作命令要简明扼要,准确地使用统一的调度术语,以免因对命令含意的误解而造成误操作。

(2)操作票。电气设备倒闸操作必须事先填写操作票,并按操作票顺序逐项操作。

(3)图板演示制。操作人和监护人在一次主接线模拟图或模拟屏上,按已填好的操作票进行模拟操作,以核对操作票的正确性。

(4)监护、唱票、复诵制。倒闸操作必须两人进行,一人操作,另一位安全技术级别高者进行监护。监护人逐项唱票,并核对设备名称编号、断路器的分合状态是否与操作票内容一致,操作人复诵操作项目无误后执行一个操作动作,操作完成后在该项序号前空格内画"√"。

(5)检查汇报制。操作任务结束,应全面检查操作质量,及时向发令人汇报并记录。

1.4.9 倒闸操作中的防误措施

防止操作失误,除用"五制"来限制操作人员在操作过程中的失误外,还必须设置防止误操作的技术措施,来不断完善配电装置本身的安全防护功能,减少误操作事故。

常见的误操作有带负荷拉合隔离开关、误分合断路器、误入带电间隙、带地线合闸和有电挂地线五种情况。因此,要求高压配电装置应具有以上五种误操作的防止功能,简称"五防"功能。在所有支路的断路器和隔离开关之间均应安装联锁机构,确保隔离开关只有在同一单元电路断路器分断情况下,才能操作,如果断路器在合闸位置,联锁机构将隔离开关操动机构锁死,即使人员失误,操动机构被锁死拒动,就可避免误操作的发生。

常用的断路器和隔离开关闭锁装置有机械联锁、电磁联锁和程序锁。

在设计和采用各种闭锁装置时应考虑以下原则:

(1)一次接线较简单的可采用机构闭锁或程序锁,较复杂时可考虑采用电磁装置。

(2)闭锁回路电源应独立设置,并与继电保护控制信号回路分开。

(3)户外闭锁装置要做到防雨、防潮、防雷、防尘、防沙。

(4)各种闭锁装置均应有紧急解锁机构。

(5)“五防”中,除防误分合断路器可采用提示性措施外,其他“四防”必须是强制性闭锁。

任务1.5　电气设备事故处理

电力系统的运行状态通常有正常运行状态、异常运行状态和故障状态。正常运行状态是电力系统正常运行时,三相的电压和电流对称或基本对称,电气元件和系统的运行参数都在允许范围内变动的状态。异常工作状态是电气元件的运行参数偏离了正常允许的工作范围,但并没有发生故障的运行状态。故障状态是各性能指标已有很大的下降,设备不有维持正常工作。

电气元件发生短路、断线时的状态均为故障状态,最常见且最危险的故障是各种类型的短路。运行实践表明,异常运行状态如不及时排除,则可能导致故障发生。

1.5.1　电气设备事故及事故处理

电力系统运行过程中,由于电力系统设备故障或者运行人员工作失误导致的突发影响、电能供应数量或质量超出规定范围及引起火灾或爆炸等严重后果的事件统称为电力系统事故。电力系统事故包括断线、短路、接地、过载、误合闸、误跳闸、电气设备损坏等形式。

引起电力系统事故的原因是多方面的,如自然灾害、外力破坏、设备缺陷、检修质量不过关、运行方式不合理、继电保护误动拒动、电压和频率维护不当和人员工作失误等。

按照事故原因可分为设备事故和系统事故两大类。

电力生产过程中,设备事故往往由于不可抗拒的外力破坏、运行人员误操作、继电保护装置误动及拒动、设备存在缺陷、绝缘不良、断路器故障、爆炸、短路、过电压、污闪、雷击、检修返工延期等原因而引起。系统事故包括稳定破坏、系统解列、低频率、低(高)电压、误调度、通信失灵、远动故障等。电气设备事故,可能发展成系统事故,影响整个系统的稳定性,而系统事故又能使某些电气设备损坏。

电网、设备发生异常运行、事故,或出现其他不安全现象时,如果不立即进行相关操作,就有可能酿成设备损坏、人身伤亡及电网解列等事故。因此,发电厂、变电站运行人员的主要任务就是保证设备正常运行,尽量减少和避免事故的发生,而一旦发生事故,应以最快的速度处理,尽可能多地保留送电范围,此时所进行的必要操作称为事故处理。对于事故,应以预防为主,加强正常运行监督,及时消除缺陷,落实各种反事故措施,加强技术培训,进行反事故演习,提高处理事故的应变水平。

1.5.2　事故处理的基本原则

发电厂、变电站电气设备发生事故时,各级调度员是事故处理的指挥人,运行值班负责人是事故处理现场领导人。在事故处理时必须严格遵守发电厂、变电站事故处理的基本原则及《安规》、各级调度规程和其他有关规定。事故处理的基本原则如下:

(1)迅速限制事故的发展,消除事故根源,解除对电网、人身、设备安全的威胁,并在第一时间向各级调度员汇报,迅速、正确地执行调度指令。

(2)尽可能保持正常设备继续运行,以保证对用户和线路的连续供电。必要时,应在未受到事故损害和威胁的机组上增加负荷,以保证对用户的正常供电。

(3)事故发生后,根据表计、保护、信号及自动装置动作情况进行综合分析、判断,制订处理方案。处理中应防止非同期并列和系统事故扩大。

(4)调整系统的运行方式,使其恢复正常运行。

(5)任何情况下,应首先保证厂、站用电的安全运行和正常供电。

(6)尽快对停电的用户和线路恢复供电,对重要用户优先恢复供电。

(7)做好主要操作和操作时间的记录,及时将事故处理情况、继电保护和自动装置动作情况等汇报给有关领导和系统调度员。

1.5.3 事故处理的一般规定

电气设备发生事故时,运行值班人员必须严格执行电气设备事故处理的原则和相关操作规程,及时对故障进行处理,并将事故现象和处理情况向当值调度员汇报,正确执行调度指令。事故处理的一般规定如下:

(1)系统发生事故后,事故和受波及的变电站都必须及时、正确、简明扼要地向主管调度进行汇报,并尽快限制事故的发展,消除事故的根源,解除对人身和设备安全的威胁。

(2)处理事故时,值班人员应迅速而无争议地执行值班调度员的一切命令。无原则地拖延执行值班调度员命令的人,应负不执行命令的责任,批准不执行该命令的领导人员也要负责。但在下列情况下可自行处理,同时向调度作简要报告,事后再作详细汇报。

①将直接对人员生命有威胁的设备停电。

②将因故障停运或已损坏的设备隔离。

③当厂、站用电部分或全部停电时,恢复其电源。

④部分机组因故与系统解列,在具备同期条件时恢复与系统同期并列。

⑤其他在厂、站现场规程中规定可以不待调度指令自行处理者。

(3)处理事故时,如果值班长认为值班调度员命令有错误,应予指出,并向他作简单的解释。但值班调度员确定自己的命令正确时,值班长应立即执行。

(4)如果值班调度员的命令直接威胁人身或设备的安全,则无论在任何情况下均不得执行。值班长接到此类命令时应该把拒绝执行命令的理由报告值班调度员和本单位总工程师,然后按照总工程师的指示行动。

(5)交接班期间发生事故,若未办理签字手续,则应由交班人员负责处理,接班人员协助。

(6)处理事故时,当班人员有权召集非当班人员到现场协助处理事故,被召人员不得拖延或拒绝。

(7)与处理事故无关人员,不得进入发生事故地点和控制室,已进入的,当班人员有权令其退出。

(8)处理事故时,必须严格执行接令、监护、复诵、汇报、录音和记录制度,正确使用调度术语和操作术语。

(9)事故处理全过程应进行录音。

1.5.4　事故处理的一般程序

(1)检查简要的事故信号。运行人员应及时检查记录事故发生时间、断路器的位置情况、表计指示等事故信号。

(2)初步汇报事故信息。向上级值班调度员简要汇报检查到的事故现象,主要包括事故发生的时间、开关变位情况及表计指示情况。此次汇报主要是让上级调度了解事故的初步情况,了解系统运行方式。

(3)详细检查事故信号。根据表计指示、声光信号、保护和自动装置的动作情况、已跳开的台数、时间和设备的外部特征等信息,分辨出与此次事故有关的重要信号,并进行重点检查记录。

(4)进行事故分析判断。依据检查到的所有事故现象和设备情况,判断事故发生的原因、故障性质和范围。如果事故现象不全,无法判断或把握,则应迅速检查和测试,进一步判明故障的部位、性质及范围,并对损坏设备及时处理,必要时应汇报调度,通知检修人员前来处理,并在其到达之前做好安全措施。

(5)采取措施限制事故发展。如果对人身和设备安全有威胁,应立即设法解除这种威胁,必要时停止设备运行。如果没有威胁,则应尽力保持或恢复未受到损坏的设备正常运行,必要时投入备用设备。

(6)再次汇报上级值班调度事故处理情况。此次为详细汇报,是对检查到的事故现象的补充,主要是让上级调度清楚厂站内事故的具体情况,了解运行方式。

(7)根据调度指令进行事故处理。将故障设备进行隔离,尽一切可能恢复正常设备送电。

(8)检查确认事故处理操作完成情况,再次汇报上级调度。向上级调度汇报事故处理的结果及发电厂、变电站内的运行方式。

(9)整理事故记录和资料,并进行事故总结。整理现场事故处理报告、故障录波和继电保护、自动装置的记录资料,并及时上报有关部门。

事故处理的程序简单概括为及时记录、迅速检查、简明汇报、认真分析、准确判断、限制故障、恢复正常。

1.5.5　事故处理时各岗位人员的职责

(1)处理事故时,运行值班人员必须根据分工,坚守工作岗位,集中注意力,保持设备的正确运行方式,加强运行监视,只有在接到上级命令以后或在万不得已的情况下,方可停止设备运行或离开工作岗位。

(2)值长是发电厂、变电所处理事故的主要负责人,应全面掌握事故情况,及时向调度员报告事故情况,并组织全班人员处理事故。值长在不得不离开事故处理领导岗位时,必须指定其他人员代替自己工作并交代清楚。

(3)当班值班员在处理事故时,应加强对运行设备的监视、检查,及时将发现的异常情况报告值长，并在值长的指挥下进行各项事故处理操作。

(4)处理事故时，值长应指派专人将事故发生的时间、现象、信号、各项操作、先后顺序及与调度联系等情况，详细做好记录，处理事故时的一切联系应进行详细录音。

(5)车间领导和有关工程技术人员，在得知事故消息时，必须立即赶到现场，在统一指挥下，协助事故处理。

任务1.6 安全工器具检查、使用及维护

安全工器具是用以防止触电、坠落、电弧灼伤等工伤事故，保障工作人员安全的各种专用工器具和用具，这些工具是电气人员作业中必不可少的。

1.6.1 安全工器具的分类及作用

安全工器具按照其作用不同可分为绝缘安全工器具、一般防护安全工器具、安全围栏(网)和标示牌三大类，如表1-3所示。

表1-3 安全工器具分类

<table>
<tr><td rowspan="19">安全工器具</td><td rowspan="8">绝缘安全工器具</td><td rowspan="4">基本安全工器具</td><td rowspan="2">验电器</td><td>高压验电器</td></tr>
<tr><td>低压验电器</td></tr>
<tr><td colspan="2">绝缘杆</td></tr>
<tr><td colspan="2">绝缘夹钳</td></tr>
<tr><td rowspan="4">辅助安全工器具</td><td colspan="2">绝缘手套</td></tr>
<tr><td colspan="2">绝缘靴</td></tr>
<tr><td colspan="2">绝缘台、垫</td></tr>
<tr><td colspan="2">绝缘隔板</td></tr>
<tr><td rowspan="8">一般防护安全工器具</td><td rowspan="2">安全帽</td><td colspan="2">普通安全帽</td></tr>
<tr><td colspan="2">报警安全帽</td></tr>
<tr><td rowspan="3">绝缘梯</td><td colspan="2">木梯</td></tr>
<tr><td colspan="2">竹梯</td></tr>
<tr><td colspan="2">其他材料梯</td></tr>
<tr><td rowspan="2">脚扣</td><td colspan="2">等径脚扣</td></tr>
<tr><td colspan="2">拔销脚扣</td></tr>
<tr><td>其他</td><td colspan="2">安全带、安全绳、护目眼镜</td></tr>
<tr><td rowspan="3">安全围栏(网)和标示牌</td><td colspan="3">遮栏</td></tr>
<tr><td colspan="3">安全警示牌</td></tr>
<tr><td colspan="3">标示牌</td></tr>
</table>

1.6.1.1 绝缘安全工器具

绝缘安全工器具按照其功能不同分为基本安全工器具和辅助安全工器具两种。

(1)基本安全工器具是指其绝缘强度足以承受电气设备的工作电压的安全用具，一般作为隔离开关、高压熔断器或携带型接地线等的操作用具，因此又称之为绝缘操作用具。

(2)辅助安全工器具是指绝缘强度不能承受设备或线路的工作电压，仅仅作为加强

基本安全工器具绝缘的工具。在电气操作中,主要起防护作用。辅助安全工器具通常包括绝缘手套、绝缘鞋(靴)、绝缘垫及绝缘台等。

1.6.1.2 一般防护安全工器具

一般防护安全工器具是指本身没有绝缘性能,但是可以起到防护工作人员发生事故作用的用具。一般防护安全工器具包括绝缘防护用品、坠落防护用品、头部防护用品、身体防护用品、手部防护用品和足部防护用品。

1.6.1.3 安全围栏(网)和标示牌

安全围栏(网)和标示牌包括各种安全警示牌、遮栏和设备标示牌等。

1.6.2 常用安全工器具的检查及使用维护

1.6.2.1 绝缘杆

绝缘杆是短时间对带电设备进行操作的绝缘工具,如接通或断开高压隔离开关、跌落式熔断器及拆除临时接地线等。常见绝缘杆见图1-1。

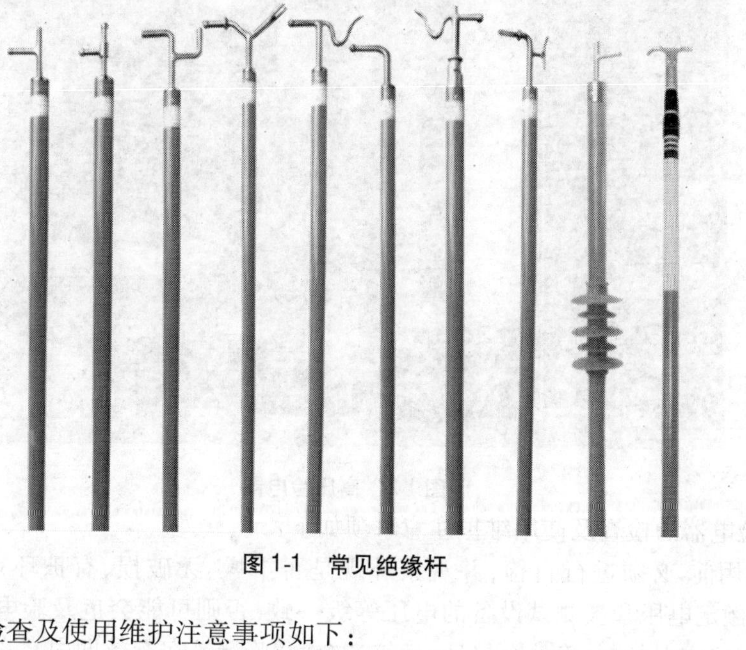

图1-1 常见绝缘杆

绝缘杆的检查及使用维护注意事项如下:

(1)使用前,应检查合格证、标签是否齐全,绝缘杆是否超过了有效试验期。

(2)检查电压等级应与电气设备电压等级相符,并确认绝缘杆杆身、堵头无破损。

(3)雨天、雪天在室外操作高压设备时,绝缘杆应有防雨罩,使罩下部分的绝缘杆保持干燥。

(4)使用时操作人员手拿绝缘杆的握手部分,不能超出护环,且要戴绝缘手套,穿绝缘靴(鞋)。

(5)使用绝缘杆时应注意防止绝缘杆被设备短接,保持有效的绝缘长度。

绝缘杆的保管注意事项如下:

(1)绝缘杆应存放在干燥的地方,以免损坏表面的绝缘层。

(2)绝缘杆应放在特制的架子上或垂直悬挂在专用挂架上,以防止其弯曲变形。

(3)绝缘杆不得直接与墙或地面接触,以防止碰伤其绝缘表面。

(4)绝缘杆应定期进行绝缘试验,一般每年试验一次,用作测量的绝缘杆每半年试验一次。

1.6.2.2 验电器

验电器又称携带型(伸缩型)电压指示器。验电器分为高压验电器和低压验电器。这里主要介绍高压验电器及其使用。

高压验电器是通过检测流过验电器对地杂散电容中的电流,来检验高压电气设备、线路是否带电的仪器,见图1-2。目前广泛采用的有发光型、声光型、风车式三种类型。高压验电器一般都是由检测部分(批示器部分或风车)、绝缘部分、握手部分三大部分组成。高压验电器根据使用的电压,一般制成6kV、10 kV、35 kV、66 kV、110 kV、220kV、500 kV。

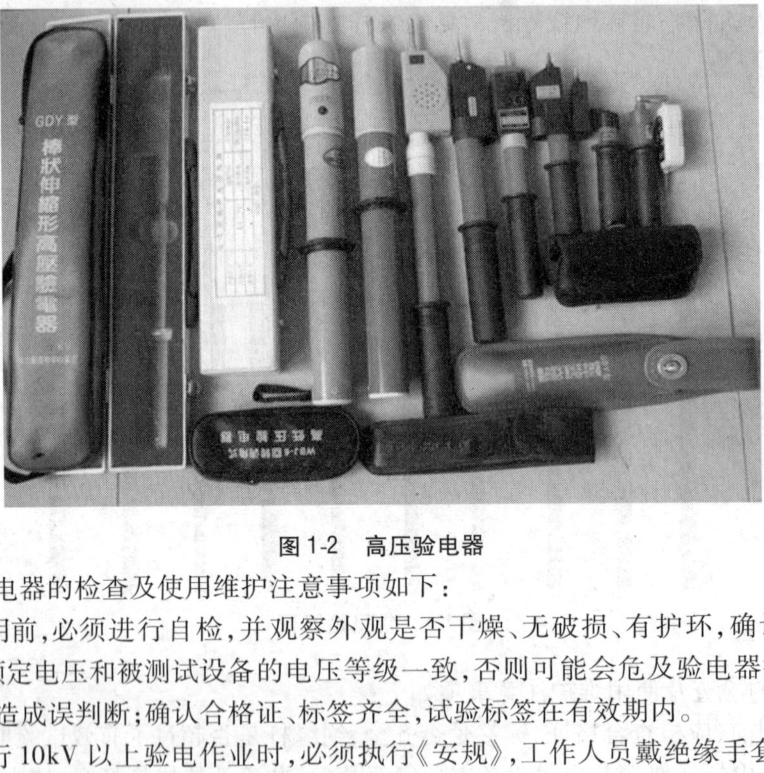

图1-2 高压验电器

高压验电器的检查及使用维护注意事项如下:

(1)使用前,必须进行自检,并观察外观是否干燥、无破损、有护环,确认验电器完好;确定其额定电压和被测试设备的电压等级一致,否则可能会危及验电器操作人员的人身安全或造成误判断;确认合格证、标签齐全,试验标签在有效期内。

(2)进行10kV以上验电作业时,必须执行《安规》,工作人员戴绝缘手套、穿绝缘靴(鞋)并保证对带电设备的安全距离。

(3)使用时,先在带电设备上进行检验,验证实验电器完好,然后在装设接地线或合接地开关处逐相进行验电,验明无电压后再将验电器在带电设备上复核它是良好的,即进行验电"三步骤"。

验电时,验电器的工作触头不能直接接触带电体,应逐渐接近带电体,直到验电器发出声、光或其他报警信号为止。验电器的工作触头应直接接触被验设备,验电器不应受邻近带电体的影响而发出错误的信号。

(4)验电器应定期做绝缘耐压试验、启动试验。如发现该产品不可靠应停止使用。为保证使用安全,国家有关规定高压验电器多为一年试验周期,《安规》规定试验周期为半年一次。

(5)非雨雪高压验电器在雨天、雾天、雪天等不得使用,以防发生危险。

(6)验电器每次使用完毕,在收缩绝缘棒及取下回转批示器放入包装前应将表面尘埃擦拭干净,并存放在干燥、通风无腐蚀气体的场所,不得直接接触地面、墙面,要与其他工器具分开放置。

1.6.2.3　绝缘夹钳

绝缘夹钳是用来安装和拆卸高压熔断器或进行其他类似工作的工具,主要用于35 kV及以下的电力系统,见图1-3。

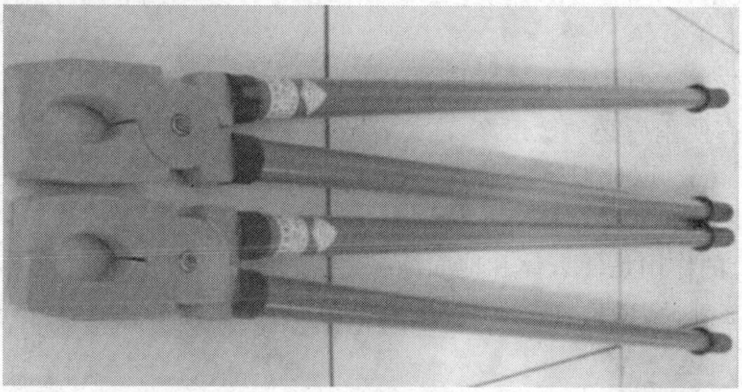

图1-3　绝缘夹钳

绝缘夹钳由工作钳口、钳绝缘部分和握手等三部分组成,各部分都采用绝缘材料制成,所用材料与绝缘杆相同。工作部分是夹钳,用来夹紧熔断器。

绝缘夹钳的使用和保存注意事项如下:

(1)使用时绝缘夹钳不允许装接地线。

(2)潮湿天气只能使用专用的防雨绝缘夹钳。

(3)绝缘夹钳应保存在特制的箱子内,以防受潮。

(4)绝缘夹钳应定期试验,试验方法同绝缘杆一样,试验周期为一年。

1.6.2.4　绝缘手套

绝缘手套是在电气设备上带电操作时使用的辅助安全用具,用以防止泄漏电流对人体的影响。绝缘手套也可以作为在低压设备带电部分上工作时使用的基本安全用具。按所使用的原料不同可以分为橡胶和乳胶绝缘手套两大类,见图1-4。

使用绝缘手套时,应按照《安规》中有关规定进行。绝缘手套的试验应每6个月一次,不符合要求时,应立即停止使用。

绝缘手套的检查和使用维护注意事项如下:

(1)使用检验合格的绝缘手套。

(2)绝缘手套使用前要进行检查:表面清洁、干燥无粘胶、无磨损或破漏。检查方法除观察外,常采用压气法,即将手套从入手处用力卷起,封住手套中空气,并观察手套有无漏气,如有微小漏气等损坏则不能使用。

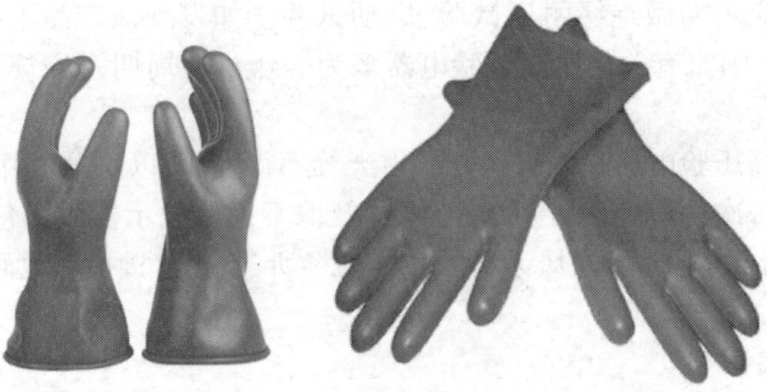

图 1-4 绝缘手套

(3)使用时,最好先带一双棉纱手套。其作用是在夏季防止手上出汗打滑,在冬季可保温,使手指工作灵活。

(4)使用绝缘手套时应将上衣袖口套入手套筒口内。

(5)绝缘手套使用后必须擦干净,注意存放在干燥处,不得接触油类及腐蚀性物品,并且要和其他工具分开,成双定置摆放。

1.6.2.5 **绝缘靴(鞋)**

绝缘靴(鞋)的作用是使人体和地面绝缘,主要是用于防止跨步电压对人体的伤害,见图 1-5。除此之外,它也具有对泄漏和接触电压的防护作用。

图 1-5 绝缘靴

绝缘靴(鞋)的检查和使用维护注意事项如下:

(1)使用前应检查确认绝缘靴(鞋)经试验合格,合格证清晰可辨且不超过试验周期,否则不能使用。

(2)检查确认表面无裂痕、无漏洞、无气泡、无划痕等缺陷。如发现存在以上缺陷,应立即停止使用并及时更换。

(3)核对作业场所电压高低,禁止在高压电气设备上使用耐压低于要求的绝缘靴(鞋)。

(4)绝缘靴(鞋)使用过程中应防止尖锐物刺伤,避免接触高温或腐蚀性物质。

(5)使用绝缘靴(鞋)时,应将裤管套入靴筒内,严禁将绝缘靴(鞋)挪作他用。

(6)使用完毕后,应注意存放在干燥处,不得接触油类及腐蚀性药品等,并且要和其他工具分开,成双定置摆放。

1.6.2.6 **安全帽**

安全帽又称安全头盔,是防御因冲击、刺穿、挤压等伤害头部的帽子,见图 1-6。

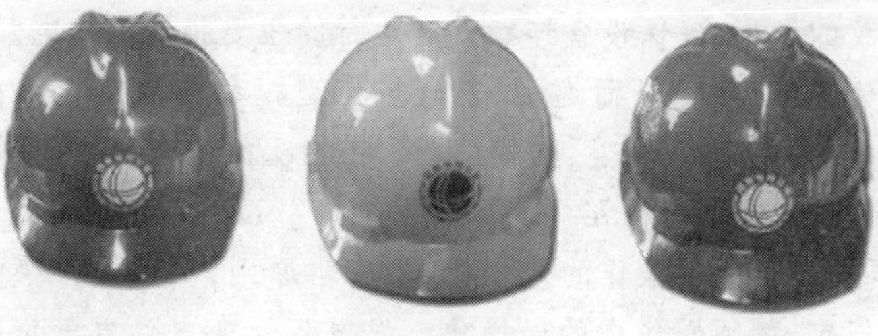

图1-6　安全帽

安全帽的检查和使用维护注意事项如下:

(1)使用前应检查安全帽是否在有效期内,对于到期的安全帽应进行抽查测试,合格后方可使用,以后每年抽检一次,若抽检不合格,则该批安全帽报废。

(2)使用安全帽前,应进行外观检查:外壳有无破损、下凹、裂痕等,有无合格帽衬,帽带是否完好。如有异常现象立即进行更换,严禁继续使用。任何受过重击、有裂痕的安全帽,不论有无损坏现象,均应报废。

(3)佩戴安全帽时应将安全帽调整到合适位置,调整好帽衬顶端与帽壳内顶的间距,调整好帽箍,不能私自拆卸帽上部件。

(4)安全帽必须戴正,下颊带必须系牢,松紧适度。

(5)安全帽严禁放置在有酸、碱、高温、日晒、潮湿或化学试剂的场所,以免其老化、变质。

小　结

学习情境1介绍了电气运行的基本知识,为后面电气运行技能的学习打下基础。

任务1.1主要介绍了电气运行的主要任务、电气运行岗位的生产组织机构。

电气运行指电气运行值班人员在电能的发、输、配、供、用过程中,对电气设备进行监视、控制、操作、调节的过程。电气运行的主要任务是保证电力系统安全、稳定、优质、经济运行。电气运行工作由各级调度机构调度员及发电厂、变电站值班人员共同完成。

电网的运行由电网调度机构统一调度。调度机构的值班调度员是全系统运行中技术上的领导人,可以直接对系统内的发电厂、变电所的运行领导人发布命令。

电气运行的值班人员有值长、班长、主值班员及班员。调度机构是电网的生产运行单位,又是电网管理机构的职能部门,代表各级电网管理机构在电网运行工作中行使指挥权。

任务1.2主要介绍了电气运行有关制度、工作票填写规范。电气运行管理制度是指保障安全生产、维持正常的生产秩序、提高运行水平的重要的管理制度。电气运行管理制度包括工作票制度、操作票制度、交接班制度、设备定期试验与轮换制度、巡视检查制度、运行分析制度等,前五种制度称为“两票三制”。

任务1.3主要介绍了设备巡视的目的、种类、周期和安全要求及方法。设备巡视工作是运行人员日常工作中的一项重要内容,是随时掌握设备运行情况、及时发现设备异常和缺陷、预防事故的发生、确保设备连续安全运行的主要措施。发电厂、变电站的设备巡视检查,一般分为正常巡视、全面巡视、夜间熄灯巡视和特殊巡视。在设备巡视检查中,要做到"四细":细看、细听、细嗅、细摸(指不带电设备外壳),严格按照设备运行规程中的检查项目检查,防止漏查缺陷。

任务1.4主要介绍了倒闸操作的基本概念、基本原则,倒闸操作票的填写及操作流程,倒闸操作管理规定,倒闸操作中的误操作。发电厂及变电站电气设备通常有四种状态:①运行状态;②热备用状态;③冷备用状态;④检修状态。倒闸操作就是将电气设备由一种状态转换为另一种状态或改变系统的运行方式所进行的一系列操作。

发电厂、变电站的电气运行人员要完成一项操作任务一般都要进行十几项甚至是上百项的操作,为了保证倒闸操作的安全性,避免出现人身及设备事故,我们必须将倒闸操作的先后顺序详细地记录下来,并将此记录单称为倒闸操作票,操作人员在倒闸操作过程中以倒闸操作票作为行为标准。

任务1.5主要介绍了电气设备事故的基本概念、分类、处理的基本原则及流程,事故处理时各岗位人员的职责。电力系统运行过程中,由于电力系统设备故障或者运行人员工作失误导致的突发影响、电能供应数量或质量超出规定范围及引起火灾或爆炸等严重后果的事件统称为事故。电力系统事故包括断线、短路、接地、过载、误合闸、误跳闸、电气设备损坏等形式。

引起电力系统事故的原因是多方面的,如自然灾害、外力破坏、设备缺陷、检修质量不过关、运行方式不合理、继电保护误动拒动、电压和频率维护不当和人员工作失误等。

任务1.6主要介绍了常见的安全工器具及其使用方法和注意事项。

安全工器具按照其作用不同可分为绝缘安全工器具、一般防护安全工器具、安全围栏(网)和标示牌。注意按规定进行检查和使用维护。

复习思考题

1. 什么是电气运行?
2. 电气运行的任务是什么?
3. 电气运行有哪些常见的管理制度?
4. 工作票有哪几种?
5. 简述工作票执行流程。
6. 简述运行管理"三制"。
7. 什么是工作票?
8. 什么是特殊巡视?
9. 什么是正常巡视?
10. 设备巡视的方法有哪些?
11. 简述倒闸操作的作用。

12. 倒闸操作的主要内容有哪些？
13. 电气设备的状态有几种？特点分别是什么？
14. 简述倒闸操作“五制”。
15. 如何正确进行电气设备停电后的验电工作？
16. 事故处理的基本原则有哪些？
17. 交接班过程中发生事故应怎么处理？
18. 常用的安全工器具有哪些？使用时有哪些注意事项？

学习情境 2 水轮发电机的运行

【学习任务描述】

学习水轮发电机运行的职业知识，掌握发电厂中水轮发电机的运行工况监视、巡视检查、倒闸操作、异常分析与处理、事故处理等职业技能，实践水轮发电机的运行职业规范。

任务 2.1 认识水轮发电机

三相同步发电机分为隐极式和凸极式两种类型，隐极式同步发电机气隙均匀，转子机械强度高，适合于高速旋转，多与汽轮机构成发电机组，是汽轮发电机的基本结构形式。凸极式同步发电机的气隙不均匀，比较适合于中速或低速旋转，常与水轮机构成发电机组，是水轮发电机的基本机构形式。水轮发电机与汽轮发电机的基本工作原理相同。

2.1.1 水轮发电机的基本结构

水轮发电机由水轮机驱动，由于转速较低，通常采用凸极式转子。有立式和卧式两类，冲击式水轮机驱动的发电机多采用卧式结构，一般用于小容量发电机；而低速、大容量水轮发电机则采用立式结构。

2.1.1.1 定子

定子为固定部分，又称为电枢，主要由定子铁芯、定子绕组、机座以及紧固连接部件组成。

1. 定子铁芯

定子铁芯是构成电机磁路和固定定子绕组的重要部件。要求导磁性能好、损耗小、刚度好、振动小，并在结构和通风系统布置上能有良好的冷却效果。

定子铁芯由厚度为 0.35 mm 或 0.5 mm、涂有绝缘漆膜的硅钢片叠成，每叠厚 30 ~ 60 mm。各段叠片间留有 6 ~ 10 mm 的通风槽，以利于铁芯散热。当定子铁芯外圆的直径大于 1 m 时，由于材料标准尺寸的限制，必须做成扇形冲片，然后按圆周拼合起来叠装而成。叠装时把各层扇形片间的接缝互相错开，压紧后仍为一整体圆筒形，如图 2-1 所示。铁芯内圆冲有线槽，供安装线圈之用。

2. 定子绕组

定子绕组又称电枢绕组，作用是产生对称的三相交流电动势，向负载输出三相交流电流，实现机电能量的转换。定子绕组由多个线圈连接组成，为了减小绕组中导体集肤

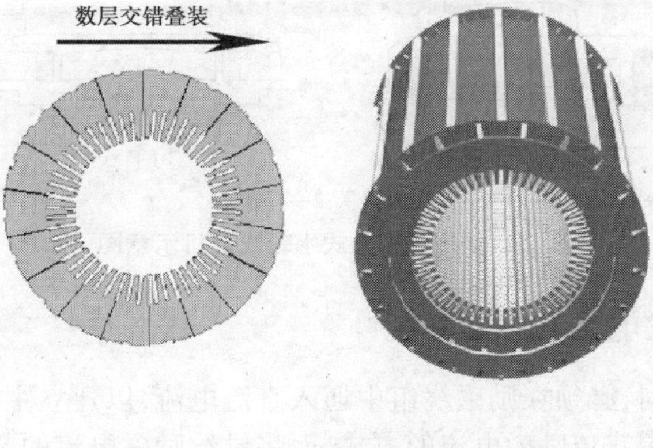

图 2-1　定子铁芯示意图

效应引起的附加损耗，每个线圈常用若干股相互绝缘的扁铜线绕制而成，并且在槽内及端部要按一定方式进行编织换位。铁芯槽中线圈按一定规律连接构成空间互差120°的三相对称绕组。

由于水轮发电机的磁极数多，定子绕组多采用双层短距波绕组，可节省极相组间的连接线，并且多采用分数槽绕组以改善绕组感应电动势的波形。

2.1.1.2　转子

转子为转动部分，凸极同步发电机的转子由转轴、转子支架、转子磁轭、磁极、励磁绕组、磁轭和阻尼绕组等部分构成。

磁极用来组成磁路，固定在磁轭上，一般由1～3 mm的钢板叠压而成，高速电机则采用实心形式。励磁绕组是集中式绕组，多采用绝缘扁铜线绕制而成，套装在磁极铁芯上，如图2-2所示。阻尼绕组由若干插在极靴槽中的铜条经两端环短接而成。磁轭可用铸钢，也可用冲片叠压。在磁极的两端面加上磁极压板，用铆钉或拉紧螺杆等进行紧固。磁极用“T”形尾或鸽尾与磁轭相连，二者连接应牢固，以满足旋转受力要求。

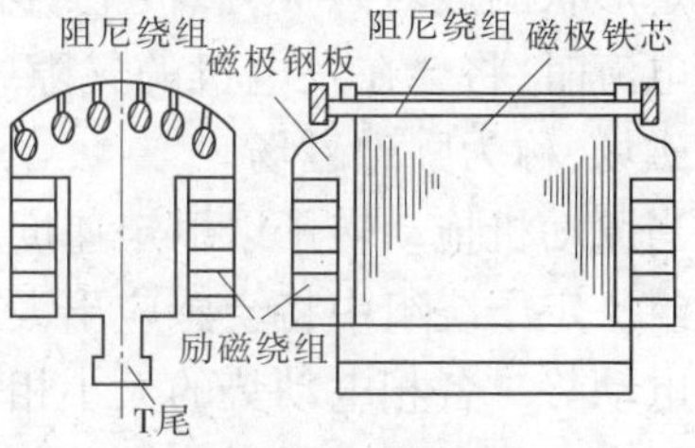

图 2-2　凸极同步发电机的磁极与绕组

2.1.1.3　上、下机架和轴承

同步发电机的轴承有导轴承和推力轴承两种。在上、下机架中均装有导轴承，导轴承的作用是防止轴的摆动。推力轴承承受转子重量、机组转动部分重量和水流产生的轴向推力。按照推力轴承所处的位置，立式同步发电机分悬吊式和伞式。悬吊式的推力轴承在转子的上面，装在上机架中。伞式的推力轴承在转子的下面，装在下机架中，如图2-3所示。

大中型立式机组都在下机架上装设制动器，其作用：一是制动，当机组停机时由于转子的转动惯性，一时停不下来，低速运转导致轴承烧坏，因此当转速下降到额定转速的35%左右时，用制动器使机组迅速停转；二是检修时可顶起转子以便于拆下推力轴承；三是运行前顶起转子建立推力瓦油膜。

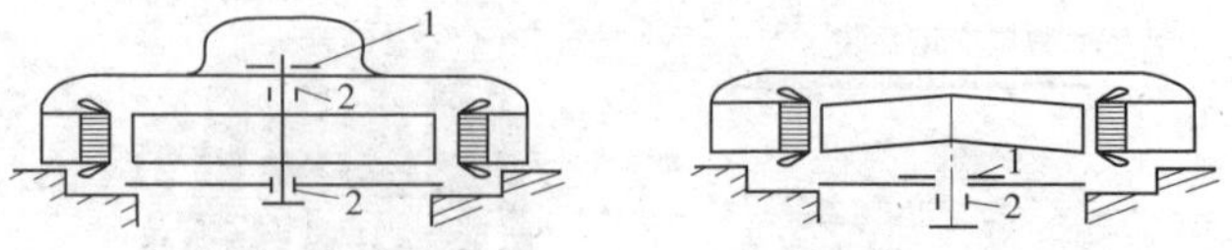

(a)悬吊式　　(b)伞式

1—推力轴承;2—导轴承

图 2-3　悬吊式和伞式水轮发电机示意图

2.1.2　三相同步发电机的励磁系统

同步发电机运行时,必须在励磁绕组中通入直流电流,以建立主磁场。所谓励磁方式是指同步发电机获得直流励磁电流的方式,而将供给励磁电流的装置称为励磁系统。励磁系统主要有两个组成部分:一是励磁功率部分,主要用于向同步发电机的励磁绕组提供直流电流;二是励磁调节部分,可以根据发电机电压及运行工况的变化,自动调节励磁功率单元输出的励磁电流的大小,以满足系统运行的要求。

2.1.3　三相同步发电机的基本工作原理

同步发电机定子铁芯的内圆均匀分布着定子槽,槽内嵌放着按一定规律对称的三相绕组 U1—U2、V1—V2、W1—W2,如图 2-4 所示。转子铁芯上装有制成一定形状的成对磁极,磁极上绕有励磁绕组。通以直流电流时,将会在发电机的气隙中形成极性相间的分布磁场,称为励磁磁场。

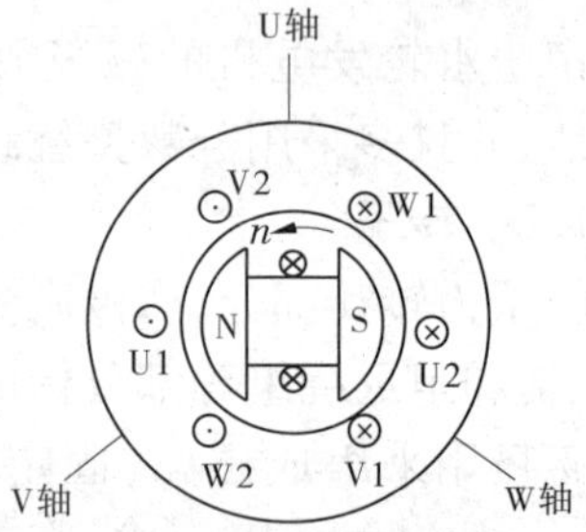

图 2-4　同步发电机的结构原理图

当原动机拖动转子以恒定速度旋转时,励磁磁场随转轴一起旋转并顺次切割定子各相绕组。定子绕组中将会感应出大小和方向按周期性变化的三相对称的正弦规律变化感应电动势。各相电动势的大小相等,三相电动势时间相位差 120°,满足了三相电动势对称要求。如果同步发电机带上负载,就有电能输出,实现机械能转换为电能,通过调节水轮机的进水量和励磁电流就可以改变向负载提供的有功电能和无功电能。

其中,定子绕组感应电动势的频率为

$$f = \frac{pn}{60} \tag{2-1}$$

式中　p——磁极对数;

　　　n——转子转速。

由式(2-1)可见,当同步发电机的磁极对数一定时,定子绕组感应电动势的频率与转子转速之间存在着恒定的比例关系,这是同步电机的主要特点。

由于我国电力系统的标准频率为 50 Hz,所以同步发电机转速为 $n = \frac{3\ 000}{p}$,发电机的磁极对数与转速成反比。由计算可知,如一台水轮机的转速 $n = 1\ 000$ r/min,则被其拖动的发电机磁极对数 $p = 3$。

2.1.4　同步发电机的铭牌

2.1.4.1　型号

发电机型号都是由汉语拼音大写字母与数字组成的。其中,汉语拼音字母是从发电机名称中选择有代表意义的汉字,取该汉字的第一个拼音字母组成。

汽轮发电机有 QFQ、QFN、QFS 等系列,前两个字母表示汽轮发电机,第三个字母表示冷却方式:Q 表示氢外冷,N 表示氢内冷,S 表示双水内冷。

水轮发电机系列有 TS 系列,T 表示同步,S 表示水轮。

例如:QFS-300-2 表示容量 300MW 双水内冷 2 极汽轮发电机。TSS1264/160-48 表示双水内冷水轮发电机,定子外径为 1 264 cm,铁芯长为 160 cm,极数为 48。

2.1.4.2　额定技术数据

(1)额定容量 S_N:额定容量指发电机出线段额定视在功率,单位为 VA、kVA 或 MVA,$S_N=\sqrt{3}U_NI_N$。

(2)额定功率 P_N:额定功率指发电机额定输出的有功功率,$P_N=\sqrt{3}U_NI_N\cos\varphi_N$。

(3)额定电压 U_N:额定电压指该台发电机额定运行时定子三相线端的线电压,单位为 V 或 kV。

(4)额定电流 I_N:额定电流指该台发电机额定运行时流过定子绕组的线电流,单位为 A。

(5)额定功率因数 $\cos\varphi_N$:额定功率因数指该台发电机额定运行时的功率因数。

(6)额定励磁电压 U_{fN}:额定励磁电压指该台发电机额定运行时转子励磁绕组两线端的直流电压,单位为 V。

(7)额定励磁电流 I_{fN}:额定励磁电流指该台发电机额定运行时流过转子励磁绕组的直流电流,单位为 A。

(8)额定转速:额定转速指该台发电机额定运行时对应电网频率的同步转速,单位为 r/min。

任务 2.2　水轮发电机的运行监视

水轮发电机的结构比较复杂,有机械部分、电气部分及油、气、水系统,它受系统和用户运行方式的影响,易发生故障或者存在不正常运行状态,机组运行时运行人员应对机组的运行工况进行严密监视,并及时消除设备的缺陷,保证机组安全运行。

2.2.1　任务分析

在计算机监控的水电厂中,在中央控制室的上位机显示器上,运行值班人员通过画面切换,对水轮发电机进行状态监视、事故监视及故障监视。运行值班人员监视主控室监控屏上水轮发电机的测量表计、位置指示灯和信号光字牌,抄录运行数据,填写值班日志和运行日志,随时掌握水轮发电机的运行状态。

2.2.2 相关知识

2.2.2.1 水轮发电机运行工况监视内容

(1)监视发电机组及其辅助设备相关数据和状态信息是否正常。

(2)监视励磁调节装置各数据、状态显示是否正常。

(3)监视电气主接线上各设备运行是否正常,有无报警信号,

(4)监视各断路器、隔离开关、接地开关位置指示灯是否正常。

(5)监视与电网相联系的一次系统潮流分布是否正常,频率、电压是否正常。

(6)监视直流系统运行是否正常,有无报警信号。

(7)监视继电保护及自动装置运行是否正常。

(8)监视厂用电系统有关设备参数、状态是否正常。

(9)监视光字牌亮牌情况。

(10)对事故音响、预告音响进行试验检查。

(11)监视本厂微机网络的运行情况。

(12)查看日报表中各整点时段的参数,完成各类报表的制作及打印输出。

(13)填写运行管理信息。

2.2.2.2 水轮发电机运行工况监视要求

(1)机组有关数据应按运行日志表格每小时记录一次,特殊情况下(如机组过负荷、温度异常升高或降低等),可以缩短抄表时间。

(2)发电机投入运行后,如无异常现象,应按照发电机制造厂规范及铭牌数据带负荷运行;如发现有绝缘老化、局部异常等情况,应经试验并报上级主管部门批准后限出力运行。

(3)发电机冷却空气额定进风温度(冷却器出风温度)为 35 ℃,最低进风温度以空气冷却器不凝结水珠为标准,空气冷却器进出口温差不超过 30 ℃,冷、热风温差与以前相比显著增大时,必须查明原因,设法消除。

发电机进风温度高于或低于额定值时,定子电流的允许值按下述原则确定:

①温度高于额定值时,可按表 2-1 执行。

表 2-1 冷却空气温度与出力的变化关系

冷却空气温度(℃)	增高温度(℃)	降低定子电流(I/I_e)(%)
35~40	1	1.1
40~45	1	1.5
45~50	1	2.0
50~55	1	3.0

发电机进风温度(冷却器出风温度)最高不得高于 55℃。

②温度低于额定值时，每降低 1 ℃，允许定子电流升高额定值的 0.5%，此时转子电流也允许有相应增加。

(4)发电机运行电压的变化范围在额定电压的 ±5% 以内而功率因数为额定值时，其额定容量不变。发电机最高运行电压不得超过额定值的 110%，当电压较额定值增高或降低 1% 时，定子电流降低或升高 1%，其出力不变。当电压超过额定值的 105% 时，电压每升高 1%，其容量相应降低 2%。

发电机最低运行电压不得低于额定值的 90%，当电压下降到低于额定值的 95% 时，定子电流长时期允许的数值，仍不得超过额定值的 105%。

(5)频率变动范围不超过 ±0.5 Hz 时，发电机可按额定容量运行。当频率异于额定频率时应注意：

①防止发电机过负荷。

②防止发电机励磁电压、电流异常过高或过低。

(6)额定功率因数为 $\cos\varphi = 0.8$，功率因数一般不应超过迟相 0.95。在运行中，若功率因数低于定值运行，必须调整负荷使转子电流不超过额定值。

(7)发电机定子三相电流差，不得超过额定电流的 15%，同时任何一相的电流不得大于额定电流，此时应注意检查机组的振动及转子的温升情况，并注意防止负序启动的保护误动；定子两相电流之差不得超过额定电流的 20%，当运行电压为额定电压的 110% 时，定子电流不得超过额定电流的 90%。

(8)事故情况下，允许短时过负荷，定子电流可按表 2-2 执行。

表 2-2 短时过负荷的定子电流

定子电流倍数 I/I_e	1.10	1.12	1.15	1.20	1.25	1.30	1.40	1.5	2.0	2.5	3.0	>3
持续时间(min)	60	30	15	6	5	4	3	2	1	0.5	0.3	0.15

2.2.3 任务实施

学员按人数分成小组，正确进行水轮发电机运行中的数据监视，根据上位机显示器画面，抄录水轮发电机运行参数填入运行日志，也可通过打印机打印水轮发电机运行参数。

操作员工作站正常运行时主接线图上显示有：

(1)水轮发电机运行参数：有功功率、无功功率、功率因数、视在功率，定子三相电流、定子三相电压、频率，转子电压和电流。

(2)水轮发电机温度:定子绕组的铁芯温度、出口风温。

(3) 水轮发电机轴承温度、轴承油位。

(4) 水轮发电机机组振动等。

学员应观察上位机显示器画面,认真监视水轮发电机运行状态并抄录水轮发电机运行参数填入运行日志,也可通过打印机打印水轮发电机运行参数。

机组有关数据应按运行日志表格每小时记录一次,特殊情况下(如机组过负荷、温度异常升高或降低等),可以缩短抄表时间。

监视图见图 2-5 ~ 图 2-9。

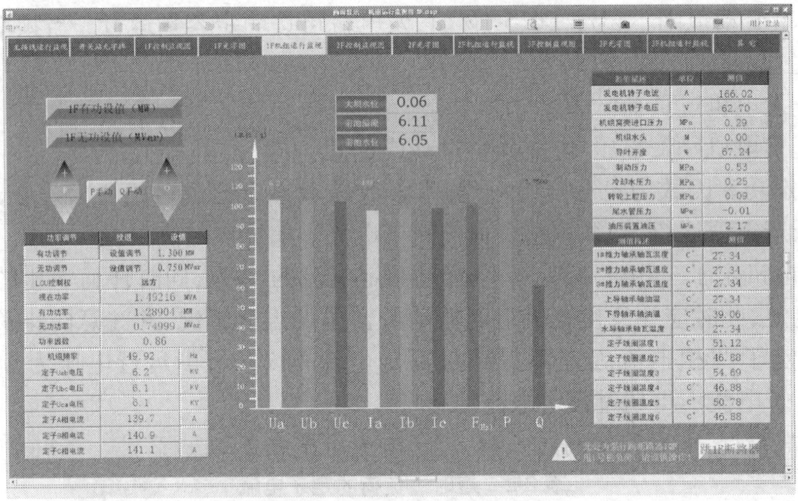

图 2-5　机组运行监视画面

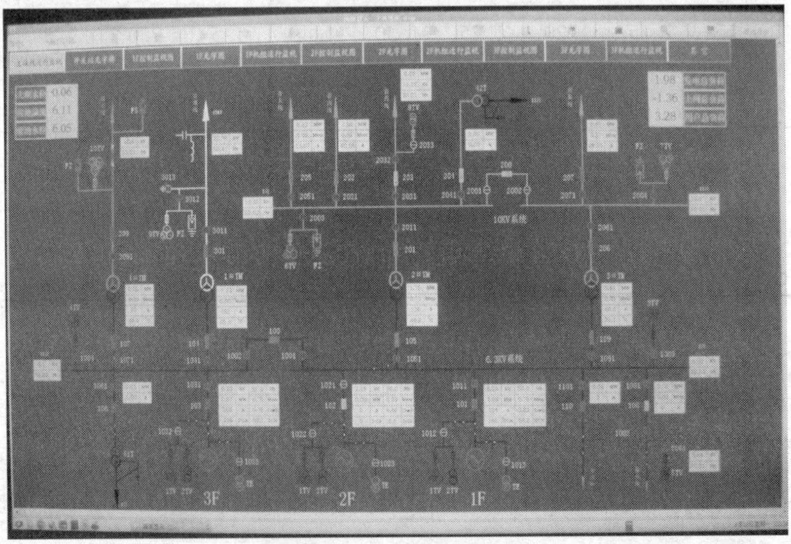

图 2-6　主接线监视图

图 2-7　机组光字图

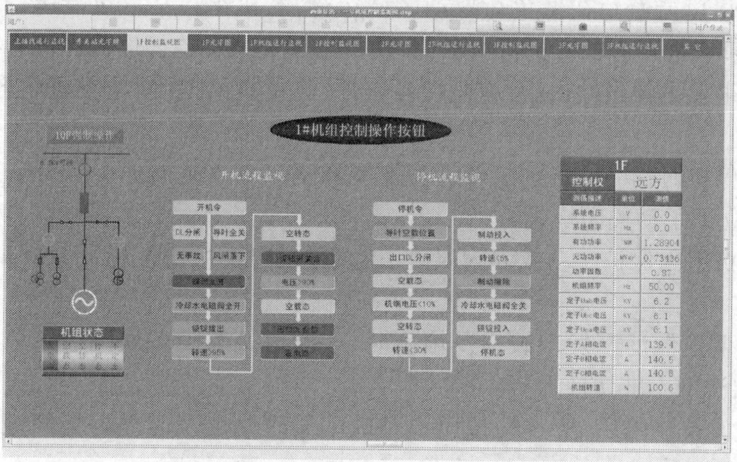

图 2-8　机组控制监视图（开机状态下）

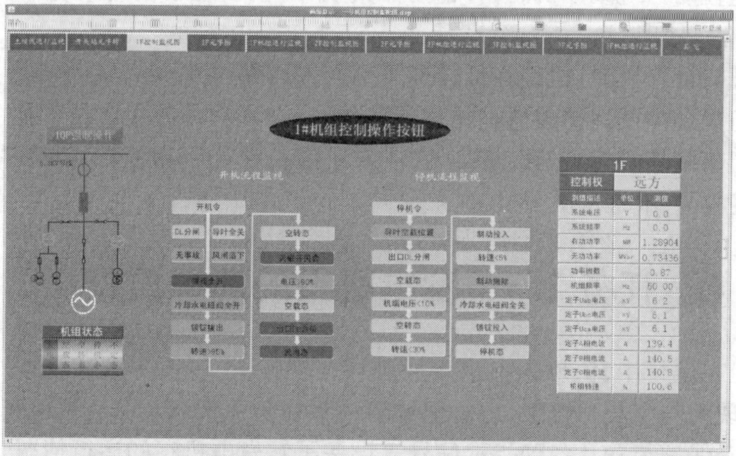

图 2-9　机组控制监视图（停机状态下）

2.2.4 拓展提高

机组运行中注意事项如下:

(1)机组正常运行中,调速器手动/自动(试验/运行)切换手柄应处于自动(运行)位置,如遇下列情况之一者,经值长同意,可将调速器切换手柄切至“手动(试验)”位置运行:

①调速器电气回路有故障,不能自动控制机组负荷时;

②剪断销剪断时;

③导水机构有短时检修工作(如清扫顶盖、排水孔等)时。

(2)机组交直流操作和保护电源在运行中失去,应及时查明原因并送上。

(3)当机组某轴承温度或油温较正常值异常升高 2 ~ 3 ℃,定子铁芯线圈温度升高 4 ~ 5 ℃时,应查明原因及时处理,并加强监视。

(4)机组尽可能避免在低负荷振动区域运行,若机组在某一负荷运行,其振动或摆度接近允许值,应报告值长变更机组负荷,使机组脱离振动或摆度大区域运行。

(5)当机组发生强烈冲击后,应监视各表计,测量机组摆度,检查机组各部分无异常变化。

(6)机组停机时,导叶已全关,转速若不能降至 35% 额定转速(17.5Hz),而蝶阀联动未动作时,应立即手动关闭蝶阀。

(7)确认机组因保护误动或人为误碰引起事故停机时,应征得同意立即复归事故停机,开机运行。

(8)清扫调速器滤网发现破损及堵塞时,应及时填写设备缺陷通知单联系处理,未处理前调速器滤网不准切换运行。

(9)发现设备缺陷后,应严格按照设备缺陷管理制度及时做好详细记录,并将设备缺陷通知单及时上传。

(10)机组自动开机或停机时,若自动器具动作不良,可手动帮助,若时间允许,应查明原因,联系检修处理。

(11)在开机或停机时,机组在低转速下运行不得超过 5 min。

(12)运行设备主要保护装置退出运行,必须经总工程师或生产技术部主任批准。

(13)机组事故停机后,故障、事故信号未经值长允许不得复归,在未查出事故停机原因和消除事故前,不得再次开机。

任务 2.3 发电机组的巡视检查

发电机组在运行中,值班人员应定期进行巡视检查,以便了解和掌握发电机组的运行情况,如发现问题应及时解决,力争把故障消除在萌芽状态。在巡视检查过程中,一般可以通过仪表、保护装置及各种指示信号等设备了解发电机组的运行情况。同时还要依靠运行值班人员的各种感官去观察、监听,及时发现仪表所不能反映的问题,如运行环境的变化、发电机组声响的异常,等等。即使是仪表装置反映的情况也需要通过检查、分析才能做出结论。因此,运行值班人员对发电机组的巡视检查是十分必要的。

2.3.1　任务分析

(1)按照水轮发电机组巡视部位及巡视内容,采用目测、耳听、鼻嗅、触试、仪器检测等方法,对水轮发电机组进行巡视检查,记录巡视结果。

(2)将异常现象与巡视标准进行比较,详细说明。

(3)巡视检查完成后,向值长汇报巡视检查结果。

2.3.2　相关知识

2.3.2.1　水轮发电机的巡视项目

(1)发电机声音正常、振动正常,轴向窜动不超标。

(2)发电机定子绕组、铁芯、转子绕组温度正常。

(3)发电机滑环、电刷、弹簧安装牢固、压力适当。

(4)励磁系统的工作状况:励磁屏内的工作电源、可控硅整流元件的冷却风机、整流元件的熔断器、励磁系统各部分接线牢固、无松动。

(5)各调节柜、整流柜运行正常,盘内各种指示灯正常,盘内无焦臭味,整流柜风机运行正常。

(6)发电机各连接部件无过热现象。

(7)保护装置正常运行,无异常报警信号。

(8)发电机轴承温度正常。

(9)大轴接地电刷接触良好,电刷边缘仅允许微小火花。

(10)机组各油槽的油位正常、油质良好。

(11)辅助设备的"工作"和"备用"状态定期切换。

(12)调速器及油压装置的工作状态正常。

(13)机组保护切换片的位置正确。

2.3.2.2　水轮发电机常见缺陷

(1)发电机过负荷。

(2)发电机定子、转子和铁芯温度过高。

(3)发电机电气二次回路故障。

(4)发电机转子一点接地。

2.3.3　任务准备

(1)熟悉水轮发电机结构原理及型号参数。

(2)熟悉水轮发电机编号、位置及投运情况。

(3)熟悉水轮发电机组巡视部位及巡视标准。

(4)熟悉巡视工具使用:听针、手电筒、红外测温仪、望远镜、记录本、智能巡检仪。

(5)做好安全措施:戴安全帽,防摔防撞。

2.3.4 任务实施

学员按人数分成小组，穿戴好合格的安全服装、携带好安全工器具，在现场按规定的巡视线路巡视发电机时，对照巡视卡(见表2-3)找出发电机的巡视点，根据每个巡视点的现象判断运行中的发电机有无异常和缺陷。对合格项，在巡视卡"检查结论"栏打"√"；对存在缺陷和异常项，在巡视卡"检查结论"栏用文字详细说明。巡视中注意安全、动作规范。检查结束后，将安全工器具放回原处。

发电机组运行中巡视检查应重点检查项目，见表2-3。

表2-3 发电机组运行中巡视内容及标准

序号	巡视内容	巡视标准	检查结论	备注
1	发电机本体	(1)滑环表面不发黑，无剧烈火花跳动，碳刷软铜线完好，无卡死现象，压簧完好，碳刷在刷握内随滑环旋转均匀抽动		
		(2)各空气冷却器和管路、接头、阀门无"三漏"(漏油、漏水、漏气)现象，冷风温度均匀，不过热，冷却水压正常		
		(3)推力轴承、下导轴承及油槽瓦温、油温、油色、油位合格，无漏油、甩油现象，冷却水压力正常，水流畅通		
		(4)定子外壳不过热，定子、转子线圈及各部引线不发热，电气及机械固定螺丝和销钉无松动脱落		
		(5)风闸在落下位置，无跳动和爬升现象，机组自动控制屏(简称机自屏)上触摸屏显示"风闸落下"，大轴接地碳刷良好		
		(6)风洞内无异音、异味、异物		
2	励磁装置	(1)励磁系统各部分接线牢固、无松动		
		(2)各调节柜、整流柜运行正常，盘内各种指示灯正常，盘内无焦臭味，整流柜风机运行正常		
3	压油装置	(1)压油罐、回油箱油压、油位、油色、油质正常		
		(2)两台油泵均处于"自动"状态，必要时卸压进行自动启停试验		
4	调速器	(1)调速器运行稳定，主配压阀无异常抽动、跳动，表计指示及显示正常		
		(2)主接力器无异常抽动、跳动，无明显渗漏		
5	风闸系统	(1)加闸用气的气压指示为0.55～0.7 MPa		
		(2)加闸系统各阀门位置正确，阀门不漏气		

续表 2-3

序号	巡视内容	巡视标准	检查结论	备注
6	机组制动屏，机自屏，蝶阀控制柜	(1)各屏(柜)内电源断路器投切位置正确，无事故及故障指示		
		(2)屏(柜)内液晶显示屏正常显示且与现场相符，各表计指示正确		
7	水机室	(1)各屏(柜)内电源断路器(刀闸)投切位置正确，信号指示正常		
		(2)屏(柜)内液晶显示屏正常显示，各表计指示正确，与现场相符		
8	水轮机本体	(1)供水系统阀门位置正确，各压力指示正常，滤水器内无杂音，滤水器进出水压差不超过0.05 MPa		
		(2)水轮机运转声音正常，无异常振动，各表计指示正确，冷却器和管路、接头、阀门无渗漏，冷却水压正常		
		(3)主轴密封水压正常，主轴密封装置和导叶轴套无过大漏水，顶盖上无淤积堵塞现象，排水通畅		
		(4)水导轴承温度正常，油位观察窗可见正常打油，冷却水压正常		
		(5)剪断销无剪断		
		(6)机组油、水、气管路接头及阀门无渗漏现象		
9	蝶阀部分	(1)电源投入，各表计及位置指示正确，油压正常，手动/自动切换手柄在"自动"位置		
		(2)接力器无异常抽动、异音，检修排油阀全关，供油阀全开，蝶阀锁锭在投入位置		
		(3)油位正常		
10	尾水管、伸缩节部分	(1)尾水管和伸缩节无剧烈振动，伸缩节漏水量不过大		
		(2)尾水管及蜗壳进入孔不漏水		
		(3)真空破坏阀无漏水		

2.3.5 拓展提高

(1)在机组和系统发生故障后和机组检修后，应增加巡视检查次数，具体要求由值长决定。

(2)励磁功率柜门在发电机运行时，检查人员不得将门打开。风机滤网应定期清扫(每星期清扫一次)。

(3)在气候突然变化时及雷雨季节，系统运行方式改变，对于新投产或检修后的机组，运行人员应根据实际情况增加巡视检查次数。

(4)在巡视检查中,要注意各种电源有无失去。

(5)在巡视检查中及时检查各种信号灯、光字牌是否备全,状态正确,及时联系更换损坏的灯泡。

任务 2.4 发电机组的倒闸操作

由于发电厂机组设备差异较大,其倒闸操作票也存在较大差异,但总原则是按照开停机操作步骤进行,在此不再列举发电机组开停机操作票。随着自动化程度不断提高,或采用综合自动化系统,发电厂开停机倒闸操作也越来越简单。

2.4.1 水轮发电机组正常自动开机及并网操作

2.4.1.1 任务分析

水轮发电机组正常开机前应作正常巡视检查,检查机组是否具备开机条件。对于立式机组,如果停机时间较长,开机前需要顶转子,目的是让立式机组的推力轴承建立起油膜,使机组的轴承在启动过程中不至于因干摩擦而损坏。

随着自动化程度的提高,水电厂开机及并网操作已经由主厂房的手动开机转换为在中控室进行自动开机及并网操作。

2.4.1.2 相关知识

发电机组的倒闸操作主要是同期并列操作,同期并列是电力系统运行中一项非常重要的操作任务,必须由具有正值以上资格的运行人员进行。

1. 同期并列应符合的条件

(1)待并列断路器两侧相序、相位基本一致,相角差小于 30°。

(2)待并列断路器两侧电压差:一般情况下,500 kV 系统:<10%;220 kV、330 kV 系统:<20%。

(3)待并列断路器两侧频率差:<0.5 Hz。

2. 同期并列装置的组成

1)同期测量表计

同期测量表计为组合式同期表,其中包括电压差表、频率差表和同期表三部分。电压差表和频率差表反映待并发电机和运行系统之间的电压差值和频率差值,表针指示正向(向上)或反向(向下)偏转,即为待并系统高于或低于运行系统的电压值和频率值。同期表指针转向顺时针为待并系统相角超前运行系统,逆时针为待并系统相角滞后运行系统。

2)同期监测继电器

同期监测继电器用来鉴定两个系统的同期条件。当同相的相角差在 0 ~ ±30 °范围内时触点闭合并列。可防止操作人员对整步表判断不正确,在相角差较大时误并列。

3)同期表计转换开关

同期表计转换开关有三个位置:“断开”“粗略”“精确”。平时断路器处在“断开”位置,同期表计退出,以防止同期表和同期继电器因长时间带电而损坏;开关在“粗略”位置时，分别接入电压表和频率表，以监视电压和频率，而同期表不接入，此时比较的是电压的大小和频率，如果是发电厂则可以通过粗调使电压的大小和频率相同；将同期表计转换开关置于“精确”位置时，分别接入电压表、频率表和同期表，此时比较的是电压的大小、频率及相位，如果是发电厂则可以通过细调使相位也一致。

4）同期闭锁解除转换开关

置同期闭锁解除转换开关于投入同期闭锁位置，同期监测继电器的触点串接于合闸小母线之间，当同期并列条件不满足时，继电器动作，其动断触点断开，闭锁了断路器控制回路。置同期闭锁解除转换开关于解除闭锁位置，同期监测继电器触点被短接，从而解除断路器闭锁回路。

5）同期开关

同期开关有“投入”和“断开”两个位置，切至“投入”位置时是将同期电压引至同期小母线。由于在同一时间内只允许对一台断路器进行并列操作，每个同期点断路器均装有同期开关，并共用一个操作把手。操作把手只有在同期开关位于“断开”位置时才能抽出，以保证在同一时间内只对一台断路器进行并列操作。

6）断路器控制开关

断路器控制开关为手动操作断路器分、合闸的控制开关。

发电厂（变电站）手动准同期的操作步骤如表2-4所示。

表2-4 手动准同期的操作步骤

序号	操作步骤
1	合同期开关于“投入”位置，将两侧电压引至同期小母线上
2	同期闭锁解除转换开关切至同期闭锁投入位置，即投入同期监测继电器
3	将同期表计转换开关切至“粗略”位置，使电压表和频率表投入，监测电压表和频率表读数。对于发电厂，还要根据电压表和频率表的读数进行粗调（粗调励磁电流和进水量），使发电机电压和频率与系统接近相等
4	将同期表计转换开关切至“精确”位置，使同期表投入，同期表指针开始旋转。对于发电厂，要根据同期表的指针旋转方向进行细调（调节水轮机进水量），调至同期表的指针向顺时针方向缓慢旋转（3～4 r/min）
5	将断路器控制开关切至“预备合闸”位置，同时观察同期表，待指针快靠近红线时（提前5°～10°），将断路器控制开关切至“合闸”位置，实现同期操作
6	合闸成功后红灯闪光，置于“合闸后”位置，红灯停止闪光而发平光
7	退出同期表计转换开关和同期开关

2.4.1.3 任务准备

（1）做好安全措施：戴安全帽、绝缘手套，防摔防撞。

（2）熟悉操作工具使用方法：安全帽、绝缘手套、隔离开关操作杆、高压验电器、三相短路接地线、标示牌、电脑钥匙、录音笔、操作票及夹板等。

2.4.1.4 任务实施

学员按人数分成小组，做好安全措施，在教师指导下模拟进行立式水轮发电机组正常开机并网操作。

1. 熟悉立式水轮发电机组正常开机步骤

(1)进行开机前的检查。

(2)当满足开机条件时,退出调速器锁锭,打开调速器总供油阀,开启发电机风机,打开冷却水。打开导叶至空载开度,使转子转速升至额定转速。

(3)合上发电机灭磁开关,起励建压,升压至额定电压。

(4)同期后合上发电机断路器,使发电机并入系统运行。

(5)按照调度命令,带上有功(增加进水量)和无功(增加励磁电流)负荷。

(6)检查机组各部分运行情况,并做好记录。

2. 填写发电机组自动开机并网操作票

(1)做好开机前的准备工作。

(2)按需要进行顶转子操作。

(3)检查确认发电机组各部冷却水压力正常,油色、油位、油质符合要求,机组 LCU(计算机监控现地控制单元)备用条件满足。

(4)检查蝶阀控制柜内电源屏上总电源断路器 QF1、调速器 1#油泵电源断路器 QF2、调速器 2#油泵电源断路器 QF3、蝶阀控制电源断路器 QF4、机组控制电源断路器 QF5、调速器控制电源断路器 QF10、蝶阀动力电源断路器 QF12(3#发电机多一个技术供水过滤器电源断路器 QF13)在合位(ON)。检查联络电源断路器 QF7 在断开位置(本机无电源时 QF7 处于合位,1#、2#机互为备用,3#、4#机互为备用)。

(5)检查测温制动屏后照明及风机电源开关断路器 QF0、1#泵控制开关断路器 QF1、1#泵功率开关断路器 QF2、2#泵控制开关断路器 QF3、2#泵功率开关断路器 QF4、1#加热控制开关断路器 QF5、1#加热电源开关断路器 QF6、2#加热控制开关断路器 QF7、2#加热电源开关断路器 QF8、直流电源开关断路器 QF9 在合位(ON)。

(6)检查机组 LCU 屏后切换装置交流电源开关断路器 QF1、切换装置直流电源开关断路器 QF2、温度巡检仪直流电源开关断路器 QF3、操作回路直流电源开关断路器 QF4、主编程电源开关断路器 QF5、传感器电源开关断路器 QF6、扩展继电器电源开关断路器 QF7、备用可编程电源开关断路器 QF8、测量 TV(电压互感器)开关断路器 QF9 在合位(ON)。

(7)检查调速器柜内交流、直流电源开关断路器均投入(ON),导叶全关,接力器锁锭投入,面板显示无异常,手动/自动(试验/运行)切换手柄切至自动(运行)位置,调速器油压符合要求,总供油阀 115 在全开位置。

(8)检查蝶阀控制柜及蝶阀现地单元无异常、指示正确,蝶阀在全开位置,蝶阀系统主阀及油泵手动/自动切换手柄均处于“自动”位置、油压正常。

(9)检查测温及制动屏电阻测温各表计正常显示,测温制动柜面板上调速器油泵手动/自动切换手柄均处于“自动”位置,风闸制动系统各阀门投切正确,总进气阀 307 全开、自动刹车供气阀 309 全开、自动刹车复位排气阀 313 全开、手动刹车进气阀 311 全关、手动刹车排气复位阀 304 全关。制动气压符合要求、制动侧气压为零。

(10)检查机组 LCU 触摸屏显示正常,符合备用条件:水轮机导叶全关,各部冷却水投入且冷却水压符合要求,油位在规定范围内,风闸全部落下,定子加热驱潮装置投入;调速器接力器锁锭投入,油压在规定范围内,断路器位置为分,蝶阀已开启,无故障及事故报警。

(11)检查天F发电机保护测控装置运行正常。

(12)检查天F发电机保护已按通知单要求整定加用,各压板位置满足机组备用条件。

(13)检查保护测控屏上同期转换开关SAS位于"断开"位置,手动同期转换开关1SASC位于"断开"位置,远方/就地转换开关QC位于"远方"位置。

(14)检查天F发电机励磁调节柜内交流电源开关QF1和QF2、操作回路交流电源开关QF3、平板电脑交流电源开关QF4、直流电源开关QF5和QF6、操作回路交流电源开关QF7、励磁TV开关QF8、机端TV开关QF9、母线TV开关QF10、调节器背板交流电源开关(1S1、2S1)、调节器背板直流电源开关(1S2、2S2)在合位。

(15)检查天F发电机励磁功率柜内风机电源开关QF2、风机控制电源开关QF3、同步电压开关QF4、直流合闸电源开关QF5、直流起励电源开关QF6以及灭磁开关FMK确在合位。

(16)检查天F发电机励磁空载过压投切压板XB1、励磁开机联动起励压板XB2确已加用,停机联动灭磁开关投切压板确已停用。

(17)检查天71(天72、73、74)开关确在"分闸"位置。

(18)检查天713(天723、734、744)刀闸确在"接通"位置。

(19)检查天712(天722、733、743)刀闸确在"接通"位置。

(20)检查天711(天721、732、742)刀闸确在"接通"位置。

(21)在监控后台发开机并网命令,监视机组启动并网。

(22)发电机出口开关并网成功后,检查天71(天72、73、74)开关确在"合闸"位置。

(23)按调度命令,调整机组无功、有功负荷。

(24)检查操作员工作站及发电机保护测控装置各数据是否正常。

(25)检查水导轴承打油情况。

(26)加用高周切机压板(加用原则:始终保持一台机的压板处于停用位置)。

(27)全面检查。

3.模拟发电机组自动开机具体操作

在教师指导下,严格按电气设备倒闸操作流程进行(详见前文电气运行基本知识部分介绍)。

1)检查机组开机必备条件

(1)机组无事故;

(2)风闸落下;

(3)开关在断开位。

2)输入操作密码

当要进行机组操作时,触摸画面中"机组操作"键,则弹出机组操作密码输入画面,见图2-10。

图 2-10　机组操作密码输入画面

触摸密码显示窗口，屏幕弹出一个键盘，输入正确密码并按回车键，则密码显示窗口显示正确密码，此时按“确认”键可进入机组操作画面，见图 2-11。

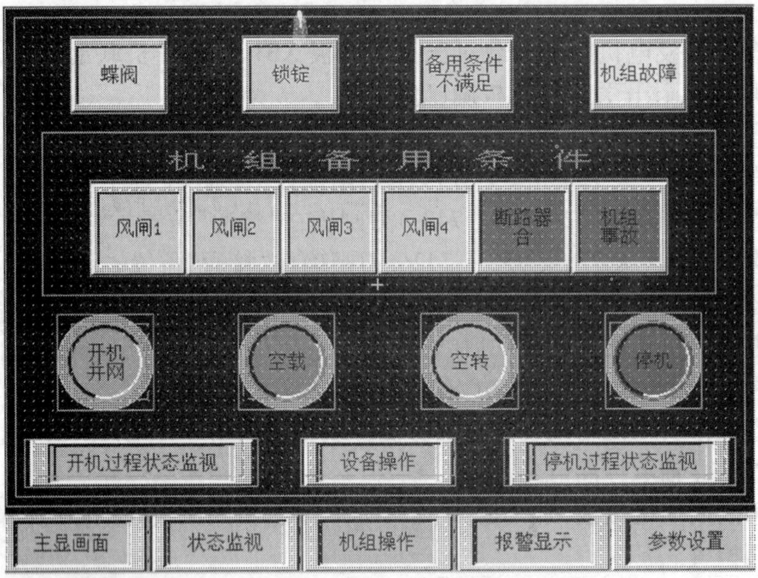

图 2-11　机组操作画面

3）机组的开机操作

进入机组操作画面后，触摸“开机”键，将进入图 2-12 所示的开机操作确认画面。此时触摸“确认”键，若备用条件满足，将发出开机令。画面将切换至开机过程监视画面，见图 2-13；若触摸“取消”键，画面将返回机组操作画面。

2.4.1.5　拓展提高

1. 机组开机条件检查

（1）机组单元设备（发电机、调速器、蝶阀及相应屏柜）所有操作电源、动力电源、保护电源均投入，机组保护已按保护整定通知单内容整定加用。

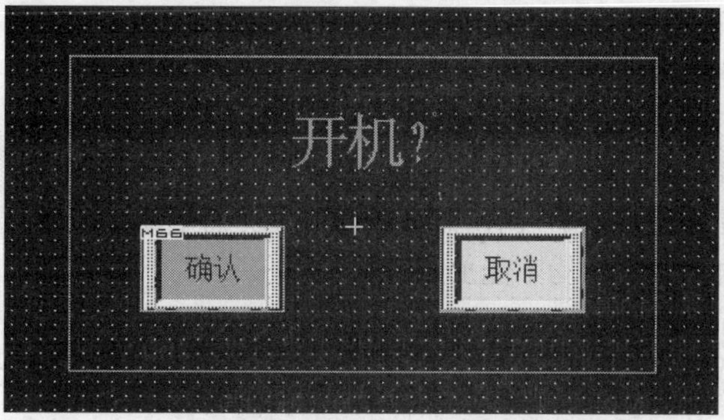

图 2-12　开机操作确认画面

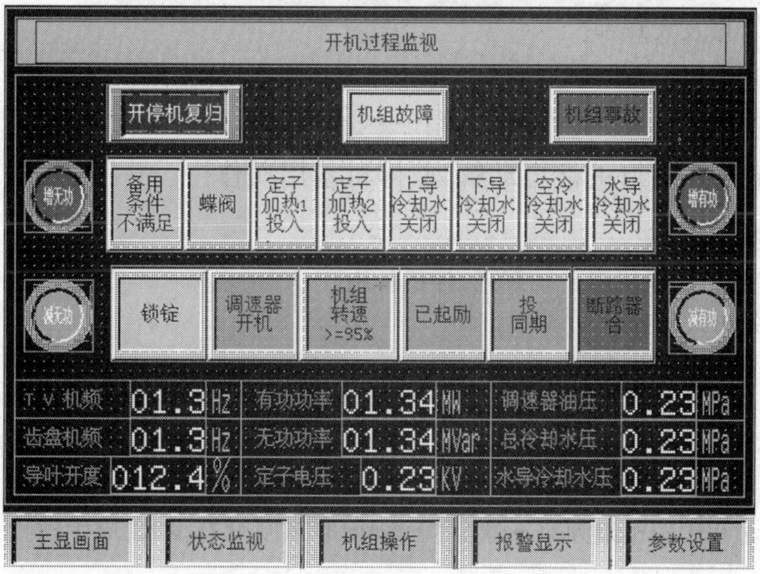

图 2-13　开机过程监视画面

(2)机组出口开关在分位，两侧相关刀闸(包括互感器、励变回路刀闸)均在合位。

(3)上位机及机组 LCU 触摸屏显示满足备用状态：水轮机导叶全关、风闸全部落下、断路器在断开位置、无故障信息、无事故报警。

(4)调速器处于正常的运用状态，面板指示正确，手动/自动(试验/运行)切换手柄处于“自动(运行)”位置，接力器锁锭投入。

(5)调速器油压装置处于正常的运用状态，油压、油位符合要求，总供油阀 115 全开，测温制动柜面板上调速器油泵手动/自动切换手柄均处于“自动”位置。

(6)蝶阀系统主阀及油泵手动/自动切换手柄均处于“自动”位置，油压正常。

(7)制动系统三通切换阀置于“给气”侧，制动柜内风闸侧气压为零，各阀门处于自动刹车状态。

(8)钢管已充水。

2. 禁止开机情况

机组若遇下列情况之一禁止开机：

(1)进水闸(前池快速闸)、蝶阀、尾水闸门任一未全开时;

(2)机组任一油槽油位或油质不合格时;

(3)供水系统不能正常供给冷却水时;

(4)调速器油罐不能维持正常油压、油位时;

(5)调速系统存在严重缺陷,调速器自动调节失灵而手动又不能控制时;

(6)风闸系统自动与手动均不能加闸时;

(7)机组主要保护不能投入运行时;

(8)油槽油温低于5℃时。

3. 顶转子操作

在下列情况下,开机之前应进行顶转子操作:

(1)机组小修及大修后;

(2)推力油槽(推力瓦)检修后;

(3)备用机组超过30 d。

2.4.2 水轮发电机组正常自动解列、停机备用操作

2.4.2.1 任务分析

在中控室进行发电机组自动解列、停机备用。

2.4.2.2 相关知识

(1)接通知做好停机准备。

(2)在监控后台发停机令,监控机组停机流程执行情况。

(3)停机过程中若2 min内机组频率不能降至17.5 Hz,同时蝶阀关闭程序没启动,应手动关闭蝶阀。

(4)停机过程中若机组频率下降至17.5 Hz时风闸没有投入,应手动投入风闸进行制动。

(5)待机组停稳后检查风闸已落下(若未落下,应手动撬下),检查定子加热驱潮装置已自动投入。

(6)全面检查。

2.4.2.3 任务准备

(1)做好安全措施:戴安全帽、绝缘手套 ,防摔防撞。

(2)熟悉操作工具使用方法:安全帽、绝缘手套、隔离开关操作杆、高压验电器、三相短路接地线、标示牌、电脑钥匙、录音笔、操作票及夹板等。

2.4.2.4 任务实施

学员按人数分成小组,做好安全措施,在教师指导下模拟进行立式水轮发电机组正常停机操作。

1. 熟悉水轮发电机组的正常停机操作步骤

(1)减有功负荷(减小进水量)、减无功负荷(减小励磁电流),减至零。

(2)拉开发电机断路器,使发电机与系统解列。

(3)减小发电机励磁电流,使发电机机端电压降至零。

(4)关闭导水机构。

(5)当机组转速降至额定转速的35%左右时,刹车。

(6)关闭冷却水,关闭发电机风机。

(7)投入调速器锁锭,关闭调速器总供油阀。

(8)对机组进行检查并记录。

2. 模拟发电机组的自动停机具体操作

在教师指导下,严格按电气设备倒闸操作流程进行(详见前文电气运行基本知识部分介绍)。

进入机组操作画面后,触摸“停机”键,将进入图2-14所示的停机操作确认画面。此时触摸“确认”键,将发出停机令,画面将切换至停机过程监视画面,见图2-15;若触摸“取消”键,画面将返回机组操作画面。

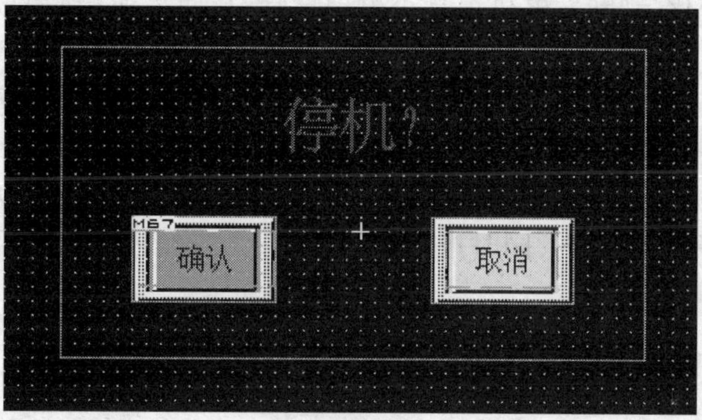

图2-14　停机操作确认画面

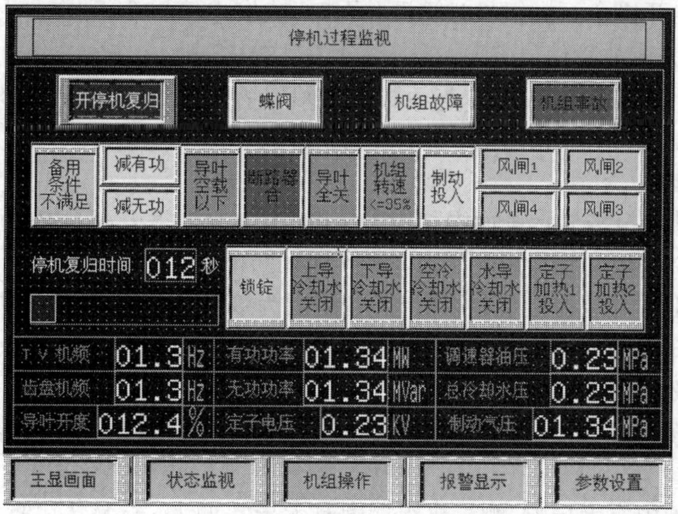

图2-15　停机过程监视画面

任务 2.5　发电机组的异常运行分析及处理

发电机组在运行过程中,由于外界的影响和自身的原因,参数将发生变化,并可能超出正常运行允许的范围。短时间超过规定运行参数或超过规定运行参数不多虽然不会产生严重后果,但长期超过运行参数或者大范围超过运行参数就有可能引起严重的后果,危及发电机组的安全、电力系统的安全,甚至是人身安全。因此,当设备出现异常运行时,必须及时进行处理,避免发展成为事故,造成更大的影响和损失。

2.5.1　任务分析

值班人员应随时对发电机组进行监视、检查,通过发电机组的声音、油位、油温、油色、气味等现象的变化,判断发电机组是否出现异常,从而采取相应的处理措施,避免出现发电机组事故。

机组运行中发生故障时,机组 LCU 触摸屏主画面及监控系统故障指示光字牌由绿色变为黄色,进入"报警显示"可查看详细报警记录,相应故障报警光字牌由绿色变为黄色。值班人员应根据信号,迅速查明原因,并设法尽快消除,将情况及经过详细记录在交接班记录和设备缺陷登记表内,同时报告车间负责人。若故障无法消除,由负责人确定是否停机或联系检修处理。

2.5.2　相关知识

发电机组的各种异常运行分析及处理介绍如下。

2.5.2.1　开停机未完成

现象:当发出开机令而机组长时间没并网时,或发出停机令而长时间未复归时,LCU 将出现开停机未完成故障信号。

处理:查看开停机流程界面,根据流程指示到现场检查各信号是否正确,检查完毕后可触摸"开停机复归"键清除该故障显示并重新开机。

2.5.2.2　温度升高

现象:温度升高报警显示画面中相应光字牌(×××温度升高)由绿色变为黄色。

处理:

(1)检查电阻测温装置接线是否松动,若是因为接触不良造成的,应进行紧固。

(2)检查冷却器进、排水阀是否全开,水流、水压是否正常,进、出水口温差是否正常,若不正常应及时调整。

(3)检查油面、油色是否合格,油温是否正常,有无严重漏油、甩油,若不正常应及时处理。

(4)倾听轴承内有无异响,测量机组摆度有无异常增大,若无异常增大,应调整机组负荷。

(5)加强轴瓦温度监视。

(6)若系发电机空气冷却器进/出风温度升高,则:

①查明电阻测温装置接线是否松动，若是因为接触不良造成的，应进行紧固；

②检查冷却器进、排水阀是否全开，水流、水压是否正常，进、出水口温差是否正常，若不正常应及时调整；

③检查各空冷器进出水阀开度是否适当，冷却水压、水流是否正常，各冷却器温度是否普遍升高，应适当增大冷却水流量；

④检查供水系统总水压是否下降，若下降应及时调整；

⑤若空冷器温度整体上升，其他温度正常，应对空冷器冷却水正、反向切换；

⑥上述方法无效，温度继续升高，应及时汇报，降低机组有功和无功负荷，联系检修处理。

2.5.2.3　上导推力(下导)油位过高

现象：报警显示栏中上导推力(下导)油位过高光字牌由绿变黄，从上导(下导)油位计观察油位升高。

处理：

(1)检查上导推力、下导油槽油面是否确实升高：

①从模拟量列表中读取上导(下导)油位读数，确定油位是否升高；

②从上导(下导)油位计观察油位是否升高；

③判断油位升高是否属于误动作。

(2)若油面升高，应判明原因进行处理：

①从油位计处观察，若油质呈乳化状态，温度下降，油位上升较快，其原因应是冷却器漏水，可能是冷却器铜管穿孔或连接法兰处密封损坏，应立即停机处理；

②若油位上升不是太多太快，温度同时升高，这是由于温度升高所致。

(3)加强轴瓦温度监视。

2.5.2.4　上导推力(下导)油位过低

现象：报警显示栏中上导推力(下导)油位过低光字牌由绿变黄，从上导(下导)油位计观察油位不足。

处理：

(1)检查上导推力、下导油槽油面是否确实过低：

①从模拟量列表中读取上导(下导)油位读数，确定油位是否过低；

②从上导(下导)油位计观察油位是否过低；

③判断油位过低是否属于误动作。

(2)若油面过低，应判明原因进行处理：检查进、排油阀是否关严，有无严重漏油和甩油现象，若漏油和甩油现象严重，应立即停机处理，否则，加油至正常油位。

(3)加强轴瓦温度监视。

2.5.2.5　水导油位过高、过低

现象：LCU 故障显示水导油位过高、过低光字牌亮。

处理：

(1)该故障信号仅用于开机之前的监测，开机后不作监视。

(2)油位过低光字牌亮时，开机之前应给水导下油盆注油，信号复归后才允许开机。

(3)油位过高光字牌亮时允许开机。

2.5.2.6 风闸指示不复归

现象:LCU 主画面备用条件不满足、风闸光字牌闪烁。

输入开关量画面中,四个风闸除刹车和顶转子时“风闸顶起”光字牌同时亮起呈黄色外,正常状态下均应显示“风闸落下”且光字牌呈黄色,其他现象如顶起时无指示或少指示(一至四个顶起指示未亮为黄色),或一至四个落下指示未亮为黄色和运行中有一至四个“风闸顶起”指示亮为黄色均为不正常状态。

处理:

(1)检查制动侧气压是否为零,三通切换阀是否符合现场实际。

(2)检查风闸是否落下,如未落下,撬下风闸。

(3)检查风闸行程开关位置,如风闸在落下位置,调整行程开关行程。

2.5.2.7 齿盘测速无数据显示

现象:齿盘机频无数据。

处理:

(1)检查齿盘测速装置接线对接头是否可靠。

(2)检查齿盘测速装置传感器有无信号输出(可观察信号指示灯是否亮),距离是否符合要求。

(3)检查传感器本身是否损坏。

2.5.2.8 上导冷却水、下导冷却水、水导冷却水、空冷器冷却水中断

现象:相应冷却水中断光字牌亮(黄色)。

处理:

(1)查明上导示流信号器、下导示流信号器、水导示流信号器、空冷器示流信号器是否误动,若为示流信号器误动作,联系检修人员调整示流信号器。

(2)查看模拟量显示画面中总冷却水压和水导冷却水压是否正常。

(3)现场检查技术供水系统总水压和水导水压是否正常。

(4)若系水导冷却水中断,应手动冲洗过滤器,使水压正常;若不能正常供水,应打开备用阀门供水。

(5)若仍不能解决,则停机处理。

2.5.2.9 锁锭无法投/退

现象:备用条件不满足,锁锭投入(锁锭退出)光字牌闪烁。

处理:

(1)检查锁锭本身是否因调速器接力器未关闭到位而压住,如因此原因而不能投/退,手动调整导叶开限为零。

(2)检查锁锭投/退是否到位,锁锭投退传感器指示灯在投/退到位时应亮;如果到位,应调整传感器距离,否则,手动将锁锭投/退到位。

(3)检查传感器本身是否损坏。

2.5.2.10 蝶阀油压过高、过低

现象:蝶阀控制柜油压异常光字牌亮,LCU 输入开关量蝶阀油压过高/低光字牌亮。

处理：

(1)检查蝶阀油压是否正常。

(2)在蝶阀现地柜上切换油泵为手动运行，观察油泵运行是否正常。

(3)检查蝶阀控制系统各阀门位置是否正确，接力器是否存在漏油。

(4)检查蝶阀油泵是否处于自动状态，油泵是否能正常启动。

(5)检查蝶阀现地柜回油箱油位是否正常。

(6)调整油位、油压正常。

2.5.2.11　调速器油压装置油压异常

现象：调速器油压装置油压异常光字牌亮。

处理：

(1)检查油压装置是否异常。

(2)检查调速系统管路接头、阀门有无严重漏油、跑油并处理。

(3)检查油泵是否能正常启动。

2.5.2.12　剪断销剪断

现象：

(1)剪断销剪断光字牌亮。

(2)机组振动及摆度增大，声音异常。

处理：

(1)到水车室检查剪断销是否剪断(拐臂与联杆分离)，判明剪断销信号器是否误动作。

(2)若剪断销剪断一个，而系统不允许停机处理，测量机组振动或摆度在允许范围内，可将调速器切换到“手动(试验)”运行。运行中机组振动或摆度超过允许值，应手动调整导叶开度，以减小机组振动或摆度，同时要加强机组各部轴瓦温度监视，通知检修人员处理。

(3)若剪断销剪断两个或两个以上，应立即报告值长，停机处理。

2.5.2.13　发电机温度升高

现象：

(1)警铃响，监控后台有光字信号弹出，机组故障栏中线圈(铁芯)温度升高，光字牌显示黄色。

(2)机组测温屏显示发电机线圈(铁芯)温度升高过快或不正常升高。

处理：

(1)若是过负荷升高，可适当降低出力。

(2)检查三相电流是否平衡。

(3)检查并调整各部冷却水压。

(4)检查温度计、温度表是否正常。

(5)若采取措施无效，可申请解列，停机处理。

(6)处理完毕，复归光字信号。

2.5.2.14 发电机过负荷

现象:警铃响,监控后台有光字信号弹出,机组故障栏中过负荷光字牌显示黄色。

处理:

(1)检查定子电流是否超过允许值,注意监视发电机各部温度。

(2)可首先在电压允许范围内,降低无功负荷。

(3)降低无功负荷无效时,适当降低有功负荷。

2.5.2.15 发电机转子一点接地

现象:警铃响,监控后台有光字信号弹出,机组故障栏中转子一点接地光字牌显示红色。

处理:

(1)在保护测控屏上检查正负极对地电阻情况。

(2)检查是否工作人员不小心所致。

(3)清洁擦拭或用气吹扫滑环(注意采取措施,防止工作过程中短路或接地)。

(4)无效时,申请解列,停机处理。

(5)停机之前,应注意电压、电流变化,并将检查情况做好记录。

2.5.2.16 发电机操作、测控、保护电源中断

现象:警铃响,监控后台有光字信号弹出,机组故障栏中保护异常光字牌显示黄色。

处理:

(1)检查屏后空气开关是否断开,接线是否松动。

(2)检查直流馈电屏上开关是否断开,直流系统是否故障。

(3)检查后若不能确定缺陷原因,应通知检修人员处理。

2.5.3 任务准备

(1)做好安全措施:戴安全帽、绝缘手套,防摔防撞。

(2)熟悉异常处理工具使用方法:安全帽、绝缘手套、500 V 摇表、2 500 V 摇表、三相短路接地线、裸露铜线、尖嘴钳等。

2.5.4 任务实施

学员按人数分成小组,正确穿好合格的安全服装,戴好安全帽,携带好安全工器具,根据相应的作业标准或要求,在运行人员的监护下,模拟对异常情况进行正确处理,到异常情况消失为止。最后对照工具、材料清单清点工器具,处理结束后,将安全工器具放回原处,详细记录并及时汇报处理情况。

【典型案例】 发电机温度升高处理

1.异常现象

(1)警铃响,监控后台有光字信号弹出,机组故障栏中线圈(铁芯)温度升高光字牌显示黄色。

(2)机组测温屏显示发电机线圈(铁芯)温度升高过快或不正常升高,则可判断是发电机温度升高。

2. 处理步骤

(1)若是过负荷升高，可适当降低出力。

(2)检查三相电流是否平衡。

(3)检查并调整各部冷却水压。

(4)检查温度计、温度表是否正常。

(5)若采取措施无效，可申请解列，停机处理。

(6)处理完毕，复归光字信号。

3. 报警显示画面

在主显画面的左上角和右上角分别是故障总指示和事故总指示光字牌。当机组有故障时，故障总指示光字牌由绿色变为黄色；当机组有事故时，事故总指示光字牌由绿色变为红色。

4. 故障显示和故障复归

当要查看故障详细信息时，可触摸画面下部的“报警显示”键，画面将切换至图2-16所示的“故障显示”画面。右下角光字牌显示的有“温度升高报警”，触摸该处可进入图2-17所示的“温度升高报警显示”画面。

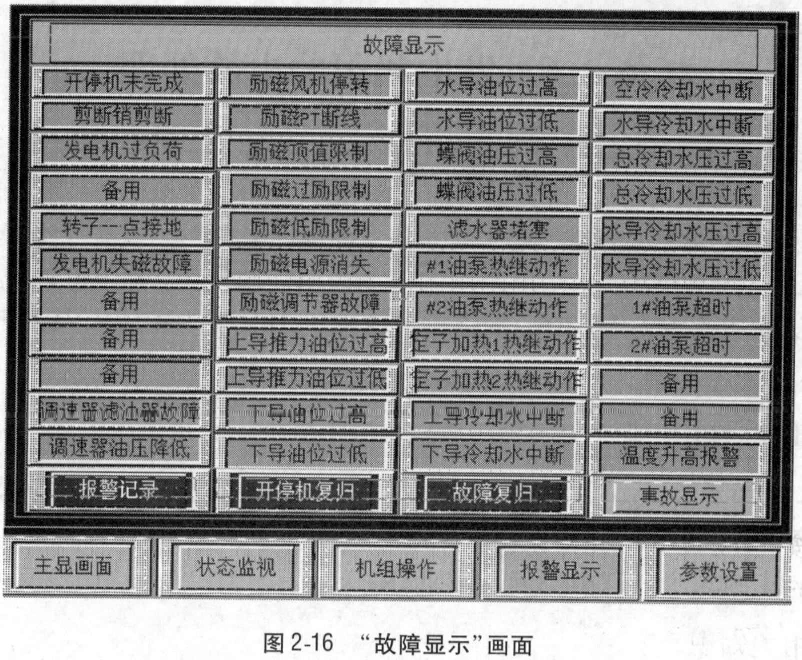

图2-16 “故障显示”画面

故障显示：画面中的光字牌上显示了故障的名称，无故障时，相应光字牌为绿色，当有故障时，相应光字牌变为黄色。

故障复归：当机组发生故障时，该故障将会自保持。若该故障已排除，可触摸“故障复归”按钮清除故障指示。

图 2-17 “温度升高报警显示”画面

任务 2.6 发电机组的事故处理

电力生产过程当中，运行人员的主要任务就是保证设备正常运行，尽量减少和避免事故的发生，而一旦发生事故，应以最快的速度处理，尽可能多地保留送电范围，此时所进行的必要操作称为事故处理。此时，如果不立即进行相关操作，就有可能酿成人身、电网、设备事故，或导致事故扩大。因此，对于事故，应以预防为主，加强正常运行监督，及时消除缺陷，落实各种反事故措施，加强技术培训，进行反事故演习，提高处理事故的应变水平。

2.6.1 任务分析

机组运行中发生事故时，值班室电脑中央音响报警，机自屏及监控系统事故画面显示相应信息，相应光字牌由绿色变红色，机组自动停机，值班人员应沉着冷静，正确判断，迅速处理，并详细记录相关情况和向上级汇报。

2.6.2 相关知识

发电机组的各种事故及处理介绍如下。

2.6.2.1 机组过速

现象：

(1)事故显示栏中机组过速光字牌显示红色。

(2)机组转速上升，电压互感器测速和齿盘测速达到或超过 70 Hz(140%)。

(3)机组声音异常，振动及摆度增大。

(4)蝶阀自动关闭。

处理：

(1)监视自动关机情况：

①检查发电机出口开关天71(天72、73、74)已断开，若未断开，应立即手动帮助；

②导叶开度全关到零；

③监视蝶阀关闭情况，若未自动关闭，应手动关闭；

④机组频率降到17.5 Hz(35% n_e)时自动加闸，若自动刹车拒动，应立即手动刹车。

(2)若过速未引起自动停机，应视为拒动，立即按下紧急停机按钮。

(3)机组事故停机后，应复归紧急停机按钮。

(4)将调速器切换阀置于手动(试验)位置，配合检修人员对机组进行全面检查，特别应仔细检查转动部分有无异常。

(5)若确认过速保护误动作，应立即复归紧急停机按钮后开机并网或备用。

2.6.2.2　机组轴承温度过高

现象：

(1)事故显示栏中机组推力、上导、下导、水导温度过高，任一光字牌显示红色。

(2)机组推力、上导、下导、水导温度任一超过整定事故温度。

处理：

(1)监视自动关机情况：

①检查发电机出口开关天71(天72、73、74)已断开，若未断开，应立即手动帮助；

②导叶开度全关到零；

③监视蝶阀关闭情况，若未自动关闭，应手动关闭；

④机组频率降到17.5 Hz(35% n_e)时自动加闸，若自动刹车拒动，应立即手动刹车。

(2)若温度过高未引起自动停机，应视为拒动，立即按下紧急停机按钮。

(3)通知检修人员处理。

2.6.2.3　调速器低油压事故

现象：

(1)事故显示栏中调速器事故光字牌显示红色；

(2)调速器油压低于1.9 MPa。

处理：

(1)监视自动关机情况：

①检查发电机出口开关天71(天72、73、74)已断开，若未断开，应立即手动帮助；

②导叶开度全关到零；

③监视蝶阀关闭情况，若未自动关闭，应手动关闭；

④机组频率降到17.5 Hz(35% n_e)时自动加闸，若自动刹车拒动，应立即手动刹车。

(2)若低油压未引起自动停机，应视为拒动，立即按下紧急停机按钮。

(3)通知检修人员处理。

2.6.2.4　发电机差动保护动作

现象：

(1)蜂鸣器响,监控后台有光字信号弹出,机组事故栏中差动保护光字牌显示红色。

(2)保护动作,机组解列停机。

处理:

(1)若发电机出口开关天71(天72、73、74)和发电机灭磁开关FMK未断开,应立即断开。

(2)若着火,应立即灭火。

(3)对差动保护范围内的一次设备进行外观检查。

(4)通知修试人员对发电机绝缘、二次回路进行全面检查。

(5)若检查无异常,经生产经理或总工程师批准后,可开机作递升加压试验;若有异常,应立即停机检修。

(6)若升压空载运行3~5 min无异常,可申请并网,递增负荷。

2.6.2.5 复压过流保护动作

现象:

(1)蜂鸣器响,监控后台有光字信号弹出,机组事故栏中复压过流光字牌显示红色。

(2)保护动作,机组解列停机。

处理:

(1)若发电机出口开关天71(天72、73、74)和发电机灭磁开关FMK未断开,应立即断开。

(2)对一次设备作详细的外观检查。

(3)若差动保护未投入时复压过流保护动作且原因不明,可按差动保护动作处理。

(4)若差动保护已正常投入,应与调度联系是否系统事故。

(5)消除事故后,可复归光字信号,开机并网。

2.6.2.6 发电机过电压保护动作

现象:

(1)蜂鸣器响,监控后台有光字信号弹出,机组事故栏中发电机过电压光字牌显示红色。

(2)保护动作,机组解列停机。

处理:

(1)若发电机出口开关天71(天72、73、74)和发电机灭磁开关FMK未断开,应立即断开。

(2)若原因不明,应立即停机通知修试人员对发电机进行绝缘、二次回路检查。

(3)检查无异常后,可复归光字信号,开机空载运行。

(4)空载运行无异常后,申请并网。

2.6.2.7 发电机失磁保护动作

现象:

(1)蜂鸣器响,监控后台有光字信号弹出,机组事故栏中失磁事故光字牌显示红色。

(2)保护动作,机组解列停机,灭磁开关跳开。

处理:

(1)若发电机出口开关天71(天72、73、74)和发电机灭磁开关FMK未断开,应立即断开。

(2)若确系人为误动作引起,可不检查,立即投入运行。

(3)若其他保护未动作,只因发电机灭磁开关FMK跳闸引起,应特别注意:

①发电机出口开关未断开,应立即断开;

②立即退出励磁调节装置;

③检查发电机灭磁开关FMK的操作回路、操作机构有无异常;

④通知修试人员处理。

(4)处理正常后,复归光字信号,申请开机。

2.6.2.8　发电机发生剧烈振荡或失去同步

现象:

(1)发电机发出有节奏的轰鸣声。

(2)定子电流、有功功率、无功功率、转子电流值来回剧烈摆动。

(3)强励装置动作。

处理:

(1)尽可能增加发电机的励磁电流。

(2)适当调整机组有功负荷(若转速升高降低有功负荷,转速降低增加有功负荷)。

(3)采取措施1 min内无效时,应立即停机处理。

(4)恢复正常后,申请开机并网。

2.6.2.9　发电机非同期并列

现象:

(1)定子电流突然升高。

(2)发电机和母线上各电压降低。

(3)机组发出“吼”的声音并有较大振动。

(4)定子电流、电压值剧烈摆动。

处理:

(1)若机组无强烈振动和声响,可不必解列停机。

(2)若机组强烈振动不衰减,应立即解列停机。

(3)通知修试人员检查发电机各部绝缘、同期回路情况以及定子绕组端部有无变形并处理。

(4)检查无异常后,经总工程师批准后可开机起励。

(5)空载运行无异常后,申请并网。

2.6.2.10　发电机转子两点接地

现象:

(1)蜂鸣器响,监控后台有光字信号弹出,机组事故栏中转子两点接地光字牌显示红色。

(2)保护动作,机组解列停机,灭磁开关跳开。

处理:

(1)若发电机出口开关天71(天72、73、74)和发电机灭磁开关FMK未断开,应立即断开。

(2)检查转子回路有无着火,若发生着火,应立即灭火。

(3)通知修试人员处理。

(4)处理正常后,复归光字信号,申请开机。

2.6.2.11 发电机转子匝间短路

现象:

(1)机组振动。

(2)转子电流增加并摆动。

处理:

(1)减少无功、有功负荷。

(2)停机通知检修人员处理。

2.6.2.12 发电机励磁回路断线或接触不良

现象:

(1)发电机转子电流为零(转子回路断开)或接近于零(励磁回路断开)。

(2)转子电压升高或降低。

(3)定子电流升高并摆动。

(4)定子电压降低并摆动。

(5)无功表指示在零以下。

处理:

(1)若转子电流指示降低,应检查分流回路接触是否良好,否则应立即停机。

(2)通知检修人员对励磁回路、转子进行检查处理。

2.6.2.13 发电机着火

现象:

(1)发电机保护动作,机组解列停机。

(2)风洞盖板处冒烟,可闻到绝缘焦味,同时可能出现火星。

处理:

(1)若保护拒动,应按下紧急停机按钮停机并报告车间领导。

(2)确认发电机无电压后,打开消防阀门进行灭火(无须全开时则不要全开),直至火灭为止。

(3)若热风口打开,应立即关闭。

(4)灭火中应注意:

①不准破坏风洞密封。

②若灭火装置故障不能使用,值班人员必须设法使用灭火器等一切能灭火的措施进行灭火。

③灭火时不得使用泡沫灭火器或沙子(地面油类灭火时,可用沙子灭火,但应注意不使沙子落到发电机内或其轴承上)。

④火扑灭后,进入风洞内必须戴防毒面具。

(5)汇报公司领导研究处理。

2.6.2.14　发电机滑环打火处理

(1)运行人员应定期对滑环、碳刷运行情况进行检查并清洁擦拭,轻微打火时,可不必立即停机。

(2)当有不合格的碳刷运行,滑环打火时,应通知检修人员更换。

(3)当火花较大可能造成绝缘损坏引起短路事故时,应立即按下紧急停机按钮停机,并通知检修人员处理。

2.6.3　任务准备

(1)做好安全措施:戴安全帽、绝缘手套,防摔防撞。

(2)熟悉事故处理工具使用方法:安全帽、绝缘手套、500 V 摇表、2 500 V 摇表、三相短路接地线、裸露铜线、尖嘴钳等。

2.6.4　任务实施

学员按人数分成小组,正确穿好合格的安全服装、戴好安全帽、携带好安全工器具,根据相应的作业标准或要求,在运行人员的监护下,在现场对事故处理预案进行演习,对事故情况进行正确处理。最后对照工具、材料清单清点工器具,处理结束后,将安全工器具放回原处,详细记录并及时汇报处理情况。

【典型案例】　发电机差动保护动作处理

1.异常现象

若发现如下现象:①蜂鸣器响,监控后台有光字信号弹出,机组事故栏中差动保护光字牌显示红色;②保护动作,机组解列停机。那么可以判断是发电机差动保护动作。

2.处理步骤

(1)若发电机出口开关天71(天72、73、74)和发电机灭磁开关 FMK 未断开,应立即断开。

(2)若着火,应立即灭火。

(3)对差动保护范围内的一次设备进行外观检查。

(4)通知修试人员对发电机绝缘、二次回路进行全面检查。

(5)若检查无异常,经生产经理或总工程师批准后,可开机作递升加压试验;若有异常,应立即停机检修。

(6)若升压空载运行 3 ~5 min 无异常,可申请并网,递增负荷。

3.事故显示和事故复归

当要查看事故详细信息时,可在"故障显示"画面中,触摸画面下部的"事故显示"键,画面将切换至图2-18所示的"事故显示"画面。

事故显示:事故显示画面中的光字牌上显示了事故的名称,无事故时,相应光字牌为绿色,当有事故时,相应光字牌变为红色。

事故复归:当机组发生事故时,该事故将会自保持。若该事故已排除,可触摸"事故复归"按钮清除事故指示。

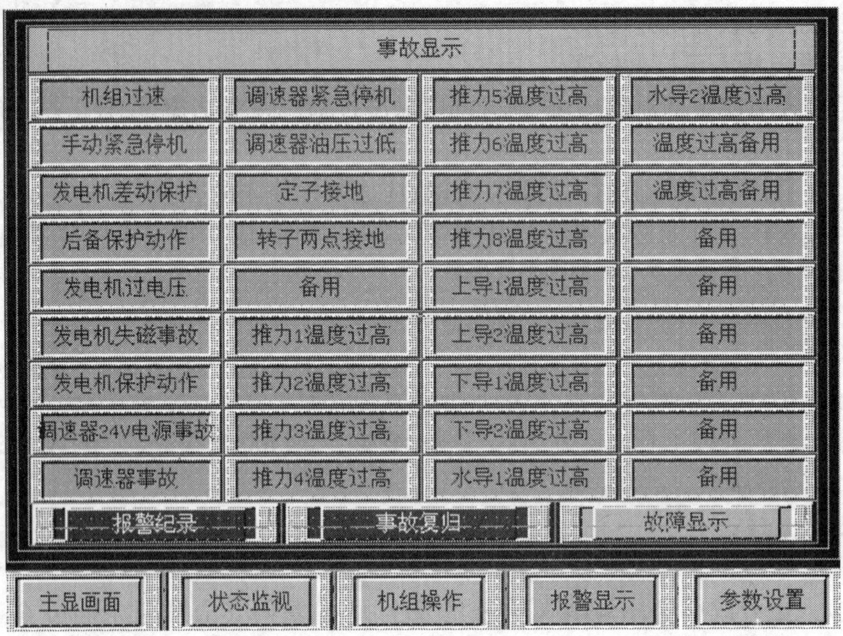

图 2-18 “事故显示”画面

2.6.5 拓展提高

若遇下列情况之一，并已确定构成事故时，可按下机组 LCU 屏内紧急停机按钮：

(1)机组突然连续发出强烈的冲击声或撞击声，并且一时无法消除时。

(2)机组振动、摆度突然超过允许值，且无法消除，并继续恶化时。

(3)轴承温度每分钟升高 2 ~3 ℃，且继续上升接近停机温度时。

(4)确认发电机着火。

(5)机组转速上升至 140% n_e，导叶不能关闭时。

(6)严重危及设备和人身安全时。

小 结

学习情境 2 主要介绍了水轮发电机的作用、类型、型号等基本理论知识，水轮发电机的运行监视，发电机组的巡视检查，发电机组的倒闸操作，发电机组的异常运行分析及处理，发电机组的事故处理。

任务 2.1 主要介绍了水轮发电机的基本结构、励磁系统、工作原理，水轮发电机的铭牌及额定值等。

任务 2.2 主要介绍了水轮发电机运行工况监视的内容及要求。在计算机监控的水电厂中，在中央控制室的上位机显示器上，运行值班人员通过画面切换，对水轮发电机进行状态监视、事故监视及故障监视。运行值班人员监视主控室监控屏上水轮发电机的测量表计、位置指示灯和信号光字牌，抄录运行数据，填写值班日志和运行日志，随时掌握水轮发电机的运行状态。

任务2.3主要介绍了水轮发电机的正常巡视检查项目和运行维护内容。按照发电机组巡视部位及巡视内容，采用目测、耳听、鼻嗅、触试、仪器检测等方法，对发电机组进行巡视检查，记录巡视结果。将异常现象与巡视标准进行比较，详细说明。巡视检查完成后，向值长汇报巡视检查结果。

任务2.4主要介绍了水轮发电机倒闸操作原则、水轮发电机开停机操作。发电机组的倒闸操作主要是同期并列操作，同期并列是电力系统运行中一项非常重要的操作任务，必须由具有正值以上资格的运行人员进行。随着水电厂自动化程度的提高，水电厂开机及并网操作已经由主厂房的手动开停机转换为在中控室进行自动开机及并网操作，在中控室进行发电机组自动解列、停机备用。

任务2.5主要介绍了水轮发电机的常见异常现象及正确处理方法。值班人员应随时对发电机组进行监视、检查，通过发电机组的声音、油位、油温、油色、气味等现象的变化，判断发电机组是否出现异常，从而采取相应的处理措施，避免出现发电机组事故。值班人员在发电机组运行中发现不正常现象时，应设法尽快消除，同时报告车间负责人并将情况及经过详细记录在交接班记录和设备缺陷登记表内。

任务2.6主要介绍了水轮发电机的事故现象及正确处理方法。机组运行中发生事故时，值班室电脑中央音响报警，机自屏及监控系统事故画面显示相应信息，相应光字牌由绿色变红色，机组自动停机，值班人员应沉着冷静，正确判断，迅速处理，并详细记录相关情况和向上级汇报。

复习思考题

1. 发电机的作用是什么？
2. 简述发电机构造及各部件的作用。
3. 发电机额定容量、额定电压、额定电流各代表什么意义？
4. 发电机正常巡视检查项目有哪些？
5. 发电机正常开机步骤有哪些？
6. 哪些情况下，发电机组开机之前应进行顶转子操作？
7. 发电机组同期并列应符合的条件有哪些？
8. 简述发电机组同期并列装置的组成。
9. 发电机组运行中常发生哪些异常？如何处理？
10. 发电机组发生过负荷情况时如何处理？
11. 发电机组主差动保护动作分闸应如何处理？
12. 发电机组起火如何处理？
13. 发电机组出现哪些情况时，应立即停止运行？

学习情境3 变压器的运行

【学习任务描述】

学习变压器运行的职业知识，掌握在发电厂和变电站中变压器的运行工况监视、巡视检查、倒闸操作、异常分析与处理、事故处理等职业技能，实践变压器的运行职业规范。

任务3.1 认识变压器

电力变压器是用来改变交流电压大小的电气设备。它根据电磁感应的原理，把某一等级的交流电压变换成另一等级的交流电压，以满足电网及不同负荷的需要，因此变压器在电力系统和供用电系统中占有很重要的地位。

3.1.1 油浸式变压器的构造

变压器由铁芯、绕组和绝缘套管等部件组成。为了使变压器安全可靠地运行，还需要油箱、冷却装置、保护装置等。油浸电力变压器结构示意图见图3-1。

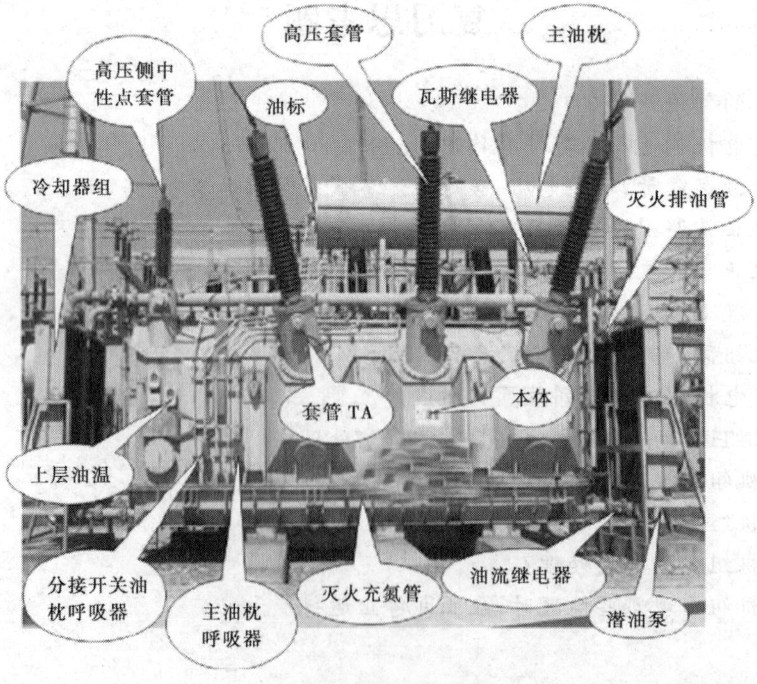

图3-1 油浸电力变压器结构示意图

(1)铁芯:用导磁性能好的硅钢片叠放组成的闭合磁路,变压器一、二次绕组都绕在它上面。为减少磁滞和涡流损失,一般采用厚度为0.35 mm的硅钢片。相邻的硅钢片之间用绝缘漆隔开。

(2)绕组:变压器的电路部分,一般由两个或三个绕组组成。它由绝缘铜线或铝线制成圆筒形的多层线圈绕在铁芯上。导线的绝缘材料一般采用纸绝缘和纱包绝缘。

(3)油箱:变压器的外壳,内装铁芯、绕组和变压器油,它和变压器油同时起一定的散热作用。

(4)油枕:当变压器油的体积随着油的温度变化膨胀或缩小时,油枕起着储油和补油的作用。此外,油枕能减小油和空气的接触面,减少油的过速氧化和受潮。一般油枕的容积为变压器油箱容积的1/10。

(5)呼吸器:为防止油枕内的绝缘油与大气直接接触,油枕经过呼吸器与大气相通。呼吸器内装有用氯化钙或氯化钴浸渍过的硅胶,它能吸收空气中的水分,防止油受潮且使油保持良好的性能。

(6)散热器:当变压器上层油温与下部油温产生温差时,通过散热管形成油的对流,经散热管冷却后流回油箱底部。散热器能起到降低变压器油温的作用。为提高油冷却的效果,大型变压器可采用风冷、强迫油循环风冷和强迫油循环水冷等冷却方式。

(7)压力释放装置:平时膜盘靠弹簧拉力紧贴阀座(密封圈),起密封作用。变压器内部发生故障,而其保护装置失灵时,当内部压力超过一定数值后,膜盘被顶开释放压力,将油分解出来的气体及时排出,防止变压器内部压力骤增而破坏油箱。

(8)高、低压套管(瓷套管):变压器高、低压绕组的引线装置,它起着固定引线和对地绝缘的作用;同时,也是变压器与其他电路的连接端子。

(9)分接开关:用以改变高压绕组的匝数,从而调整电压比的装置。双绕组变压器的一次绕组及三绕组变压器的一、二次绕组一般都有3~5个分接头位置,3个分接头的变压器相邻分接头相差±5%,5个分接头的变压器相邻分接头相差±2.5%。

分接开关的操作部分装于变压器顶部,经传杆伸入变压器油箱内。分接开关分为两种:一种是无载分接开关,另一种是有载分接开关。后者可以在带负荷的情况下进行切换,调整电压。

(10)气体继电器:变压器内部故障的主要保护装置。它装于变压器油箱和油枕的连接管上。当变压器内部发生故障(如绝缘击穿、匝间短路、铁芯事故等)产生气体时,或油箱漏油使油面降低时,气体继电器动作,发出信号以便运行人员及时处理;若事故严重,可使断路器自动跳闸,对变压器起保护作用。

(11)净油器(又称热虹吸净油器):利用油的自然循环,使油通过吸附剂进行过滤,以改善运行中变压器油的性能。

除以上部件外,变压器还有测温及温度监控装置等。

3.1.2　变压器的铭牌

变压器铭牌是制造厂为用户提供的有关变压器的性能和使用条件的说明书。其内容包括变压器型号和额定的技术数据等。

3.1.2.1 变压器的型号

变压器型号表明变压器的类别、结构、特征、用途、容量及高、低压绕组的电压等级。如型号为 $S_7-1000/10$ 的变压器,其含义为三相油浸电力变压器,容量 1 000 kVA,一次侧额定电压 10 kV。

3.1.2.2 额定技术数据

为了使变压器安全、经济运行,并保证有一定的使用寿命,制造厂规定了变压器的额定数据。

(1)一、二次额定电压 U_{1N} 和 U_{2N}:变压器一次额定电压指长期运行时所能承受的工作电压,等于电网的额定电压;二次额定电压是变压器空载情况下,当一次绕组加上额定电压时二次绕组的电压值。在三相变压器中,额定电压指线电压,单位为 kV。

(2)一、二次额定电流 I_{1N} 和 I_{2N}:指变压器长期允许通过的电流,单位为 A。

(3)额定容量 S_N:指变压器的输出能力,单位为 kVA。对于三相变压器,额定容量是指三相容量之和。

(4)短路电压 $U_K\%$(阻抗电压):将变压器二次短路、一次施加电压并慢慢使电压升高,直到二次产生的短路电流等于二次额定电流时,一次所施加的电压。

(5)空载电流 $I_0\%$:当变压器二次开路、一次施加额定电压时,流过一次绕组的电流。空载电流的大小决定于变压器的容量、磁路结构、硅钢片质量等,它一般为一次额定电流的 3% ~8%。

(6)空载损耗 P_0:变压器二次开路、一次施加额定电压时变压器的损耗。空载损耗可以通过空载试验测出。因为空载试验时电流很小,因此铜耗可以忽略,所以空载损耗近似等于铁耗。

(7)短路损耗 P_K:变压器一、二次绕组流过额定电流时,在绕组的电阻中所消耗的功率。短路损耗可以从短路试验中测出。因为短路试验时施加的电压很低,因此铁耗可以忽略,所以短路损耗近似等于铜耗。

(8)变比 K:三相变压器的变比为一、二次绕组的额定相电压之比。

(9)连接组:表明变压器各相绕组的连接法和一、二次线电压之间的相位关系。三相变压器由三个绕组组成,连接法为星形(Y)和三角形(△)两种。星形接法是将三个绕组的尾端 X、Y、Z 接成中点 N,三个首端 A、B、C 引出。三角形接法是 A 与 Y、B 与 Z、C 与 X 相连,将三个首端 A、B、C 引出。

三相变压器的绕组采用不同的连接方法时,会使一、二次线电压之间有不同的相位关系。相位关系用连接组标号表示。

我国现有以下三种标准连接组:Y,yn0,适用于二次电压为 400/230 V 的配电变压器,以供给动力与照明混合负载使用;Y,d11,适用于二次电压高于 400 V 的系统中,一次电压在 35 kV 及以下的变压器;YN,d11,适用于一次中性点直接接地的系统,如 110 kV 及以上的高压系统。

3.1.3 变压器油

3.1.3.1 变压器油的作用

(1)绝缘作用。因为油是流动的液体,它能够充满变压器内各部件之间的任何空隙,而将空气排除,从而避免了各部件与空气接触受潮而引起的绝缘降低。此外,油的绝缘强度比空气大,变压器油箱充满油后,绕组与绕组之间、绕组与铁芯之间、绕组与铁芯外壳之间均可保持良好的绝缘。

(2)散热作用。通过变压器油的对流,将铁芯和绕组所产生的热量传递给油箱和散热管,再散发到空气中。

3.1.3.2 变压器油的性能

(1)比重:油在20~40 ℃时的比重不超过0.895,由于油的比重小,油内的杂质和水分容易沉淀。

(2)黏度:油在50 ℃时的黏度不超过1.8°E,由于油的黏度小,其对流散热作用较好。

(3)闪点:油加热后产生的蒸气与空气混合,遇到明火能发生燃烧的最低温度。闪点表示油的蒸发度,油的闪点越低,其蒸发度越高。油蒸发时成分变坏,黏度加大,体积减小,并可能产生可爆性气体,因此油的闪点越高越好,一般应不低于135 ℃。

(4)凝固点:油的黏度随温度而变化,温度越低,黏度越大。当温度低到一定程度时,油不再流动而凝固,这时的温度称为油的凝固点。变压器油的标号表示出凝固点的温度,如25号油是表示油在-25 ℃时凝固;45号油表示油在-45 ℃时凝固。凝固点低,油的对流散热性能好。

(5)酸价:表示油中游离酸的含量。酸价的大小表明油的氧化程度和劣化程度。其大小用中和1g油中的全部游离酸所需要的氢氧化钾的毫克数来表示。酸价越高,说明氧化越严重,因此油的酸价越低越好。

(6)酸、碱、硫及机械混合物:这些杂质对电气设备的绕组、绝缘物、导线和油箱都有腐蚀作用,因此含量越低越好。

(7)安定度(安定性):变压器和空气长期接触和受热,会氧化成酸、树脂、沉淀物等,称为老化现象。安定度就是指抗拒绝缘老化的能力,安定度越高越好。安定度的大小,通常以人工氧化后油的酸价和沉淀物的含量来表示,这两个指标越低,油的安定度越高。

3.1.4 变压器的允许运行方式

3.1.4.1 允许温度和温升

1.允许温度

变压器在运行中,电能在铁芯和绕组中的损耗转变为热能,引起各部位发热,使变压器温度升高。当热量向周围辐射传导,发热和散热达到平衡状态时,各部分的温度趋于稳定。

变压器运行时各部分的温度是不相同的,绕组温度最高,其次是铁芯,绝缘油的温度最低。为了便于监视运行中变压器各部分温度情况,规定以上层油温来确定变压器运行中的允许温度。变压器的允许温度主要决定于绕组的绝缘材料。我国电力变压器大部分采用A级绝缘，即浸渍处理过的有机材料，如纸、木材、棉纱等。对于A级绝缘的变压器，在正常运行中，当周围空气温度最高为40 ℃时，变压器绕组的极限工作温度为105 ℃。由于绕组的平均温度比油温高10 ℃，同时为了防止油质劣化，所以规定变压器上层油温最高不超过95 ℃，而在正常情况下，为使绝缘油不过速氧化，上层油温不超过85 ℃。对于采用强迫油循环水冷和风冷的变压器，上层油温不宜经常超过75 ℃。

若变压器的温度长时间超过允许值，则变压器的绝缘容易损坏。因为绝缘长期受热后要老化，温度越高，绝缘老化越快。当绝缘老化到一定程度时，在运行振动和电动力作用下，绝缘容易破裂，且易发生电气击穿而造成故障。

此外，当变压器绝缘的工作温度超过允许值后，由于绝缘的老化过程加快，其使用寿命将缩短。例如：

绝缘工作温度为95 ℃时，使用年限为20年；

绝缘工作温度为105 ℃时，使用年限为7年；

绝缘工作温度为120 ℃时，使用年限为2年。

可见，变压器的使用年限主要决定于绕组的运行温度。因此，变压器必须在其允许的温度范围内运行，以保证变压器合理使用寿命。

2. 温升

变压器温度与周围空气温度的差值叫变压器的温升。当变压器的温度升高时，绕组的电阻会加大，使铜损增加。因此，对变压器在额定负荷时各部分的温升做出的规定为允许温升。

对A级绝缘的变压器，当周围最高温度为40 ℃时，国家标准规定绕组的温升为65 ℃，上层油温的允许温升为45 ℃。只要上层油温及其温升不超过规定值，就能保证变压器在规定的使用年限内安全运行。

3.1.4.2 变压器的过负荷能力

变压器的过负荷能力，是指它在较短的时间内，所能输出的最大容量。在不损害变压器绝缘和降低变压器使用寿命的条件下，它可能大于变压器的额定容量，因此变压器的额定容量和过负荷能力具有不同的意义。

变压器的过负荷能力，分为正常情况下的过负荷能力和事故情况下的过负荷能力。变压器正常过负荷能力可以经常使用，而事故过负荷能力只允许在事故情况下使用。

3.1.4.3 电压变化允许范围

变压器在电力系统中运行，由于系统运行方式的改变以及负荷的变化，电网电压总有一定的波动，所以加在变压器一次绕组上的电压也可能有波动。当电网电压小于变压器分接头电压时，对于变压器本身没有什么损害，只是可能降低一些出力。但当电网电压高于变压器额定电压很多时，则对变压器运行会产生不良影响。

当变压器的电源电压增高时，变压器的励磁电流增加，造成变压器铁芯损耗加大而过热。同时，由于励磁电流的增加，变压器消耗的无功功率也随之增加，会使变压器实际出力降低。另外，对Y，yn0接线的变压器，当励磁电流增加时，磁通密度增大，磁路饱和，会引起一、二次绕组电动势波形发生畸变，产生的高次谐波对变压器绝缘有一定的危害。

因此，变压器的电源电压一般不得超过额定值的5%。不论电压分接头在任何位置，如果电源电压不超过额定值的5%，则变压器二次绕组可带额定负荷。

3.1.4.4 变压器绝缘电阻允许值

变压器安装或检修以及长期停用后，在投入运行前，均应测量绕组的绝缘电阻，测量绝缘电阻是检查变压器绕组状态最基本的方法。测量时根据变压器的电压等级选择相应等级要求的兆欧表。一般采用电压为500～2 500 V的兆欧表，使用时将仪表放平稳，当转速达到120 r/min时，读取绝缘电阻值。

测量结果应与历次情况或原始数据比较，认为合格时，便可将变压器投入运行。如绝缘电阻不合格，应查明原因。通常用吸收比法判明变压器绕组的受潮程度，要求吸收比$R_{60s}/R_{15s}>1.3$。绝缘电阻的吸收比一般与变压器的上层油温、电压等级有关，上层油温在10～30 ℃时，35～60 kV不低于1.2，110 kV以上不低于1.3。当绝缘很好时，吸收比可接近于2，如吸收比小于1.2，则认为变压器有受潮现象。所以，测量吸收比是判别一台变压器的绕组绝缘是否受潮的一个主要方法。

为了使历年测得的绝缘电阻有可比性，规定变压器绕组的绝缘电阻测定以第60秒测得的结果为准，而且变压器必须在冷态和热态下各摇测一次，记录摇测时的上层油温，所用的兆欧表电压等级也应当相同。

3.1.4.5 变压器的并列运行

将两台或多台变压器的一次侧以及二次侧同极性的端子之间，通过同一母线分别互相连接，这种运行方式叫变压器的并列运行。

变压器的并列运行固然具有很多优点，然而并非所有的变压器均能并列运行。变压器并列运行应同时满足下列条件：

(1)变压器的接线组别相同。

(2)变压器的变比相同(允许有±0.5%的差值)。

(3)变压器的短路电压相等(允许有±10%的差值)。

除满足以上三个条件外，并列运行变压器的容量比一般不宜超过3∶1。

以上并列运行条件中，前两个条件保证了变压器空载时绕组内不会有环流，第三个条件保证了负荷分配与容量成正比。同时，考虑到容量不同的变压器短路电压值不相同，容量小的变压器短路电压小，因此对容量比有一定的要求。

3.1.5 变压器油的运行检测

3.1.5.1 变压器油的试验

新的和运行中的变压器油都需要作试验。按照变压器运行规程，变压器油每年都要取油样进行试验。试验项目一般有耐压试验、介质损耗试验及简化试验。

1. 耐压试验

耐压试验主要用于测量油的介质强度，是指试油器两电极间油层击穿时的最小电压。击穿电压的高低反映油中水分、杂质的含量。一般要求介质强度越高越好。变压器油的耐压试验标准见表3-1。

表 3-1　变压器油的耐压试验标准　（单位：kV）

使用电压	新油标准	运行中油标准
35 kV 以上	40	35
6 ~ 35 kV	30	25
6 kV 以下	25	20

2. 介质损耗试验

介质损耗试验是在外加电压作用下测量绝缘介质中功率损耗的数值。它反映出油质的好坏及净化程度，一般要求介质损失角正切值在 20 ℃时不大于 0.5%。

3. 简化试验

为了掌握变压器油运行中的情况，一般可不作全部试验项目，而仅作以下简化试验项目。

（1）酸价：酸价的标准是，新油不应超过 0.05 KOHmg/g，运行中的油不应超过 0.4 KOHmg/g。

（2）耐压试验：同前述。

（3）闪点：一般在 135 ~ 140 ℃。

（4）游离碳、水分、机械混合物：最好没有。

（5）酸碱度：新油的 pH 值一般为 5.4 ~ 5.6。

变压器油通过简化试验后，若符合上述标准，即认为合格；若不符合标准，必须针对存在的问题进行处理。如当耐压强度不合格时，需进行过滤；又如当某些化学性能不合格时，需进行再生处理等。

每次取油样试验的结果，还应与上一次取样试验的结果作比较，以掌握油质性能变化的趋势。

运行中的变压器油，对电压在 35 kV 及以上的变压器，每年至少取样作一次简化试验；对电压在 35 kV 以下的变压器，则每两年至少作一次简化试验。此外，还应在两次简化试验之间作一次耐压试验。在变压器经受短路故障后，或出现异常情况时，应取油样进行分析。

3.1.5.2　取油样

从变压器中取油样应在天气干燥时进行。取样时，应从变压器底部油阀门处放油，首先将积水放掉，并放走底部积存的污油，然后用干净布将油阀门擦净，继续放少许油进行冲洗，并用清洁油将取样瓶洗涤干净，再将油灌入瓶内。灌油时，应严防泥土、水分、灰尘、纤维等杂质进入油样内。

装油容器最好用毛玻璃塞的玻璃瓶，装油后用塞子将瓶口塞紧，再用火漆或蜡加封，以免油内进入潮气。

取样多少决定于试验项目，一般耐压试验应不少于 0.5 L（约 0.45 kg），简化试验不少于 1 L（约 0.9 kg）。

启瓶试验时，如室内温度比取油样时高，则应使两者温度接近后才能启瓶塞，以防止油样受潮。

3.1.5.3　变压器油质量的简易鉴别

由于变压器油的要求很高，严格地讲，不经过耐压试验和简化试验很难说明油是否合格，但不合格的油有时可从外观加以鉴别：

(1)油的颜色：新油一般为浅黄色，氧化后颜色变深。新油呈深暗色是不允许的。运行中油的颜色迅速变暗，表示油质变坏。

(2)透明度：新油在玻璃瓶中是透明的，并带有蓝紫色的荧光，如果失去荧光和透明度，说明有机械杂质和游离碳。

(3)气味：变压器油应没有气味，或带一点煤油味，如有别的气味，说明油质变坏。如：烧焦味——油干燥时过热；酸味——油严重老化；乙炔味——油内产生过电弧；其他味——随容器产生。

3.1.5.4　变压器油的运行

变压器油在运行中，有可能与空气接触发生氧化，氧化后生成的各种氧化物具有酸性的特点。此外，空气中的湿度会使油受潮，这不仅降低了击穿电压，还会增加介质损耗值。而且受潮后的油对金属有腐蚀作用，引起油中大量沉淀物的产生。一般认为氧化后的油比新油易受潮，而且劣化速度加快2～4倍。

在运行过程中，温度的升高也会使油的劣化加速。根据实测，当平均温度每升高10 ℃时，油的劣化速度就会增加1.5～2倍。试验证明，油的氧化起始温度是60～70 ℃。在这个温度下，油很少发生变质，当温度到达120 ℃时，氧化激烈，温度达160 ℃时，油迅速变坏。

紫外线的作用也会增加油的氧化速度。因此，应避免油受光线的直射。一般油不应装在透明的容器中。

在变压器油的运行过程中，应经常对充油设备进行检查，检查设备的严密性，油枕、呼吸器的工作性能，以及油色、油量是否正常。

另外，应结合变压器的运行维护工作，定期取油样或根据需要不定期取油样（如发现故障后），作油的气相色谱分析，以预测变压器的潜伏性故障，这是防止变压器事故的有效措施。

3.1.5.5　运行中的变压器补油

补油时应注意以下几点：

(1)35 kV及以上变压器应补入相同牌号的油，并应作耐压试验。

(2)10 kV及以下变压器可补入不同牌号的油，但补油前应作混油耐压试验。

(3)补油前应将重瓦斯保护掉闸压板退出，补油后要检查气体继电器，并及时放出气体。若在24 h后无问题，可重新将重瓦斯保护接入掉闸回路。

(4)对在运行中已经变质的油应及时进行处理，使其恢复到标准值。如发现油受潮，应进行干燥；如油已老化，应进行净化和再生。一般可采用过滤法、澄清法、干燥法将油与水分、杂质分离，或者使用化学处理法，除去油中的酸碱，再过滤、干燥，使油再生，恢复其原有的良好性能。

任务3.2　变压器的运行监视

运行监视是运行值班人员日常工作的主要任务。变压器是电力系统最核心的元件，它的运行监视必须严格遵守变压器技术说明和要求进行。

3.2.1　任务分析

在计算机监控的水电厂中，在中央控制室的上位机显示器上，运行值班人员通过画面切换，对变压器进行状态监视、事故监视及故障监视。运行值班人员监视主控室监控屏上变压器测量表计、位置指示灯和信号光字牌，抄录运行数据，填写值班日志和运行日志，随时掌握变压器的运行状态。

3.2.2　相关知识

3.2.1.1　变压器运行工况监视内容

(1)监视主变及厂用变温度、主变冷却系统运行是否正常。

(2)监视主变及其辅助设备相关数据和状态信息是否正常。

(3)监视电气主接线上各设备运行是否正常，有无报警信号。

(4)监视各断路器、隔离开关、接地开关位置指示灯是否正常。

(5)监视与电网相联系的一次系统潮流分布是否正常，频率、电压是否正常。

(6)监视直流系统运行是否正常，有无报警信号。

(7)监视继电保护及自动装置运行是否正常。

(8)监视厂用电系统有关设备参数、状态是否正常。

(9)监视光字牌亮牌情况。

(10)对事故音响、预告音响进行试验检查。

(11)监视本厂微机网络的运行情况。

(12)查看日报表中各整点时段的参数，完成各类报表的制作及打印输出。

(13)填写运行管理信息。

3.2.1.2　变压器运行工况监视要求

(1)变压器正常运行应按铭牌规范，其冷却装置必须按规定同时投入。

(2)变压器在检修或长时间停运后，投入运行前应测量绝缘电阻，且合格。

(3)变压器正常运行时的允许温度和温升。

①变压器正常运行时的允许温升为55 ℃，绕组的允许温升为65 ℃。

②当周围空气温度为40 ℃时，变压器的允许温度为105 ℃，上层油温不得超过95 ℃。

③变压器正常运行时上层油温一般不得超过75 ℃。

④当上层油温高于55 ℃时，冷却风扇自动启动，当上层油温度降至45 ℃时风扇自动停止。

(4)变压器正常运行时，无论变压器在哪档运行，运行电压不得高于该档（该运行分接头)额定电压的105%,不得低于该档(该运行分接头)额定电压的95%。此时,其容量保持不变,变压器可带该档的额定电流运行。

(5)变压器的过负荷运行。

①变压器任一侧电流超过其额定值,该变压器就是过负荷运行。变压器正常运行时,一般不宜过负荷。如遇事故,可在短期急救负载下运行,但此时应投入全部冷却器,并尽量压减负载,减少时间,一般不超过0.5 h。

②事故过负荷按0.5 h方式运行时,其负载系数(负载系数为该侧负荷电流和该侧运行档位额定电流的比值)不得超过表3-2。

表3-2　负载系数

k_1	k_2					
	环境温度(℃)					
	40	30	20	10	0	-10
0.7	1.45	1.50	1.50	1.50	1.50	1.50
0.8	1.42	1.48	1.50	1.50	1.50	1.50
0.9	1.38	1.45	1.50	1.50	1.50	1.50
1.0	1.34	1.42	1.48	1.50	1.50	1.50
1.1	1.30	1.38	1.42	1.50	1.50	1.50
1.2	1.26	1.32	1.38	1.45	1.50	1.50

注:k_1—短期急救负载出现前的负载系数;k_2—短期急救负载出现中允许的负载系数。

③事故过负荷按过负荷方式运行时,其时间不得超过表3-3。

表3-3　过负荷允许持续时间

负荷倍数	1.30	1.45	1.60	1.75	2.00
允许持续时间(min)	120	80	45	20	10

④当变压器有严重缺陷(如冷却系统不正常,严重漏油,有局部过热现象,油中溶解气体分析结果异常等)或绝缘有弱点时,不允许超过运行挡位额定电流运行。

⑤变压器一般不宜过负荷运行,但在特殊需要时,也可根据现场情况适当正常过负荷,其值不得超过表3-4。

⑥无论是正常过负荷,还是事故过负荷,变压器的运行极限温度及温升均不得超过第(3)条之规定,当接近极限值时必须随时停运变压器。

(6)变压器运行中操作员工作站的数据监视。

①操作员工作站正常运行时,主接线图上显示有各侧电流、电压、有功功率、无功功率、温度等数据,运行值班人员应认真监视其运行状态,每1 h抄表一次。如变压器过负荷,则至少0.5 h记录一次;严重过负荷时,10 min记录一次。

②当操作员工作站不能正常显示这些数据时,应及时向有关维护人员反映,同时到变压器保护屏查看相应保护测控装置的测量保护参数是否正确,有无报警信息。

表3-4 允许过负荷时间（单位：小时：分钟，环境温度40 ℃）

过负荷倍数 I/I_e	过负荷前上层油温升(℃)					
	18	24	30	36	42	48
1.05	5:50	5:25	4:50	4:00	3:00	1:30
1.10	3:50	3:25	2:50	2:10	1:25	0:30
1.15	2:50	2:35	1:50	1:20	0:35	
1.20	2:05	1:40	1:15	0:45		
1.25	1:35	1:15	0:50	0:25		
1.30	1:10	0:50	0:30			
1.35	0:55	0:35	0:15			
1.40	0:40	0:25				
1.45	0:25	0:10				
1.50	0:15					

③当主变温度显示不正常时，应到主变保护屏处查看温度测量装置的测量是否正确，并与主变现场用于温控的温度表进行比较，不一致时应尽快向车间领导反映。

(7)变压器正常运行时，当值值长或班长每班至少两次检查主变的运行情况，每周一的22时左右应进行一次熄灯检查，仔细观察各侧套管、各侧连线接头有无放电和过热状况及其他异常状况。

3.2.3 任务实施

学员按人数分成小组，正确进行变压器运行中的数据监视，根据上位机显示器画面，抄录变压器运行参数填入运行日志，也可通过打印机打印变压器运行参数。

操作员工作站正常运行时主接线图上显示有：

(1)变压器各侧电压、电流、有功功率、无功功率、功率因数；

(2)变压器油温；

(3)主变压器有载分接开关位置等。

学员应观察上位机显示器画面，认真监视变压器运行状态并抄录变压器运行参数填入运行日志，也可通过打印机打印变压器运行参数。每小时抄表一次，如变压器过负荷，则至少半小时记录一次，严重过负荷时，10 min 记录一次。

当操作员工作站不能正常显示这些数据时，应及时向有关维护人员反映，同时到变压器保护屏查看相应保护测控装置的测量保护参数是否正确，有无报警信息。

当主变温度显示不正常时，应到主变保护屏处查看温度测量装置的测量是否正确，并与主变现场用于温控的温度表进行比较，不一致应尽快向车间领导反映。

任务3.3　变压器的巡视检查

变压器在运行中，值班人员应定期进行检查，以便了解和掌握变压器的运行情况，如发现问题应及时解决，力争把故障消除在萌芽状态。在巡视检查过程中，一般可以通过仪表、保护装置及各种指示信号等设备了解变压器的运行情况。同时还要依靠运行值班人员的各种感官去观察、监听，及时发现仪表所不能反映的问题，如运行环境的变化、变压器声响的异常等。即使是仪表装置反映的情况也需要通过检查、分析才能做出结论。因此，运行值班人员对变压器的巡视检查是十分必要的。

3.3.1　任务分析

(1)按照变压器巡视部位及巡视内容，采用目测、耳听、鼻嗅、触试、仪器检测等方法，对变压器进行巡视检查，记录巡视结果。

(2)将异常现象与巡视标准进行比较，详细说明。

(3)巡视检查完成后，向值长汇报巡视检查结果。

3.3.2　相关知识

根据运行规程规定，对变压器巡视检查和维护的项目如下。

3.3.2.1　变压器的外部检查

(1)检查油枕内和充油套管内油面的高度，封闭处有无渗漏油现象。如油面过高，一般是由于冷却装置运行不正常或变压器内部故障等所造成的油温过高引起的。如油面过低，应检查变压器各密封处是否有严重漏油现象，油截门是否关紧。油标管内的油色应是透明微带黄色，如呈红棕色，可能是油位计脏污所造成，也可能是变压器油运行时间过长、油温高，使油质变坏引起。

(2)检查变压器上层油温。变压器上层油温一般应在85 ℃以下，对强迫油循环水冷的变压器应为75 ℃。如油温突然升高，则可能是冷却装置有故障，也可能是变压器内部故障。对油浸自冷变压器，如散热装置各部分温度有明显不同，则可能是管路有堵塞现象。

(3)检查变压器的响声是否正常。变压器正常运行时，一般有均匀的嗡嗡声，这是由于交变磁通引起铁芯振颤而发出的声音。如果运行中有其他声音，则属于声音异常。

(4)检查绝缘套管是否清洁，有无破损裂纹及放电烧伤痕迹。

(5)检查冷却装置运行情况是否正常。对于强迫油循环水冷或风冷的变压器，应检查油、水、温度、压力等是否符合规定。冷却器中，油压应比水压高$1\times10^5\sim1.5\times10^5$ Pa。冷却器出水中不应有油，水冷却器部分应无漏水。

(6)检查一、二次母线，不应过松过紧，接头应接触良好，不过热。

(7)呼吸器应畅通，硅胶吸潮不应达饱和(通过观察硅胶是否变色来鉴别)。

(8)防爆管上的防爆膜应完整无裂纹、无存油，压力释放装置密封良好。

(9)气体继电器无动作。

(10)外壳接地应良好。

3.3.2.2 **变压器负荷检查**

(1)室外安装的变压器,如没有固定安装的电流表,应测量最大负荷及代表性负荷。

(2)室内安装的变压器装有电流表、电压表的,应记录小时负荷,并画出日负荷曲线。

(3)测量三相电流的平衡情况,对 Y,yn0 连接的变压器,其中性线上的电流不应超过低压绕组额定电流的25%。

(4)变压器的运行电压不应超过额定电压的 ±5%。如果电源电压长期过高或过低,应调整变压器分接头使电压趋于正常。

3.3.2.3 **运行环境检查**

检查变压器室通风是否良好,门窗是否完整。

3.3.2.4 **停电清扫**

变压器除巡视检查外,应有计划地进行停电清扫。一般清扫内容如下:

(1)清扫瓷套管及有关附属设备。

(2)检查母线及接线端子等连接接触情况。

(3)摇测绕组的绝缘电阻以及接地电阻。

3.3.3 任务准备

(1)熟悉变压器结构原理及型号参数。

(2)熟悉变压器编号、位置及投运情况。

(3)熟悉变压器巡视部位及巡视标准。

(4)熟悉巡视工具使用方法:听针、手电筒、红外测温仪、望远镜、记录本、智能巡检仪。

(5)做好安全措施:戴安全帽,防摔防撞。

3.3.4 任务实施

学员按人数分成小组,穿戴好合格的安全服装、携带好安全工器具,在现场按规定的巡视线路巡视变压器时,对照巡视卡(见表3-5~表3-10)找出变压器的巡视点,根据每个巡视点的现象判断运行中变压器有无异常和缺陷。对合格项,在巡视卡"检查结论"栏打"√";对存在缺陷和异常项,在巡视卡"检查结论"栏用文字详细说明。巡视中注意安全、动作规范。检查结束后,将安全工器具放回原处。

表3-5 变压器本体巡视内容及标准

序号	巡视内容	巡视标准	检查结论	备注
1	上层油温	(1)温度计完好		
		(2)记录上层油温		
		(3)主控室远方测温与本体温度指示数值相符		
		(4)相同条件下,上层油温高 10 ℃及以上,或负荷不变但油温不断上升,均为异常		

续表 3-5

序号	巡视内容	巡视标准	检查结论	备注
2	油位油色	(1)储油柜的油位正常,油位应与温度相对应		
		(2)油色正常,为透明的淡黄色		
3	本体附件及各连接处无渗油、漏油	各部位无渗油、漏油,外壳清洁,1 min 超过 1 滴为漏油		
4	气体继电器	(1)瓦斯继电器内应充满油,应无气体		
		(2)防雨措施完好		
5	运行中的声音	正常运行时,有连续不断的"嗡嗡"电磁声		
6	压力释放装置	防爆系统完整(防爆膜完整无裂纹)		
7	呼吸器	(1)吸附剂干燥,变色硅胶不变色,吸潮后由蓝色变为粉红色		
		(2)呼吸器畅通,外部无油迹,油位正常		
8	外壳及接地	外壳接地良好,中性点接地刀闸在规定运行位置		

表 3-6　套管及主导流部分巡视内容及标准

序号	巡视内容	巡视标准	检查结论	备注
1	套管	(1)套管油位正常		
		(2)油色正常,为透明的淡黄色		
		(3)套管外部无破损、裂纹,清洁,无放电痕迹		
		(4)法兰无裂纹和严重锈蚀		
2	主导流部分	(1)引线无断股,无损伤,松紧适度		
		(2)接头接触良好,连接处无过热,可使用测温仪检测		

表 3-7　有载调压装置巡视内容及标准

序号	巡视内容	巡视标准	检查结论	备注
1	运行状态指示	有载分接开关的分接位置及电源指示正常		
2	有载调压机构	有载分接开关的在线滤油装置工作位置及电源指示正常,密封良好		

表 3-8 主变风冷系统巡视内容及标准

序号	巡视内容	巡视标准	检查结论	备注
1	油泵和风扇	(1)油泵、风扇电动机电缆完好		
		(2)油泵和风扇电动机声响正常,无过热现象		
		(3)风扇叶子无抖动碰壳现象		
2	冷却系统	(1)冷却系统运行正常,手动、自动运行灵活,运转方向正确(顺时针)		
		(2)冷却器组数应按规定投入,分布合理,运行中的冷却器的油流继电器指示在“流动位置”,无颤动现象		
		(3)冷却器检查及试验正常,辅助、备用冷却器运转和信号正常		

表 3-9 主变中性点设备巡视内容及标准

序号	巡视内容	巡视标准	检查结论	备注
1	电流互感器	套管外部无破损、裂纹,引线接头接触良好,无渗油、漏油		
2	接地装置	变压器各部件的接地完好		
3	避雷器	(1)瓷套清洁,无放电现象,瓷套、法兰无裂纹、破损		
		(2)避雷器内部无异常声响,不歪斜		
		(3)引线无松股、断股和弛度过紧、过松现象,接头无松动、发热或变色现象;接地良好		
		(4)放电计数器指示数正常,并做好记录		

表 3-10 主变端子箱及风冷控制箱巡视内容及标准

序号	巡视内容	巡视标准	检查结论	备注
1	箱体箱门	控制箱和二次端子箱内清洁,箱门应关严		
2	内部	(1)控制箱内电源切换正常、指示正确		
		(2)继电器、接触器动作正确,无烧损及脱扣现象		
		(3)自动驱潮装置运行正常		
		(4)箱内接线无松动,无脱落,无发热现象		

3.3.5 拓展提高

3.3.5.1 变压器的特殊巡视

1. 新投入或经过大修的变压器的巡视要求

(1)变压器声音应正常,如发现响声特别大、不均匀或有放电声,应认为内部有故障。

(2)油位变化应正常,随温度的增加略有上升,如发现假油面,应及时查明原因。

(3)用手触摸每一组冷却器,温度应正常,以证实冷却器的有关阀门已打开。

(4)油温变化应正常,变压器带负荷后,油温应缓慢上升。

(5)应对新投运变压器进行红外测温。

2. 异常天气时的巡视项目和要求

(1)气温骤变时,检查储油柜油位和瓷套管油位是否有明显变化,各侧连接引线是否有断股或接头处发红现象。各密封处有无渗漏油现象。

(2)大风、冰雹后,检查引线摆动情况及有无断股,设备上有无其他杂物,瓷套管有无放电痕迹及破裂现象。

(3)雷雨、浓雾、毛毛雨、下雪时,检查瓷套管有无沿表面闪络和放电,各接头在小雨中和下雪后不应有水蒸气上升或立即融化现象,否则表示该接头运行温度比较高,应用红外线测温仪进一步检查其实际情况。下雪天气检查引线积雪情况,应及时处理引线积雪过多和冰柱。

(4)高温天气应检查油温、油位、油色和冷却器运行是否正常。必要时,可启动备用冷却器。温度高报警时,一般不提倡直接给变压器外壳冲水降温,因为用水冲洗主变外壳,温度的下降很明显,但那只是上层油温的暂时变化,实际铁芯和绕组的温度仍然很高,会造成误判断。此时可以冲洗散热片,提高散热效率。

3. 异常情况下的巡视项目和要求

(1)系统发生外部短路故障后或中性点不接地系统发生单相接地时,应加强对变压器的监视。

(2)运行中变压器冷却系统发生故障,切除全部冷却器时,应尽快查明原因,在许可时间内采取措施恢复冷却器正常运行,在处理过程中注意监视负载、油温。

(3)变压器顶层油温异常升高时,检查变压器的负载和冷却介质的温度,并与在同一负载和冷却介质温度下正常的温度比较;检查温度测量装置是否正常;检查变压器冷却装置和变压器室的通风情况。

(4)过载时应检查并记录负荷电流,检查油温和油位的变化,检查变压器声音是否正常,接头是否发热,冷却装置投入量是否足够,运行是否正常,防爆膜或压力释放器是否动作。在过负荷运行期间,应增加巡视次数,并监视变压器的温度。

(5)变压器发生短路故障或穿越性故障时,应检查变压器有无喷油,油色是否变黑,油温是否正常,电气连接部分有无发热、熔断,瓷质外绝缘有无破裂,接地引下线等有无烧断。

(6)母线电压超过变压器运行挡电压较长时间,应加强监测变压器的上层油温,注意还应监测变压器本体各部的温度,防止变压器局部过热。

4. 带缺陷运行时巡视项目和要求

(1)铁芯多点接地而接地电流较大且色谱异常时,应安排检修处理。在缺陷消除前,可采取措施将电流限制在100 mA以下,并加强监视。

(2)对存在其他缺陷的变压器应缩短巡视时间,若发现有明显变化则按照缺陷升级后的规定进行处理。

(3)变压器有部分冷却装置故障,应加强温度监视。

(4)近期缺陷有发展时应增加巡视次数或派专人巡视。

3.3.5.2 **变压器定期巡视**

(1)外壳及箱沿应无异常发热(每周一次)。

(2)各部位的接地应完好(每周一次)。

(3)各种标记应齐全明显(每周一次)。

(4)各种保护装置应齐全、良好(每周一次)。

(5)消防设施应齐全完好(每月一次)。

(6)贮油池和排油设施应保持良好状态情况(每月一次)。

(7)控制箱和二次端子箱的清扫情况(每月一次)。

(8)控制箱防潮装置运行良好(每周一次)。

3.3.5.3 **变压器常见缺陷**

(1)本体部分缺陷:渗油、硅胶失效、接地不良、绝缘油参数和设备电气参数不合格。

(2)建筑方面缺陷:基础或电杆酥裂,门型架构焊接点、挂线点强度低。

(3)外接部分缺陷:引线过热、震动大,挂有杂物,绝缘子表面放电、断裂。

(4)附件部分缺陷:风冷电源故障,消防设备管道锈蚀、开裂、压力过高等。

(5)二次部分缺陷:电流、电压回路断线、短路,误接线,直流回路接地等。

任务 3.4 变压器的倒闸操作

变压器的倒闸操作通常包括对变压器充电、变压器接带负荷、变压器的并列与解列、拉开空载变压器等,是电气倒闸操作中最常见的典型操作之一。

变压器在操作中的危险主要有:一是切合空载变压器过程中可能出现的操作过电压,危及变压器绝缘;二是变压器空载电压升高,使变压器绝缘遭受损坏。

3.4.1 主变由检修改为运行

3.4.1.1 任务分析

对于检修后的变压器,首先应收回所有工作票,确认现场工作人员全部退出现场,并在安全措施未拆除前,由运行人员和检修负责人一起进行仔细检查,检查完毕后,应拆除所有临时安全措施,办理工作票终结手续,一切正常后对变压器进行合闸送电操作。主变由检修改为运行操作内容包括:

(1)中性点操作。

(2)主变由检修转冷备用操作。

(3)主变由冷备用转热备用操作。

(4)主变由热备用转运行操作。

3.4.1.2 相关知识

1. 变压器的停、送电操作注意事项

(1)主变停电操作按低、中、高压侧顺序进行,送电操作按高、中、低压侧顺序进行。

(2)当110 kV、220 kV旁路断路器代主变相应的总路断路器运行时,应注意差动保护电流回路的切换。

(3)大电流接地系统中，为防止操作过电压，在主变高、中压侧停、送电时，操作前先将操作侧中性点接地。

(4)变压器冷备用转运行前，应先投入保护，投入有载调压、测温电源，并将变压器通风冷却装置投“自动”启动方式。

(5)新装或变动过内外接线及改变过接线组别的变压器，并列运行前，一定要核相，以免造成短路。

(6)大修后的变压器应进行3次空载冲击合闸。

(7)若两台变压器共用一台高压断路器，当一台变压器运行时，将备用变压器重瓦斯保护连接片投至信号位置，防止备用变压器重瓦斯保护误动作，将运行变压器跳开，并将备用变压器跳其他保护压板退出。

2. 变压器的调压操作注意事项

变压器调压方式分为无载调压和有载调压两种。

(1)无载调压的操作，必须在变压器停电状态下由检修人员进行，调整分接头应严格按照制造厂规定的调整方法进行，防止将分接头调乱。

(2)有载调压变压器的调压操作可以在变压器运行状态下进行。对于有载调压变压器，运行人员可根据调度颁发的电压曲线自行调整电压。分接头的位置应有专门记录，在模拟图上应有标志，并在分接头调整后及时更正有载调压变压器分接头的变动，应记入变压器挡位切换和值班操作记录簿。

3. 变压器进行合闸送电操作前检查项目

(1)变压器、套管油位指示应在标准线范围内，油色正常。

(2)温度表指示正确。

(3)瓦斯继电器内无气体。

(4)变压器顶部及进出线无杂物。

(5)分接开关位置指示正确。

(6)接地电阻$\leqslant 0.5\ \Omega$。

(7)变压器套管、支持绝缘子应清洁，无破损裂纹，无放电痕迹。

(8)变压器油枕、散热器无漏油现象，所有阀门开闭正确，呼吸器符合要求。

(9)冷却装置能正常投运。

(10)保护装置能正常投运(变压器大修、事故抢修、换油后，应待油中气体全部排除后，方可将瓦斯保护投入至“跳闸”位置；大修后的变压器，应在投入前作3次冲击试验，同时检查在励磁涌流作用下，继电保护装置是否误动)。

(11)开关能否正常分合。

(12)变压器各接线端子应牢固可靠，无过热痕迹。

(13)检查修试记录、各测试数据(包括绝缘电阻)应合格。

4. 主接线

电气主接线如图3-2所示。

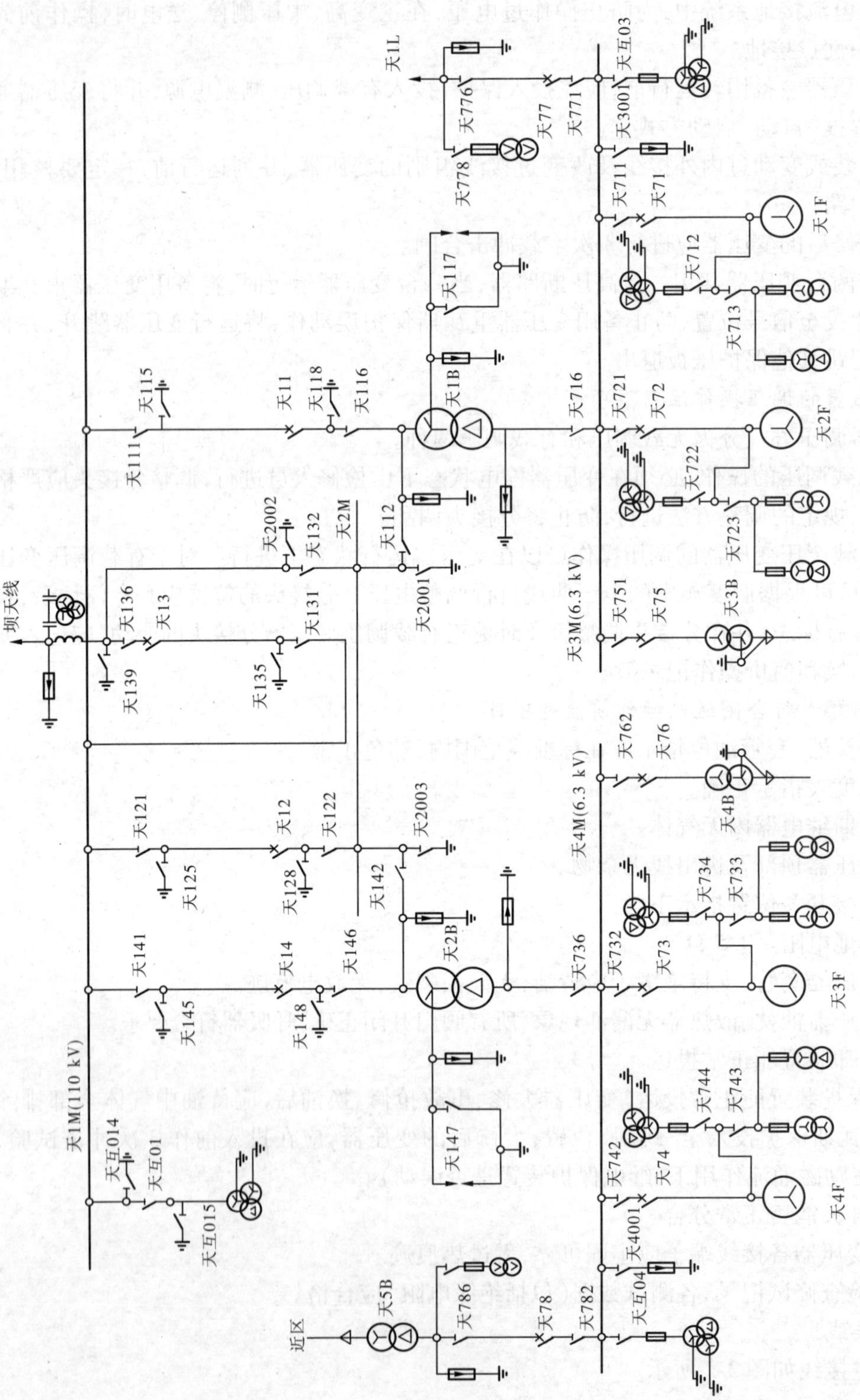
坝天线
天1M(110 kV)
天互014
天互01
天互015
天111
天115
天11
天118
天116
天1B
天117
天1L
天776
天778
天77
天771
天3001
天互03
天711
天71
天1F
天712
天713
天716
天721
天72
天2F
天722
天723
天3B
天751
天75
天3M(6.3 kV)
天136
天13
天139
天131
天135
天2002
天132
天2M
天112
天2001
天121
天125
天12
天128
天122
天2003
天142
天141
天145
天14
天148
天146
天2B
天147
天736
天732
天73
天3F
天734
天733
天4M(6.3 kV)
天762
天76
天4B
天742
天74
天744
天743
天4F
天4001
天互04
天782
天78
天786
天5B
近区

图 3-2 电气主接线图

3.4.1.3 任务准备

(1)做好安全措施:戴安全帽、绝缘手套 ,防摔防撞。

(2)熟悉操作工具使用方法:安全帽、绝缘手套、隔离开关操作杆、高压验电器、三相短路接地线、标示牌、电脑钥匙、录音笔、操作票及夹板等。

3.4.1.4 任务实施

学员按人数分成小组,做好安全措施,在教师指导下模拟进行主变由检修改为运行操作。

1. 熟悉主变恢复送电操作步骤

(1)拆除安全措施。

(2)检查主变确已具备送电条件,所有安全措施均已拆除。

(3)检查主变两侧开关及其他一次设备确已具备送电条件,所有安全措施均已拆除(6.3 kV 母线无电压,无短路)。

(4)检查主变二次设备完整、正常,各保护均按整定通知单要求整定加用;加用 110 kV 母差、6.3 kV 母差跳主变 110 kV 侧开关压板。

(5)合上中性点接地刀闸。

(6)检查 110 kV 侧开关确在"分闸"位置,先合上其主变 6.3 kV 侧刀闸,再合上主变开关母线侧刀闸、主变侧刀闸。

(7)合上 110 kV 侧开关,检查主变及 6.3 kV 母线充电正常。

(8)检查风冷装置正常。

(9)检查主变潮流、信号显示正常。

(10)拉开主变中性点地刀(视情况选用此项)。

2. 填写倒闸操作票

110 kV 天 1# 主变天 1B(天 11 开关—天 716 刀闸)或 110 kV 天 2# 主变天 2B(天 14 开关—天 736 刀闸)由检修转运行操作 (6.3 kV 母线无电压,从 110 kV 侧向 6.3 kV 侧充电)的操作项目如下:

(1)拆除天 1B(天 2B)与天 116 刀闸(天 146 刀闸)之间的接地线。

(2)检查天 1B(天 2B)与天 116 刀闸(天 146 刀闸)之间的接地线确已拆除。

(3)拆除天 1B(天 2B)与天 716 刀闸(天 736 刀闸)之间的接地线

(4)检查天 1B(天 2B)与天 716 刀闸(天 736 刀闸)之间的接地线确已拆除。

(5)检查天 1B(天 2B)保护测控屏差动保护电源开关 1DK 确在合位。

(6)检查天 1B(天 2B)保护测控屏高后备保护电源开关 31DK 确在合位。

(7)检查天 1B(天 2B)保护测控屏低后备保护电源开关 21DK 确在合位。

(8)检查天 1B(天 2B)保护测控屏本体保护电源开关 35DK 确在合位。

(9)合上天 1B(天 2B)保护测控屏操作电源开关 1-4DK、2-4DK。

(10)检查天 1B(天 2B)保护测控屏温度变送器电源开关 WJDK 确在合位。

(11)检查天 1B(天 2B)保护测控屏高压侧 TV 电源开关 31ZKK 确在合位。

(12)检查天 1B(天 2B)保护测控屏低压侧 TV 电源开关 21ZKK 确在合位。

(13)检查天 1B(天 2B)差动速断软压板确已加用。

(14)检查天1B(天2B)比例差动软压板确已加用。

(15)检查天1B(天2B)高后备复压方向过流Ⅰ段软压板确已加用。

(16)检查天1B(天2B)高后备零流Ⅰ段软压板确已加用。

(17)检查天1B(天2B)高后备零流Ⅱ段软压板确已加用。

(18)检查天1B(天2B)高后备间隙软压板确已加用。

(19)检查天1B(天2B)低后备复压方向过流Ⅰ段保护软压板确已加用。

(20)加用天1B(天2B)差动保护投退硬压板1LP1。

(21)加用天1B(天2B)差动保护跳高压侧开关硬压板1QP1至"2-1"位置。

(22)加用天1B(天2B)差动保护跳高压侧开关硬压板1QP2至"2-1"位置。

(23)加用天1B(天2B)差动保护跳天1F(天3F)硬压板1LP2。

(24)加用天1B(天2B)差动保护跳天2F(天4F)硬压板1LP3。

(25)加用天1B(天2B)差动保护跳天3B(天4B)硬压板1LP4。

(26)检查天1B差动保护跳天1L(天77开关)硬压板1LP5确已停用[或加用天2B差动保护跳天5B(天78开关)硬压板1LP5]。

(27)加用天1B(天2B)高压侧过流保护硬压板31LP9。

(28)加用天1B(天2B)间隙过流保护硬压板31LP8。

(29)加用天1B(天2B)零流保护硬压板31LP10。

(30)加用天1B(天2B)高后备保护跳高压侧开关硬压板31QP1至"2-1"位置。

(31)加用天1B(天2B)高后备保护跳高压侧开关硬压板31QP2至"2-1"位置。

(32)加用天1B(天2B)高后备保护跳天1F(天3F)硬压板31LP1。

(33)加用天1B(天2B)高后备保护跳天2F(天4F)硬压板31LP2。

(34)加用天1B(天2B)高后备保护跳天3B(天4B)硬压板31LP6。

(35)检查天1B高后备保护跳天1L(天77开关)硬压板31LP7确已停用[或加用天2B高后备保护跳天5B(天78开关)硬压板31LP7]。

(36)加用天1B(天2B)高后备复压输出1硬压板31LP3。

(37)加用天1B(天2B)高后备复压输出2硬压板31LP4。

(38)加用天1B(天2B)低压侧复压方向过流保护硬压板21LP7。

(39)加用天1B(天2B)低后备保护跳高压侧开关硬压板21QP1至"2-1"位置。

(40)加用天1B(天2B)低后备保护跳高压侧开关硬压板21QP2至"2-1"位置。

(41)加用天1B(天2B)低后备保护跳天1F(天3F)硬压板21LP1。

(42)加用天1B(天2B)低后备保护跳天2F(天4F)硬压板21LP2。

(43)加用天1B(天2B)低后备保护跳天3B(天4B)硬压板21LP3。

(44)检查天1B低后备保护跳天1L(天77开关)硬压板21LP4确已停用[或加用天1B低后备保护跳天5B(天78开关)硬压板21LP4]。

(45)加用天1B(天2B)低后备复压输出1硬压板21LP5。

(46)加用天1B(天2B)低后备复压输出2硬压板21LP6。

(47)加用天1B(天2B)本体保护跳天1F(天3F)硬压板35LP1。

(48)加用天1B(天2B)本体保护跳天2F(天4F)硬压板35LP2。

(49)加用天1B(天2B)本体保护跳天3B(天4B)硬压板35LP3。

(50)检查天1B本体保护跳天1L压板35LP4确已停用(或加用天2B本体保护跳天5B硬压板35LP4)。

(51)加用天1B(天2B)本体(重瓦斯)保护输入硬压板35QP1至“跳闸”位置。

(52)加用天1B(天2B)本体保护高压侧开关硬压板35QP5至“2-1”位置。

(53)加用天1B(天2B)本体保护高压侧开关硬压板35QP6至“2-1”位置。

(54)加用110 kV母差保护跳天1B(天2B)硬压板1LP3(1LP2)。

(55)加用6.3 kV母差保护跳天1B(天2B)硬压板1LP6。

(56)检查110 kV直流合闸电源开关3Z(或14Z)确在合位。

(57)检查低压间110 kV刀闸操作电源刀闸409-3确在合位,电压正常。

(58)检查天1B(天2B)中性点接地刀闸操作电源正常。

(59)检查天118(天148)接地刀闸确在“断开”位置。

(60)检查天115(天145)接地刀闸确在“断开”位置。

(61)检查天11(天14)开关确在“分闸”位置。

(62)检查天11(天14)开关机构箱远方/就地转换开关确在“远方”位置。

(63)检查天116(天146)刀闸机构箱远方/就地转换开关确在“远方”位置。

(64)检查天111(天141)刀闸机构箱远方/就地转换开关确在“远方”位置。

(65)检查天112(天142)刀闸确在“断开”位置

(66)检查天716(天736)刀闸确在“断开”位置。

(67)检查天互03(天互04)刀闸确在“接通”位置。

(68)检查天3001(天4001)刀闸确在“接通”位置。

(69)检查天71、72、75(天73、74、76、78)开关确在“分闸”位置。

(70)检查天711、721、751(天732、742、762、782)刀闸确在“断开”位置。

(71)检查天3M(天4M)无电压、无短路条件。

(72)检查天1B(天2B)保护测控屏远方/就地转换开关1-1KSH确在“远方”位置。

(73)合上天117(天147)中性点接地刀闸。

(74)检查天117(天147)中性点接地刀闸确在“接通”位置。

(75)合上天716(天736)刀闸。

(76)检查天716(天736)刀闸确在“接通”位置。

(77)合上天111(天141)刀闸。

(78)检查天111(天141)刀闸确在“接通”位置。

(79)合上天116(天146)刀闸。

(80)检查天116(天146)刀闸确在“接通”位置。

(81)合上天11(天14)开关。

(82)检查天11(天14)开关确在“合闸”位置。

(83)检查主变无异常。

(84)检查监控系统各数据正常。

(85)拉开天117(天147)中性点接地刀闸(根据现场情况,选择此项)。

(86)检查天117(天147)中性点接地刀闸确在"断开"位置(根据现场情况,选择此项)。

(87)全面检查。

3. 模拟天电主变由检修改为运行具体操作

在教师指导下,严格按电气设备倒闸操作流程进行(详见前述电气运行基本知识部分介绍)。

3.4.2 主变由运行改为检修

3.4.2.1 任务分析

主变由运行改为检修操作内容包括:

(1)中性点操作。

(2)主变由运行转热备用操作。

(3)主变由热备用转冷备用操作。

(4)主变由冷备用转检修操作。

3.4.2.2 相关知识

(1)一台主变停电退出运行需考虑另一台主变的负荷能力以及厂用电和近区用电方式的安排。

(2)停运主变时,应考虑操作过电压对变压器绝缘强度的影响。

(3)对长期停运的变压器,应定期充电,同时投入冷却装置。

3.4.2.3 任务准备

(1)做好安全措施:戴安全帽、绝缘手套,防摔防撞。

(2)熟悉操作工具使用方法:安全帽、绝缘手套、隔离开关操作杆、高压验电器、三相短路接地线、标示牌、电脑钥匙、录音笔、操作票及夹板等。

3.4.2.4 任务实施

学员按人数分成小组,做好安全措施,在教师指导下模拟进行主变由运行改为检修操作。

1. 熟悉一台主变停电检修操作步骤

(1)调整该主变负荷为零。

(2)根据需要倒换厂用电。

(3)合上中性点刀闸(操作中两台主变中性点刀闸均投入,停运后拉开该主变中性点刀闸,另一主变中性点刀闸处于投入状态)。

(4)拉开主变110 kV侧开关。

(5)检查主变110 kV侧开关确已断开后,拉开其两侧刀闸(先主变侧,后母线侧)。

(6)拉开主变6.3 kV侧刀闸(天716或天736刀闸)。

(7)停用主变风冷装置。

(8)停用110 kV母差跳本主变110 kV侧开关压板1LP3(或1LP2)。

(9)停用6.3 kV母差跳本主变110 kV侧开关压板1LP6。

(10)停用主变保护硬压板。

(11)按要求做好其他安全措施。

2. 填写倒闸操作票

110 kV 天 1# 主变天 1B(天 11 开关—天 716 刀闸)或 110 kV 天 2# 主变天 2B(天 14 开关—天 736 刀闸)由运行转检修操作的操作项目如下:

(1)接调度命令,将相应负荷转移、机组停机(具体操作见发电机部分)。

(2)检查低压间 110 kV 刀闸操作电源刀闸 409 -3 确在合位,电压正常。

(3)检查天 1B(天 2B)主变中性点接地刀闸操作电源正常。

(4)合上天 147(天 117)中性点接地刀闸。

(5)检查天 147(天 117)中性点接地刀闸确在"接通"位置。

(6)拉开天 11(天 14)开关。

(7)检查天 11(天 14)开关确在"分闸"位置。

(8)检查各表计指示正确。

(9)拉开天 116(天 146)刀闸。

(10)检查天 116(天 146)刀闸确在"断开"位置。

(11)拉开天 111(天 141)刀闸。

(12)检查天 111(天 141)刀闸确在"断开"位置。

(13)检查天 112(天 142)刀闸确在"断开"位置。

(14)拉开天 716(天 736)刀闸。

(15)检查天 716(天 736)刀闸确在"断开"位置。

(16)在天 1B(天 2B)与天 116(天 146)刀闸之间验明确无电压并挂上接地线一组。

(17)在天 1B(天 2B)与天 716(天 736)刀闸之间验明确无电压并挂上接地线一组。

(18)停用 110 kV 母差保护跳天 1B(天 2B)硬压板 1LP3(或 1LP2)。

(19)停用 6.3 kV Ⅰ段(Ⅱ段)母差保护跳天 1B(天 2B)硬压板 1LP6。

(20)停用天 1B(天 2B)差动保护投退硬压板 1LP1。

(21)停用天 1B(天 2B)差动保护跳高压侧开关硬压板 1QP1。

(22)停用天 1B(天 2B)差动保护跳高压侧开关硬压板 1QP2。

(23)停用天 1B(天 2B)差动保护跳天 1F(天 3F)硬压板 1LP2。

(24)停用天 1B(天 2B)差动保护跳天 2F(天 4F)硬压板 1LP3。

(25)停用天 1B(天 2B)差动保护跳天 3B(天 4B)硬压板 1LP4。

(26)停用天 1B(天 2B)差动保护跳天 1L(天 5B)硬压板 1LP5。

(27)停用天 1B(天 2B)高后备保护跳高压侧开关硬压板 31QP1。

(28)停用天 1B(天 2B)高后备保护跳高压侧开关硬压板 31QP2。

(29)停用天 1B(天 2B)高后备保护跳天 1F(天 3F)硬压板 31LP1。

(30)停用天 1B(天 2B)高后备保护跳天 2F(天 4F)硬压板 31LP2。

(31)停用天 1B(天 2B)高后备保护跳天 3B(天 4B)硬压板 31LP6。

(32)停用天 1B(天 2B)高后备保护跳天 1L(天 5B)硬压板 31LP7。

(33)停用天 1B(天 2B)高后备复压输出 1 硬压板 31LP3。

(34)停用天 1B(天 2B)高后备复压输出 2 硬压板 31LP4。

(35)停用天1B(天2B)高后备间隙保护硬压板31LP8。

(36)停用天1B(天2B)高后备复压过流保护硬压板31LP9。

(37)停用天1B(天2B)高后备零流保护硬压板31LP10。

(38)停用天1B(天2B)低后备保护跳高压侧开关硬压板21QP1。

(39)停用天1B(天2B)低后备保护跳高压侧开关硬压板21QP2。

(40)停用天1B(天2B)低后备复压过流保护硬压板21LP7。

(41)停用天1B(天2B)低后备保护跳天1F(天4F)硬压板21LP1。

(42)停用天1B(天2B)低后备保护跳天2F(天3F)硬压板21LP2。

(43)停用天1B(天2B)低后备保护跳天3B(天4B)硬压板21LP3。

(44)停用天1B(天2B)低后备保护跳天1L(天5B)硬压板21LP4。

(45)停用天1B(天2B)低后备复压输出1硬压板21LP5。

(46)停用天1B(天2B)低后备复压输出2硬压板21LP6。

(47)停用天1B(天2B)本体保护跳天1F(天3F)硬压板35LP1。

(48)停用天1B(天2B)本体保护跳天2F(天4F)硬压板35LP2。

(49)停用天1B(天2B)本体保护跳天3B(天4B)硬压板35LP3。

(50)检查天1B本体保护跳天1L压板35LP4确已停用(或停用天2B本体保护跳天5B硬压板35LP4)。

(51)停用天1B(天2B)本体保护输入硬压板35QP1。

(52)停用天1B(天2B)本体保护跳高压侧开关切换压板35QP5。

(53)停用天1B(天2B)本体保护跳高压侧开关切换压板35QP6。

(54)停用天1B(天2B)本体保护跳天1L(天5B)硬压板35LP4。

(55)断开天1B(天2B)保护测控屏操作电源开关1-4DK、2-4DK。

(56)全面检查。

3. 模拟主变由运行改为检修具体操作

在教师指导下,严格按电气设备倒闸操作流程进行(详见前述电气运行基本知识部分介绍)。

任务3.5 变压器的异常运行分析及处理

变压器正常运行时,上层油温不应超过允许值,运行电压一般不应高于该运行分接头额定电压的105%,变压器在额定冷却条件下按铭牌规范可长期运行。

在不损坏变压器绕组绝缘和不减少变压器使用寿命的前提下,变压器可以在负荷高峰及冬季过负荷运行。当电力系统或用户变电站发生事故时,为保证对重要设备的连续供电,允许变压器短时过负荷。

当变压器有较严重的缺陷(如冷却系统不正常、严重漏油、有局部过热现象、油中溶解气体分析结果异常等)或绝缘有弱点时,申请调试退出运行。

3.5.1　任务分析

值班人员应随时对变压器进行监视、检查，通过对变压器的声音、油位、油温、油色、气味等现象的变化，判断变压器是否出现异常，从而采取相应的处理措施，避免出现变压器事故。

值班人员在变压器运行中发现不正常现象时，应设法尽快消除，同时报告车间负责人并将情况及经过详细记录在交接班记录和设备缺陷登记表内。

3.5.2　相关知识

变压器的各种异常运行分析及处理介绍如下。

3.5.2.1　变压器声音异常及处理

变压器正常运行时，应是均匀的“嗡嗡”声，主要是励磁电流产生的磁场作用使硅钢片振动及铁芯的接缝和叠层之间的电磁力作用引起振动的声音。若变压器声音不均匀或有异音，说明变压器异常。

1. 变压器声音增大

变压器声音比平时增大，声音均匀，可能有以下原因：

(1)电网发生过电压、单相接地或产生谐振过电压时，都会使变压器的声音增大，出现这种情况时，可结合电压表计的指示进行综合判断。

(2)变压器过负荷时，将会发出沉重的“嗡嗡”声，若发现变压器的负荷超过允许的正常过负荷值，应根据现场规程的规定降低变压器负荷。

处理办法：分析原因，做好记录，加强监视，尽快使变压器恢复正常运行。如是由于过负荷引起的，则按照过负荷处理原则进行。

2. 变压器有杂音

有可能是由于变压器上的某些零部件松动而引起的振动。如果伴有变压器声音明显增大，且电流电压无明显异常，则可能是内部夹件或压紧铁芯的螺钉松动，使硅钢片振动增大所造成的。

处理办法：如不影响变压器运行，可暂不作处理，做好纪录，加强监视，汇报调度及有关领导申请停电检查处理。

3. 变压器有放电声

变压器有“噼啪”的放电声，若在夜间或阴雨天气下，看到变压器套管附近有蓝色的电晕或火花，则说明瓷件污秽严重或设备线卡接触不良。若是变压器内部放电，则是不接地的部件静电放电或线圈匝间放电，或由于分接开关接触不良放电。

处理办法：汇报调度及有关领导，申请对变压器进行停电检查处理。

4. 变压器有爆裂声

说明变压器内部或表面绝缘击穿，应立即将变压器停用检查。

5. 变压器有水沸腾声

变压器有水沸腾声，且温度急剧变化，油位升高，则应判断为变压器绕组发生短路或分接开关接触不良引起的严重过热，应立即将变压器停用检查。

3.5.2.2 变压器过负荷处理

运行中的变压器过负荷时,可能出现电流表指示超过规定值,信号、警铃动作等。运行人员应按下述原则处理:

(1)检查各侧电流是否超过规定值,并汇报当值值班员。

(2)检查变压器的油位、油温是否正常,同时将冷却器全部投入运行。

(3)及时调整运行方式,如有备用变压器,应投入运行。

(4)联系调度,及时调整负荷的分配情况。

(5)如属正常过负荷,可根据过负荷的倍数确定允许运行时间,并加强监视油位、油温,不得超过允许值。若超过允许运行时间,应立即减少负荷。

(6)如属事故过负荷,则过负荷的允许倍数和时间,应按制造厂的规定执行。若过负荷倍数及时间超过允许值,也应按规定减少变压器的负荷。

(7)对变压器及其有关系统进行全面检查,如果发现异常,应汇报并进行处理。

3.5.2.3 变压器油温异常及处理

1. 现象

在正常负荷和正常冷却条件下,变压器上层油温较平时高出10℃以上,或变压器负荷不变而油温不断上升,则应认为变压器温度异常,此时后台音响发出报警声,监控系统主变油温异常光字牌亮。

2. 处理步骤

值班人员应按以下步骤进行处理:

(1)检查变压器的负载和冷却介质的温度,并与在同一负载和冷却介质温度下正常的温度核对。

(2)核对温度测量装置,检查变压器就地及远方温度计实际指示是否一致,用手触摸比较其他相本体油温有无明显差别。

(3)检查变压器冷却装置,若温度升高的原因是冷却系统的故障,且在运行中无法修理,应将变压器停运检修;若不能立即停运,值班人员应调整负荷至允许温度下的相应容量。

(4)在正常负荷及环境温度和冷却器正常运行方式下,变压器温度不正常并不断上升,且经检查证明温度指示正确,则认为变压器已发生内部故障,应及时向各级调度汇报,申请将变压器退出运行,并做好记录。

(5)当变压器油温达到85 ℃并超过时,应立即向调度申请将变压器退出运行。

3.5.2.4 变压器油位异常及处理

变压器的油枕上都装有油位表,上面一般表示出温度为-20 ℃、+20 ℃、+40 ℃时的三条油位线。根据这三条标志线可以判断是否需要加油或放油。

1. 高油位

运行中的变压器出现油位过高或有油从油枕中溢出时,应首先检查变压器的负荷和温度是否正常,如果负荷和温度均正常,则可判断是呼吸器或油标管堵塞造成的假油位。此时应经当值调度员同意后,将气体(重瓦斯)保护改投信号,然后疏通呼吸器等进行处理。如因环境温度过高引起,则应通知车间设法放油,使油位降至与当时油温相对应的高度，以免溢油。

2. 低油位

变压器油位过低会使气体(轻瓦斯)保护动作；严重缺油时，铁芯和绕组暴露在空气中，容易受潮，并可能造成绝缘击穿，所以应采用真空注油法对运行中的变压器进行加油。如因大量漏油使油位迅速降低，低至气体继电器以下或继续下降，应立即停用变压器。

3. 假油位

若变压器温度变化正常，而油位不正常或不变，则说明是假油位。造成假油位的原因有：非胶囊密封式油枕油标管堵塞，呼吸器堵塞，防爆管通气孔堵塞。处理时应先将重瓦斯保护退出。

3.5.2.5 冷却装置异常运行的处理

运行中的变压器绕组和铁芯要产生热能，可以利用变压器油流将热能带走，变压器冷却装置是为增加散热效果而设置的。当变压器冷却装置故障时，冷却效果变差，变压器运行温度迅速上升，继而变压器绕组和铁芯温度上升，变压器的绝缘在高温下其寿命急剧减少。因此，对冷却设备的故障必须高度重视，迅速处理。

变压器冷却装置常见的故障有：冷却器工作电源中断、冷却器控制电源消失、单台冷却器自动开关事故跳闸、冷却风扇或水泵机械或电气故障、备用冷却器不能正常切换、散热器管路堵塞等。

变压器冷却系统(指潜油泵、冷却水系统)故障，变压器发出冷却器备用投入和冷却器全停信号时，应做如下处理：

(1)立即检查备用冷却器是否已投入运行。

(2)立即检查断电原因，尽快恢复冷却装置的正常运行方式。

(3)加强对变压器上层油温及油位的监视，特别是在冷却装置全停时间内。

(4)如冷却系统一时不能恢复，则应申请降低负荷或申请变压器退出运行，防止变压器运行超过规定的无冷却时间，造成过热而损坏。

3.5.2.6 有载分接开关异常处理

有载分接开关是能够进行带负荷调压的一种装置，包括选择开关和切换开关。选择开关的作用是选择所需调压的挡位；切换开关的作用是当选择开关选择好挡位后进行挡位的切换，切换开关在进行挡位的切换时是要产生电弧的，因此有载分接开关有灭弧装置。

有载分接开关常见的异常及处理方法如下：

1. 分接开关拒动

(1)操作方式或选择开关位置不正确。

(2)操作回路直流电源异常。

(3)操动机构交流电源异常。

2. 分接开关瓦斯保护动作

运行人员应进行缺陷记录，汇报调度及相关部门，由检修人员处理。

3. 分接开关内部有异响

运行人员应进行缺陷记录，立即汇报调度及相关部门，根据调度命令决定是否将变压器停运。

3.5.2.7 轻瓦斯信号动作处理

瓦斯保护是变压器的主要保护，它能监视变压器内部发生的大部分故障，常常是先轻瓦斯保护动作发出信号，然后重瓦斯保护动作分闸掉牌。

轻瓦斯保护动作的原因有以下几个方面：

(1)滤油、加油和冷却系统不严密，致使空气进入变压器。

(2)温度下降和漏油致使油位缓慢降低。

(3)变压器内部故障，产生少量气体。

(4)变压器内部短路。

(5)保护装置二次回路故障引起保护误动。

当外部检查未发现变压器有异常现象时，应做如下处理：

(1)轻瓦斯信号动作，值班人员应解除音响。

(2)检查变压器，查明动作原因是否为空气进入变压器内或油位降低或二次回路故障。

(3)如外部检查不出原因，则需通知生产车间由试验人员取气，鉴定继电器内积聚的气体性质，判断是否可以继续运行。

(1)如积聚在气体继电器内的气体不可燃，是无色无臭的，且混合气体中主要是惰性气体，氧气含量大于16%，油的闪点不降低，则说明是空气进入继电器内，此时变压器可继续运行。

(2)如气体是可燃的，则说明变压器内部有故障，应根据气体继电器内积聚的气体性质来鉴定变压器内部故障的性质，如气体的颜色为：

①黄色，不易燃，且一氧化碳含量大于1%~2%，为木质绝缘损坏；

②灰色和黑色，易燃，且氢气含量在30%以下，有焦油味，闪点降低，则说明油因过热而分解或油内曾发生过闪络故障；

③浅灰色，带强烈臭味且可燃，是纸或纸板绝缘损坏。

如上述分析对变压器内的潜伏性故障还不能作出正确判断，则可采用气相色谱分析作出适当判断。

进行气相色谱分析时，可从氢、烃类、一氧化碳、二氧化碳、乙炔的含量变化来判断变压器的内部故障，一般情况下：

①当氢、烃类含量急剧增加，而一氧化碳、二氧化碳含量变化不大时，为裸金属(如分接开关)过热性故障；

②当一氧化碳、二氧化碳含量急剧增加时，为固体绝缘物(木质、纸、纸板)过热性故障；

③当氢、烃类气体增加时，乙炔含量很高，为匝间短路或铁芯多点接地等放电性故障。

若轻瓦斯保护信号因油内剩余空气分出而动作，值班人员应放出其内积聚的空气，并注意下次动作的间隔时间。

3.5.3 任务准备

(1)做好安全措施:戴安全帽、绝缘手套,防摔防撞。

(2)熟悉异常处理工具的使用方法:安全帽、绝缘手套、500 V 摇表、2 500 V 摇表、气体收集瓶、三相短路接地线、裸露铜线、尖嘴钳等。

3.5.4 任务实施

学员按人数分成小组,正确穿好合格的安全服装,戴好安全帽,携带好安全工器具,根据相应的作业标准或要求,在运行人员的监护下,模拟对异常情况进行正确的处理,直到异常情况消失为止,最后对照工具、材料清单清点工器具,处理结束后,将安全工器具放回原处,详细记录并及时汇报处理情况。

【典型案例】 主变轻瓦斯保护动作处理

1. 异常现象

某发电厂的主变大修后,投运一段时间,轻瓦斯保护动作。

2. 处理步骤

(1)对异常现象进行详细记录,将故障情况汇报调度和相关部门。

(2)对变压器气体继电器本体及冷却器进行全面检查。

(3)将检查和处理结果汇报调度和相关部门,申请对气体继电器进行排气和取油样做色谱分析。

(4)检修人员到现场进行排气。

3.5.5 拓展提高

变压器有下列情况之一者,应立即停运:

(1)变压器内部有异常且沉重的响声,响声明显增大,内部有爆裂声。

(2)严重漏油或油枕或防爆门喷油,使油面下降到低于油位计的指示限度。

(3)套管严重破损,有放电现象或爆炸。

(4)变压器着火。

(5)变压器油内有水和炭,而且超过规定标准。

(6)油质急剧劣化。

(7)外壳变形。

(8)在负荷和冷却条件相同时,温度异常超过 10 ℃。

(9)上层油温达 95 ℃。

当发生危及变压器安全的故障,而变压器的有关保护装置拒动时,值班人员应立即将变压器停运。

当变压器附近的设备着火、爆炸或发生其他情况,对变压器构成严重威胁时,值班人员应立即将变压器停运。

任务3.6　变压器的事故处理

变压器属于重要的电气设备，一旦发生故障，就会中断对部分用户的供电，修复周期长，会造成严重的经济损失。因此，正确、快速地处理事故，防止事故的扩大，减小事故的损失，显得尤为重要。

3.6.1　任务分析

3.6.1.1　变压器故障的主要类型及原因

变压器的故障一般发生在绕组、铁芯、套管、分接开关、油箱、冷却装置等部件上。

1. 变压器绕组故障

变压器绕组主要故障是匝间短路和对外壳短路及断线。匝间短路主要是绝缘老化引起的。变压器长期过负荷及发生穿越性短路时，过电流作用会使绕组绝缘老化、变形甚至损坏，绕组绝缘受到机械损伤会产生匝间短路。

2. 变压器铁芯故障

变压器铁芯损坏最严重的情况就是所谓的“铁芯起火”。这是由于个别钢片间的绝缘破损或夹紧螺钉间的绝缘破损，因涡流而产生局部过热引起的。

3. 套管故障

变压器套管漏油是最常见的套管故障。严重的套管故障表现在套管对外壳击穿、套管闪络。

4. 分接开关及其他故障

分接开关的故障大部分是开关的接触面烧毁，其原因是接触面积不足或接触面压力不够，使其触头表面腐蚀、氧化，或触头之间的接触压力下降使接触电阻增大，而形成变压器的过热性故障。

3.6.1.2　变压器主要保护配置

故障发生后，某些参数达到变压器保护整定值，从而保护动作，将故障变压器切除。变压器的主要保护配置有：瓦斯保护，过流保护，差动保护，接地短路保护，过负荷保护，过激磁保护，非全相保护，其他对温升和冷却装置的保护等。

3.6.1.3　变压器事故跳闸的现象

(1)喇叭叫，变压器各侧断路器位置红灯灭、绿灯闪光，相应电流、有无功功率表指示为零。

(2)主控盘发出“主变保护动作”“主变事故跳闸”“冷控电源消失”“掉牌未复归”“故障录波器动作”等异常光字牌。

(3)变压器保护屏对应保护信号灯亮或保护信号掉牌，微机保护则打印详细的动作报告。

(4)备自投装置动作正常，则应自动投入备用设备，装有远切装置或低频(低压)减载装置的变电站，远切装置或低频(低压)减载装置应正常动作。

3.6.1.4　变压器故障跳闸处理的原则

变压器故障跳闸的原因多种多样，从总体上来讲，处理时应按照以下原则进行：

（1）变压器事故跳闸后，应立即检查另一台主变是否过负荷，且不论是否过负荷，均应向调度汇报其负荷（有功、无功、温度、电流），如有变压器过负荷，则应立即手动投入其所有风扇。

（2）当变压器事故跳闸，使站内失去中性点接地运行时，应及时汇报调度并倒换中性点（注意保护相应切换）。

（3）两台并列运行的主变，其中一台开关跳闸，应注意是否退出两台主变后备保护跳各侧母联或分段的保护压板。

3.6.1.5　变压器事故处理流程

根据事故现象和保护动作情况判断变压器事故跳闸的原因及故障点的可能范围，并迅速汇报调度。

如综合判断后可证明变压器跳闸不是内部故障所致，确认故障点在主变及其引线以外，在故障排除后可申请调度将变压器重新投入运行，否则必须进行电气试验及色谱分析，查明变压器内部是否有故障。

若确认故障点在主变内或其引线上，如瓦斯、差动等主保护动作，在未查明原因和消除故障之前，不得送电运行，应根据调度命令停电检修。

3.6.2　相关知识

变压器的各种事故及处理介绍如下。

3.6.2.1　变压器重瓦斯保护动作

重瓦斯保护动作跳闸时，在查明原因消除故障前不得将变压器投入运行。

1. 现象

（1）监控系统发出报警，主变重瓦斯事故光字牌亮。

（2）开关跳闸。

（3）后台弹出主变重瓦斯事件报文。

（4）主变保护屏保护装置本体跳闸灯亮。

2. 处理

（1）若变压器着火，在确认两侧开关已断开，主变不带电后立即灭火并通知车间负责人按有关预案展开施救。

（2）由检修人员对变压器外观、保护及二次回路进行检查：是否呼吸不畅或排气未尽；保护及直流等二次回路是否正常；对变压器外部全面检查，看是否有破裂、变形、喷油、喷烟、喷火及严重漏油等明显故障现象。

（3）由试验人员从瓦斯继电器内取气样化验。检查或校核瓦斯保护和提取瓦斯气体，气体继电器中积聚气体量及其是否可燃；分析气体继电器中的气体和油中溶解气体的色谱。

（4）通知试验专责人员从主变内取油样进行油质化验，分析故障性质。

（5）由检修人员用2 500 V摇表测主变绝缘，测量绝缘电阻。

(6)若系外部故障引起,待事故消除后,可以将主变重新投入运行。

(7)若变压器内外部检查均无异常,在得到技术人员许可后可复归保护装置。

(8)如确认重瓦斯保护误动,应停用该保护,但差动保护必须加用。

如以上检查未发现任何问题,经主管厂长或总工程师批准,可对变压器进行零起升压,无问题后投入运行。

3.6.2.2 变压器差动保护动作

1. 现象

(1)监控系统发出报警,比率差动或差动速断光字牌亮。

(2)开关跳闸。

(3)后台弹出主变比率差动或差动速断事件报文。

(4)主变保护屏保护装置比率差动或差动速断动作灯亮。

2. 处理

(1)若变压器着火,在确认两侧开关已断开,主变不带电后立即灭火并通知车间负责人按有关预案展开施救。

(2)由检修人员对变压器的保护及二次回路进行检查,判断是否为保护误动。应注意动作前,站内是否有操作,是否有 CT 断线等异常。若检查差动保护范围内无明显故障,在调度许可的情况下,可试送一次。

(3)由检修人员对差动保护范围内的一次设备进行检查,是否有明显故障点,包括主变本体、中性点、避雷器、电流互感器等。

(4)测量变压器绝缘电阻。由检修人员用 2 500 V 摇表测主变绝缘。

(5)由试验人员从主变内取油样化验。

(6)若系外部故障引起,待事故消除后,可以将主变重新投入运行。

(7)若变压器内外部检查均无异常,在得到技术人员许可后可复归保护装置。

(8)如检查明显为保护误动,经厂长或总工程师同意可退出该保护,将变压器投入运行,但差动和重瓦斯必须投入。

(9)差动保护动作信号未经值长同意不得复归。

(10)差动保护和重瓦斯保护同时动作,表明故障在变压器内部,应对变压器进行内部检查,报告调度和主管领导。

3.6.2.3 主变后备保护动作的处理

记录主控盘、保护盘光字信号,同时复归跳闸断路器把手和音响报警,并立即汇报调度。待事故原因分析判断完成后,方可复归保护动作信号。

(1)检查站用电备自投装置是否启动、备用变压器是否投入,若未动作,应手动投入。

(2)检查变压器本体、相邻设备有无明显异常。当发现是因线路故障而引起线路断路器拒动时,可在隔离故障点后,立即恢复主变的运行。

(3)当未发现站内设备故障或不能确定线路越级跳闸时,则可在调度指令下断开所有下一级断路器,试送主变跳闸断路器,成功后再逐台试送各断路器。若试送至某断路器再次跳闸,则说明该断路器单元有故障,应汇报调度停用检查。如果试送母线时发生主变断路器再次跳闸,则说明母线有故障,未排除故障前严禁送电。

3.6.2.4 变压器过激磁保护动作处理

(1)迅速查明过激磁原因,并遵守过激磁允许时间的规定。

(2)检查油温、油箱温度有无异常。

(3)如未发现异常,可将变压器投入运行。

3.6.2.5 运行中冷却器全停处理

(1)尽快设法恢复冷却器运行。

(2)如果冷却器不能立即恢复运行,向调度申请开启备用机组,转移负荷,将负荷减至空载。

(3)联系检修,尽快恢复冷却器运行。

(4)冷却器全停发信号超过规定时间 20 min 与系统解列,上层油面温升超过 60℃时,立即将该变压器停用。

3.6.2.6 变压器着火处理

(1)变压器起火时,首先应检查变压器各侧开关是否已跳闸,否则应立即手动将变压器各侧开关、刀闸拉开,切除冷却器电源,通风机停止运行。如危及相邻设备的安全运行,也应及时停止相邻设备的运行。

(2)立即切除变压器所有二次控制电源。

(3)立即向消防部门报警。

(4)立即将情况向调度及有关部门汇报。

(5)确保人身安全的情况下采取必要的灭火措施,防止火势蔓延。若器身着火,用干式灭火器、四氯化碳或 1211 灭火器等灭火,不能扑灭时再用泡沫灭火器灭火,变压器油流到地面时可用干砂来灭火。若发生喷油,且溢油着火,应用干砂灭火。干式变压器着火,严禁用沙子灭火。参加灭火人员应戴防毒面具。

(6)必要时开启事故放油阀排油,如变压器内部故障引起着火,则不能排油,以防发生爆炸。

(7)如变压器着火后引起变压器爆裂,油已集满事故排油坑,应立即派人检查事故排油管阀门是否打开,检查事故排油池的放油阀是否关闭,以防油流入技术供水室。

3.6.2.7 变压器自动跳闸处理

变压器跳闸后,应立即查明原因。如综合判断证明变压器跳闸不是由于内部故障所引起,可重新投入运行。

运行中的变压器开关自动跳闸时,值班人员应:

(1)首先解除喇叭音响信号,然后根据信号灯闪光查看哪些开关跳闸,并将其控制开关把手复位。

(2)查明跳闸原因。根据掉牌指示,查明何种保护动作和开关跳闸时有何种外部现象,如表计指示、灯光指示、声音变化等,判断故障点的远近和性质,并报告调度,复归把手和掉牌信号前必须查看清楚,最好由两人进行,以防搞错。

(3)检查跳闸开关及有关设备有无异常情况和明显故障,若检查判断不是引出线及其母线和有关设备故障,而是外部线路故障造成越级误动或保护装置二次回路故障,为迅速恢复供电,变压器可不经内部检查重新投入运行,但必须取得调度同意。

(4)如为变压器主保护(重瓦斯、纵差)或后备保护动作跳开各侧开关,没有足够证据证明不是变压器内部故障(包括所属设备故障)时,则必须进行内外部检查,不许强送电。

(5)整个事故检查和处理过程应及时向调度报告,并做好各种记录。

3.6.3 任务准备

(1)做好安全措施:戴安全帽、绝缘手套,防摔防撞。

(2)熟悉事故处理工具使用方法:安全帽、绝缘手套、500 V 摇表、2 500 V 摇表、气体收集瓶、三相短路接地线、裸露铜线、尖嘴钳等。

3.6.4 任务实施

学员按人数分成小组,正确穿好合格的安全服装,戴好安全帽,携带好安全工器具,根据相应的作业标准或要求,在运行人员的监护下,在现场对事故处理预案进行演习,对事故情况进行正确处理,最后对照工具、材料清单清点工器具。处理结束后,将安全工器具放回原处,详细记录并及时汇报处理情况。

3.6.5 拓展提高

正常运行时,变压器轻瓦斯保护一般作用于发信号告警,而重瓦斯保护动作于跳闸。但当变压器在正常运行中需要进行如带电滤油、气体继电器试验、冷却器潜油泵更换和呼吸器更换硅胶等工作时,应先将重瓦斯保护通过切换片改接为只发信号,待工作结束后将重瓦斯由信号告警方式改为跳闸方式。对于带电滤油工作,应待变压器完全排除完气体后方能投入跳闸方式。

小 结

学习情境3主要介绍了变压器的作用、类型、型号等基本理论知识,变压器运行监视,变压器在运行中的巡视项目,变压器的倒闸操作,变压器异常现象及处理,变压器发生事故情况及处理原则与办法。

任务3.1主要介绍了电力变压器的构造(变压器由铁芯、绕组和绝缘套管等部件组成),变压器型号和额定的技术数据,变压器油的作用及运行,变压器的允许运行方式等。

任务3.2主要介绍了变压器运行监视的内容及要求。运行监视是运行值班人员日常工作的主要任务,在计算机监控的水电厂中,在中央控制室的上位机显示器上,运行值班人员通过画面切换,对变压器进行状态监视、事故监视及故障监视。运行值班人员监视主控室监控屏上变压器测量表计、位置指示灯和信号光字牌,抄录运行数据,填写值班日志和运行日志,随时掌握变压器的运行状态。

任务3.3主要介绍了变压器的正常巡视检查项目和运行维护内容。按照变压器巡视部位及巡视内容,采用目测、耳听、鼻嗅、触试、仪器检测等方法,对变压器进行巡视检查,记录巡视结果。将异常现象与巡视标准进行比较,详细说明。

巡视检查完成后,向值长汇报巡视检查结果。

任务3.4主要介绍了变压器倒闸操作原则及变压器开停机操作。变压器的倒闸操作是电气倒闸操作中最常见的典型操作之一。对于检修后的变压器,首先应收回所有工作票,确认现场工作人员全部退出现场,并在安全措施未拆除前,由运行人员和检修负责人一起进行仔细检查,检查完毕后,应拆除所有临时安全措施,办理工作票终结手续,一切正常后对变压器进行合闸送电操作。

主变由检修改为运行操作内容包括:①中性点操作;②主变由检修转冷备用操作;③主变由冷备用转热备用操作;④主变由热备用转运行操作。

主变由运行改为检修操作内容包括:①中性点操作;②主变由运行转热备用操作;③主变由热备用转冷备用操作;④主变由冷备用转检修操作。

任务3.5主要介绍了变压器的常见异常现象及正确处理方法。值班人员应随时对变压器进行监视、检查,通过对变压器的声音、油位、油温、油色、气味等现象的变化,判断变压器是否出现异常,从而采取相应的处理措施,避免出现变压器事故。值班人员在变压器运行中发现不正常现象时,应设法尽快消除,同时报告车间负责人并将情况及经过详细记录在交接班记录和设备缺陷登记表内。

任务3.6主要介绍了变压器的几种事故现象及正确处理方法。根据事故现象和保护动作情况判断变压器事故跳闸的原因及故障点的可能范围,并迅速汇报调度。如综合判断后可证明,变压器跳闸不是由内部故障所致,确认故障点在主变及其引线以外,在故障排除后可申请调度将变压器重新投入运行,否则必须进行电气试验及色谱分析,查明变压器内部是否有故障。若确认故障点在主变内或其引线上,如瓦斯、差动等主保护动作,在未查明原因和消除故障之前,不得送电运行,应根据调度命令停电检修。

复习思考题

1. 变压器的作用是什么?
2. 简述变压器构造及各部件的作用。
3. 变压器额定容量、额定电压、额定电流各代表什么意义?
4. 变压器油起什么作用? 怎样判断油质好坏?
5. 变压器运行中常发生哪些异常? 如何处理?
6. 变压器出现哪些情况时,应立即停止运行?
7. 变压器正常巡视检查项目有哪些?
8. 运行中的变压器,能否根据其发出的声音来判断其运行情况?
9. 哪些原因会使变压器缺油?
10. 变压器起火如何处理?
11. 简述变压器停送电操作原则。
12. 电压过高对运行中的变压器有何危害?
13. 怎样根据变压器的温度判断变压器是否正常? 数值如何?
14. 运行中变压器出现假油位的原因有哪些?
15. 变压器主保护动作跳闸应如何处理?

学习情境 4 高压断路器的运行

【学习任务描述】

本学习情境主要学习高压断路器运行的理论知识，掌握在发电厂和变电站中高压断路器的巡视检查、倒闸操作、异常分析与处理、故障处理等职业技能，实践高压断路器的运行职业行为规范。

任务 4.1 认识高压断路器

断路器是变电所、水电站配电装置中的重要电气设备，额定电压在 3kV 及以上，能够关合、承载和开断运行状态的正常工作电流，并能够在规定的时间内关合、承载和开断规定的异常电流的开关电器称为高压断路器。高压断路器在电力系统中的作用是当电路正常工作时，断路器根据电力系统运行需要用来接通和断开部分或全部电气设备及线路（起控制作用）。当电路发生严重过载、短路、欠压等故障时，断路器与保护装置、自动装置配合，迅速切断故障电流（起保护作用），以减小停电范围，保护电力系统中无故障部分的安全运行。

4.1.1 断路器主要组成及作用

（1）开断元件。起到接通和断开高压电路的作用，并具有灭弧的功能。它是断路器的核心部件，其他组成部分都是配合开断元件实现开断和合闸功能而设置的。开断元件包括触头、导电部分及灭弧室等。

（2）操动机构。操动机构是使断路器分闸、合闸，并将断路器保持在合闸位置的设备。操动结构的性能直接决定了断路器的性能。常见的操动机构有电磁式、弹簧式、液压式等。

（3）支撑绝缘部件。起到断路器带电部分对地绝缘的作用。

（4）底座。底座是断路器的基础。

（5）传动元件。传动元件是将提升杆的运动变为导电杆的运动，从而使开断元件接通和断开高压电路。

4.1.2 断路器的分类

高压断路器的种类很多，依据所采用的灭弧介质不同分为油断路器、压缩空气断路器、SF_6断路器、真空断路器等，目前，广泛应用的主要是 SF_6断路器、真空断路器。

4.1.2.1 SF_6 断路器

采用 SF_6 气体作为绝缘和灭弧介质的断路器称为 SF_6 断路器。它具有开断能力强，动作可靠、迅速，维护工作量小，检修周期长，运行稳定安全可靠等优点，但其结构复杂、价格相对昂贵，在 110 kV 及以上电压等级的电路及配电装置中取得了广泛的应用，并且常与互感器、耦合电容器等构成封闭组合电器 GIS，用于节约场地和建筑面积。

SF_6 断路器从整体结构上分为瓷柱式、罐式及组合式 GIS 等类型。SF_6 断路器主要由灭弧室、支持瓷套、上下接线板、框架、控制箱和支架灯部件组成。LW 系列瓷柱式断路器，采用自能式灭弧原理。

4.1.2.2　真空断路器

将灭弧室抽成真空，利用真空的高介电强度进行灭弧的断路器称为真空断路器，真空度一般要求保持在 $1.33\times10^{-7}\sim1.33\times10^{-3}$ Pa。真空断路器在 35kV 及以下电压等级中处于优势地位。真空断路器具有灭弧迅速、开断性能好、维护简单、运行费用低、使用寿命长等优点。目前，我国生产的 35 kV 及以下真空断路器已取代油断路器广泛应用于 10kV、35kV 配电装置中。

真空断路器的总体结构与少油式断路器类似，主要由灭弧室、支持绝缘子、传动机构、操动机构及基座组成。

4.1.3　断路器的铭牌及技术参数

4.1.3.1　铭牌

断路器的铭牌是制造厂为用户提供的有关断路器的类型、安装条件、额定电压、额定电流及额定开断电流等的说明，见图 4-1。

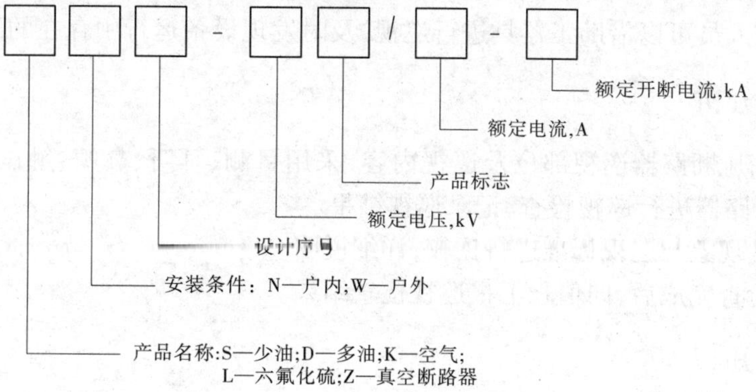

图 4-1　断路器的铭牌

例如：型号为 LW24 - 110G/1000 - 30 的断路器，是指额定电压为 110 kV、额定电流为 1 000 A、额定开断能力为 30 kA 的改进型户外六氟化硫断路器。

4.1.3.2　技术参数

断路器的参数主要有：

(1)额定电压：指断路器长时间运行时能承受的正常工作电压。它不仅决定了断路器的绝缘水平，而且在相当大程度上决定了断路器的整体尺寸。

(2)最高工作电压：电网不同地点的电压可能高出额定电压 10% 左右，制造厂对断路器最高工作电压做出了规定。220 kV 及以下设备，其最高工作电压为额定电压的 1.15 倍；330 kV 的设备规定最高工作电压为 1.1 倍额定电压。

(3)额定电流：是指铭牌上标明的断路器可长期通过的工作电流。断路器长期通过额定电流时，各部分的发热温度不会超过允许值。额定电流也决定了断路器触头及导电部分的截面大小。

(4)额定开断电流：是指断路器在额定电压下能正常开断的最大短路电流的有效值，表征了断路器的开断能力。

(5)动稳定电流：是指断路器在合闸位置时，允许通过的短路电流最大峰值。其大小由导电和绝缘等部分的机械强度所决定。

(6)热稳定电流：是指在规定的某一段时间内，允许通过断路器的最大短路电流。热稳定电流表征断路器承受短路电流热效应的能力。

(7)分闸时间：是指断路器接到分闸命令瞬间起到各相电弧完全熄灭为止的时间间隔。它包括断路器的固有分闸时间和熄弧时间两部分，即两者之和。

(8)合闸时间：是指从操动机构接到合闸命令瞬间起到断路器接通为止所需要的时间。一般合闸时间大于分闸时间。

任务 4.2 高压断路器的巡视检查

断路器在运行中，值班人员应定期进行巡视检查，以便随时掌握设备的运行情况，及时发现设备存在的异常和缺陷，预防事故的发生，确保设备持续安全运行。在巡视检查过程中，运行值班人员可以借助工器具进行巡视，及时发现设备运行中存在的缺陷。

4.2.1 任务分析

(1)按照高压断路器巡视部位及巡视内容，采用目测、耳听、鼻嗅、触试、仪器检测等方法，对高压断路器进行巡视检查，记录巡视结果。

(2)将异常现象与巡视标准进行比较，详细说明。

(3)巡视检查完成后，向值长汇报巡视检查结果。

4.2.2 相关知识

4.2.2.1 断路器正常运行

(1)SF_6 断路器气体压力通过密度监视器进行反映，在正常运行时，运行人员应巡视检查密度监视器指示值。在气体压力下降时，密度监视器有两个警报级，Ⅰ级警报发低气压报警信号，Ⅱ级警报发跳闸回路闭锁信号，同时闭锁控制回路。

(2)SF_6 断路器正常运行时，其弹簧操作机构应指示在储满能状态。如发现弹簧操作机构指示未储能，应将该弹簧操作机构的电源空气开关断开，将储能转换开关切至手动位置，插入手柄逆时针转动进行储能至储满能状态，再将电源空气开关合上。最后检查弹簧操作机构未储能的原因。

(3)弹簧操作机构箱控制盘上的就地/远方开关在送电前必须切至远方位置，SF_6 断路器在正常运行时，严禁将就地/远方开关切至当地位置。

(4)观察有关电压、电流、功率等表计的指示及断路器位置指示的变化。

(5)在正常运行时，断路器的最大工作电压、工作电流、开断电流不得超过其额定值。

4.2.2.2　高压断路器运行的相关规定

(1)高压断路器应有标以参数等内容的制造厂铭牌，若进行了改造，则应有修改后的铭牌。

(2)断路器的运行技术参数必须在额定值范围内。

(3)断路器本体与瓷瓶、套管等附件清洁完好，无放电痕迹。

(4)断路器的继电保护、自动装置及二次接线完好，并按规定定期检验。

(5)一般情况下高压断路器的就地手动分合闸按钮和手动储能机构仅在检修调试时使用。严禁以任何方式就地手动带负荷合上高压断路器，只有在远跳失灵或发生人身和设备故障而来不及操作、远方拉开高压断路器时才允许手动断开高压断路器。

(6)运行人员禁止将断路器分合闸累计器复位回零。

(7)禁止将有拒绝分闸缺陷或缺油、漏油、漏气等异常情况的断路器投入运行。

4.2.2.3　高压断路器的巡视检查项目

(1)检查断路器瓷套、瓷柱有无损伤、裂纹、放电闪络和严重污垢、锈蚀等现象。

(2)检查断路器接头处有无过热及变色发红现象。

(3)检查断路器实际分合闸位置与机械、电气指示器位置是否一致。

(4)检查断路器与操动机构之间的传动连接是否正常。

(5)检查 SF_6 气体压力表读数及环境温度和负荷电流情况，并做好记录；检查操动机构的气压是否正常。

(6)检查辅助开关触点转换是否正常。

(7) SF_6 断路器气体密度监视器应指示在正常范围内，各部分无异声(漏气声、振动声)及异味；真空断路器灭弧室无异常。

(8)每日定时记录 SF_6 气体压力和温度。

(9)操动机构分合闸线圈及合闸接触器线圈无冒烟、异味，直流电源接线端子无松动、脱落及氧化现象，加热器完好。

(10)防误闭锁装置完好。

(11)接地完好无锈蚀。

(12)端子箱和机构箱平整、开启灵活、关闭紧密，加热器正常完好。

(13)户外断路器附近无杂草和杂物，高压室的门窗、通风及照明良好。

4.2.3　任务准备

(1)熟悉高压断路器结构原理及型号参数。

(2)熟悉高压断路器编号、位置及投运情况。

(3)熟悉高压断路器巡视部位及巡视标准。

(4)熟悉巡视工具使用方法：听针、手电筒、红外测温仪、望远镜、记录本、记录笔、智能巡检仪。

(5)做好安全措施:戴安全帽、穿绝缘靴,防摔防撞。

4.2.4 任务实施

学员按人数分成小组,正确穿戴好合格的安全服装,戴好安全帽,携带好安全工器具、巡视检查实操表,按照规定的巡视路线巡视高压断路器。对照巡视卡(见表4-1、表4-2)找出高压断路器的巡视点,根据巡视点的现象判断运行中的高压断路器有无异常和缺陷,

表4-1 SF_6 断路器标准巡视卡

序号	巡视内容	巡视标准	检查结论	备注
1	铭牌、标志牌	名称、编号齐全、完好		
2	位置指示器	断路器分、合位置指示正确,并与实际运行工况相符		
3	套管、绝缘子	无断裂、裂纹、损伤,无放电闪络		
4	控制、信号电源	电源正常,无异常信号发出		
5	软连接	接点压接良好,无过热变色、断股现象		
6	连接杆、传动机构	无弯曲、变形、锈蚀,轴销齐全		
7	基础	无下沉、无倾斜		
8	端子箱	电源开关完好、名称标志齐全、封堵良好、箱门关闭严密		
9	SF_6 气体压力	(1)压力表读数在正常范围内,并记录数值		
		(2)密度继电器完好、正常,无异常报警信号		
		(3)断路器本体周围无刺激性气味及其他异味、异常声音		
10	弹簧操动机构	(1)机构箱门平整,开启灵活、关闭紧密		
		(2)运行状态时,储能电机的电源闸刀或熔芯在闭合位置		
		(3)检查储能电机、行程开关节点无卡涩、变形,分合闸线圈无冒烟、异味		
		(4)分闸备用时,分闸连杆应复归,分闸锁扣到位,合闸弹簧应处在储能状态		
		(5)电加热器正常完好		
11	液压操动机构	(1)机构箱门平整,开启灵活、关闭紧密		
		(2)油箱油位正常、无渗漏油		
		(3)高压油的油压在允许范围内		
		(4)每天记录油泵启动次数		
		(5)机构箱内无异味		
		(6)加热器正常完好		

对合格项，在巡视卡“检查结论”栏打“√”，对存在缺陷和异常项，在巡视卡“检查结论”栏用文字详细说明。巡视中注意安全、动作规范。检查结束后，将安全工器具放回原处，并向值长汇报巡视的相关情况。

表4-2　真空断路器标准巡视卡

序号	巡视内容	巡视标准	检查结论	备注
1	标志牌	编号齐全、完好		
2	真空灭弧室	无放电、无异音、无破损、无变色等异常		
3	绝缘拉杆	完好、无裂纹		
4	绝缘子	无断裂、裂纹、损伤、放电等现象		
5	引线接触部分	接触良好，无过热变色现象		
6	连接杆、转轴、拐臂	无变形、无裂纹，轴销齐全		
7	接地螺栓	压接良好，无锈蚀		
8	基础	无下沉、无倾斜		
9	端子箱	电源开关完好，名称标志齐全，封堵良好，箱门关闭严密		
10	位置指示器	断路器分、合位置指示正确，并与实际运行工况相符		
11	真空泡	(1)观察外观颜色是否一致、有无颜色变化		
		(2)外观有无破损		
12	电磁操动机构	(1)机构箱门平整，开启灵活、密封良好		
		(2)分合闸线圈及合闸接触器线圈无冒烟、异味		
		(3)操作电源回路接线端子无松脱、无铜绿或锈蚀		
		(4)传动系统轴销无松脱		
		(5)电加热器正常完好		

4.2.5　拓展提高：高压断路器的特殊巡视检查

发电机、主变或线路发生事故跳闸后，应对断路器进行下列检查：

(1)SF_6 气体压力是否在正常值范围内，真空泡的外观颜色是否一致，有无颜色变化，外观有无破损现象。

(2)各部分有无松动、损坏，瓷件是否断裂等。

(3)各引线接点有无发热、熔化等。

新设备或经过检修、改造后的断路器巡视检查周期应相对缩短，在投运 72 h 内每 3 h 一次，其中前 4 h 必须 1 h 巡视检查一次，72 h 后转入正常的巡视检查。

天气突变，气温骤降时，应检查 SF_6 气体压力是否正常，连接导线是否紧牢等。

下雪天气应观察各接头处有无融雪现象，以便发现接头发热，雪天、浓雾天气，应检查套管有无严重放电闪络现象。

雷雨、大风过后，应检查套管和瓷件有无放电闪络痕迹，室外断路器有无杂物，导线有无断股或松股等现象。

高峰负荷时应检查各发热部位是否发热变色，加强巡视。

任务4.3　高压断路器的异常运行分析及处理

4.3.1　任务分析

发电厂和变电站的高压断路器在运行的过程中所出现的如 SF_6 断路器中 SF_6 气体压力下降、真空断路器气压降低等异常现象，均会直接影响到设备和电力系统的安全运行，甚至是人身安全。运行值班人员应加强对高压断路器的监视，详细记录异常情况并对当时的运行状况进行记录，及时汇报给调度中心，根据调度指令进行异常处理。

4.3.2　相关知识

断路器异常运行情况及处理介绍如下。

4.3.2.1　断路器拒绝合闸及处理

断路器拒绝合闸是指断路器在发出合闸命令后不合闸或是合不上。

1. 断路器拒绝合闸原因

1）断路器机构异常

（1）合闸机构卡涩。

（2）连杆销子脱落。

（3）液压操动机构压力低于定值或弹簧储能操动机构未储能，合闸回路被闭锁。

（4）SF_6 断路器气体压力过低，使合闸回路被闭锁。

（5）断路器与辅助触点联动机构脱落，造成与合闸回路相连的断路器动断辅助触点断开而不能合闸。

2）电气控制回路故障

（1）控制回路断线，如控制熔断器熔断、断路器控制开关接触不良、断路器动断触点接触不良。

（2）合闸电压太低甚至为零。

（3）合闸回路断线，如合闸线圈被烧坏、合闸接触器触点接触不良等。

2. 断路器拒绝合闸处理

（1）检查控制熔断器、合闸熔断器是否完好，若损坏则及时进行更换。

（2）检查合闸电源电压是否过低，若过低应进行缺陷记录，汇报调度和相关部门，由检修人员处理。

（3）检查断路器的“远方/就地”切换开关，若未切换至“远方”，则由运行人员进行切换。

(4)检查 SF_6 气体压力是否过低从而造成密度继电器闭锁控制回路,若压力过低,应汇报上级调度和相关部门,由检修人员处理。

(5)运行人员检查液压或气动机构压力是否过低,是否在弹簧储能机构未储能闭锁情况下断路器合闸,若属于上述现象,应进行缺陷记录,汇报上级调度和相关部门,由检修人员处理。

若上述检查均正常,仍合不上闸,可能是断路器辅助触点接触不良、合闸线圈烧坏或断线、断路器故障,应进行缺陷记录,汇报上级调度和相关部门,由检修人员处理。

4.3.2.2　断路器缺相运行及处理

220 kV 及以上电压等级的断路器,其操动机构采用分相操动机构。对于分相操动机构来说,出现一相断开、其余两相运行,或两相断开、另一相还在运行等情况时都称为非全相运行(又称缺相运行)。断路器非全相运行将产生负序和零序分量,对设备产生一定的危害。如果长时间非全相运行,可能会造成负序和零序保护的误动,甚至形成事故。

1. 发生非全相运行的原因

1)机械方面原因

机械方面主要是断路器操动机构失灵,分为传动部分故障和断路器本体故障。

(1)断路器传动部分故障。主要有操动机构出现机构脱扣、铁芯卡死等;液压机构液压低于规定值导致的分合闸闭锁;弹簧机构弹簧储能不足、锁扣不可靠等。

(2)断路器本体故障。主要是动静触头松动、接触不好、行程调整不好等,在自动重合闸动作的过程中,断路器由于自动掉相或拒合也会引起缺相运行。

2)电气方面原因

电气方面故障主要有密度继电器闭锁、操作回路故障、二次回路绝缘不良、转换接点触头接触不良或压力不够等引起的分合闸回路不通等。

2. 断路器缺相运行的处理

(1)线路开关缺相运行,应迅速汇报调度中心,立即降低线路载流电流,将母联断路器断开,若开关拒动,则进行倒母线,将一条母线停电,然后由检修人员进行处理。

(2)发电机出口断路器缺相运行时,应立即降低有功、无功负荷为零,尽量减小发电机负序电流,严禁灭磁并必须保持机组转速额定,使机组解列,由检修人员处理。

(3)若断路器在运行操作时出现缺相运行,现场值班人员应立即断开断路器并报告上级调度和有关部门,由检修人员处理。

4.3.2.3　SF_6 断路器气压降低及处理

SF_6 断路器是采用具有优良灭弧性能的 SF_6 气体作为灭弧介质的断路器。其绝缘强度和灭弧能力取决于 SF_6 气体的密度。SF_6 气体密度继电器监视运行中的 SF_6 断路器气体压力的变化,分为两级报警信号:当气压比额定工作气压降低 5% ~10% 时,密度继电器动作报出补气压力信号;当气压比额定气压降低 8% ~15% 时,密度继电器动作报出闭锁压力信号,开关跳合闸回路也将被闭锁。

1. 引起 SF_6 断路器气压下降的原因

(1)SF_6 断路器本体缺陷,如焊缝渗漏、密封面的紧固螺栓松动等。

(2)瓷套和法兰胶合处接触不良,瓷套胶垫老化。

(3)压力表接头处密封垫损伤。

(4)SF_6 密度继电器失灵。

(5)传动轴及轴套表面有纵向伤痕、磨损、老化等。

2. SF_6 断路器气压降低的处理

1)密度继电器动作发补气压力信号

SF_6 气体压力比额定工作气压低 5% ~10% 时发补气压力信号。

(1)及时检查压力表指示,检查信号报出是否正确,运行人员初步判断是否存在漏气现象。

(2)若检查中没有出现漏气现象,属于长时间运行正常的气压下降,则应进行缺陷记录,报上级调度部门,并由检修人员带电补气。补气以后,继续监视气压。

(3)若检查中发现存在漏气现象,应汇报调度和相关部门,根据调度指令及时转移负荷或改变运行方式,将故障断路器断开(此时 SF_6 的气压尚可保证灭弧),停电处理。

2)密度继电器动作发闭锁压力信号

SF_6 气体压力比额定工作气压低 8% ~15% 时发闭锁压力信号。此信号报出,说明气体压力下降很多,存在漏气现象,而且此时断路器已经不具备灭弧能力,断路器的跳、合闸回路已被闭锁。

(1)先拔掉熔丝,以防闭锁不可靠,开关跳闸不能灭弧。

(2)进行缺陷记录,并立即汇报上级调度和有关部门。

(3)根据调度指令,隔离故障断路器,处理漏气并进行补气操作。

4.3.2.4 真空断路器真空度降低及处理

利用真空的绝缘和灭弧性能来接通或断开电流的设备称为真空断路器。真空断路器主要用于户内断路器。真空断路器是将断路器灭弧室抽成真空,空气稀薄,不能形成碰撞游离而灭弧。一般将真空度保证在 0.013 3 Pa 以上,才能保证断路器可靠灭弧。真空灭弧室是真空断路器的关键部件,但是随着使用时间和开断次数的增加,在外界因素的作用下,真空度逐步下降。

1. 真空断路器真空度降低的原因

(1)真空断路器本体缺陷造成漏气,如使用材料气密性不好、焊缝不严密等。

(2)由于合闸速度过低、触头磨损等原因,波纹管的行程超出范围,产生过大应力,引起波纹管损坏,破坏断路器密封,使真空度降低。

(3)运行过程中,由外力造成的灭弧室损坏,导致漏气。

真空断路器在运行现场,一般以检查承受耐压的情况为鉴别真空度是否下降的依据。正常巡视检查时要注意观察屏蔽罩的颜色有无异常变化,特别是断路器分闸时的弧光颜色(正常是微蓝色,降低为橙红色)。此外,检修人员还可以通过电磁法等检验真空度是否降低。

2. 真空断路器真空度降低的处理

运行人员应对真空断路器定期巡检,若发现真空断路器真空度降低,严禁对断路器进行分、合闸操作,应做缺陷记录,并立即汇报上级调度中心和有关部门,根据调度指令和《安规》将断路器进行停电隔离。

4.3.2.5　液压操动机构异常及处理

110 kV 及以上高压断路器，一般都配置液压操动机构。

1. 液压操动机构常见异常及原因

(1)压力异常升高。由于额定油压微动开关接点失灵、高压油进入氮气储压筒、压力表失灵、周围温度升高等原因导致。

(2)压力异常降低。导致原因有焊缝不良或充气阀漏气、单向逆止阀密封不严使氮气窜入油中、存在大量漏油处。

(3)严重漏油使油泵频繁启动。原因多是高压油路封垫损坏。

(4)油泵打压时间长。

2. 液压操动机构压力异常处理

(1)当压力不能保持，油泵启动频繁时，应检查液压机构有无漏油等缺陷。

(2)若压力低于启泵值，但油泵不启动，应检查油泵及电源是否正常，并上报缺陷。

(3)若“打压超时”，应检查液压部分有无漏油、油泵是否有机械故障或压力是否升高超出规定等。若液压异常升高，应立即切断油泵电源，并上报进行缺陷处理。

4.3.3　任务准备

(1)做好安全措施：戴安全帽、绝缘手套，防摔防撞。

(2)熟悉异常处理工具使用方法：安全帽、绝缘手套、绝缘靴、500 V 摇表、2 500 V 摇表、气体收集瓶、三相短路接地线、裸露铜线、尖嘴钳。

4.3.4　任务实施

学员按人数分成小组，正确穿戴好合格的安全服装，戴好安全帽，携带好安全工器具、异常处理实操表，按照高压断路器实际出现的异常情况，根据相应的作业标准或要求，在运行人员的监护下依次进行处理，直到异常情况消失为止。最后对照工具、材料清单清点工器具，处理结束后，将安全工器具放回原处。

【典型案例】　SF_6 断路器气体压力降低处理

1. 异常现象

变电站某断路器发出“SF_6 气体压力降低闭锁分闸”“控制回路断线”光字信号。

2. 异常处理

(1)复归音响，抄录异常现象。

(2)检查断路器本体 SF_6 气体压力表确已降低至闭锁值。

(3)取下该断路器控制熔断器。

(4)汇报调度和上级部门。

(5)线路停电后，拉开断路器两侧隔离开关，停用相关保护。

(6)断路器两侧验电、挂接地线或合上接地刀闸，做好安全措施，待检修人员处理。

(7)将处理过程和结果汇报调度和上级部门。

4.3.5　拓展提高

断路器发生下列情况应申请退出运行：

(1)出现危及变压器等重要设备安全的故障,而断路器拒动时,值班人员应立即将断路器退出运行。

(2)SF_6 气室气体严重漏气,发出操作闭锁信号。

(3)真空断路器出现真空损坏的"咝咝"声。

(4)液压操作系统油压将至操作闭锁值。

(5)引线接头严重发红或烧断。

(6)套管有严重破损和放电现象。

任务 4.4　高压断路器的事故处理

高压断路器作为重要的电气设备,一旦发生事故,将会带来重大的经济损失。

4.4.1　任务分析

根据故障现象判断断路器事故原因,并迅速汇报给调度。

4.4.2　相关知识

熟悉事故处理的基本原则并按照事故处理的一般规定和处理程序进行事故处理。

4.4.2.1　断路器拒绝分闸及处理

断路器拒绝分闸是指发出分闸命令后断路器不分闸或分不开。断路器拒绝分闸对系统安全运行威胁很大,一旦设备发生故障,将会造成越级跳闸,扩大停电范围。

1. 断路器拒绝分闸的原因

断路器操动机构异常和电气控制回路故障都可能造成拒绝分闸。

1)断路器操动机构异常

(1)跳闸铁芯卡涩。

(2)弹簧操动机构的分闸弹簧操作失灵。

(3)液压操动机构的分闸阀卡死或液压操动机构压力低至跳闸回路被闭锁。

(4)SF_6 断路器气体压力过低导致分闸回路被闭锁。

(5)断路器触头发生熔焊或机械卡涩。

(6)断路器传动连杆销子脱落。

2)电气控制回路故障

(1)控制电源消失或控制电源空气开关断开。

(2)操作控制把手故障。

(3)断路器跳闸线圈烧坏或接触不良。

(4)控制回路断线及防跳回路、闭锁回路故障等。

2. 断路器拒绝分闸的处理

断路器拒绝分闸时应进行缺陷记录,立即汇报上级调度和相关部门,迅速采取相关措施。

(1)检查控制熔断器,若损坏则由运行人员进行更换。

(2)检查直流母线电压,若直流母线电压过低,应由运行人员调节电压达到允许值。

(3)检查断路器的"远方/就地"切换开关,若未切换至"远方",则由运行人员进行切换。

(4)检查 SF_6 气体压力是否正常,若异常,应汇报上级调度和相关部门,由检修人员处理。

(5)运行人员检查液压机构压力是否正常,若属于液压机构压力异常,汇报上级调度,由检修人员处理。

(6)若需要隔离拒绝分闸的断路器,应根据调度的命令转移负荷,然后将拒绝分闸断路器停电。

在发生事故时断路器拒绝分闸,可能会造成越级跳闸,使母线失压,处理时应先隔离故障断路器,恢复该段母线及无故障的支路馈线运行,通知检修人员进行检查处理,正常后方能投入运行。运行中发现断路器出现拒绝分闸情况,如在短时间内能够查明并自行排除故障,应当及时采取相应的措施排除故障;如在短时间内不能查明故障或故障不能自行处理,应汇报当值调度和有关上级,立即采取转移负荷、断开上一级断路器的方法将故障断路器停电进行处理。

4.4.2.2　断路器过热及着火

若发现断路器出现运行温度过高现象,应及时汇报给调度中心,通过减少负荷来降温。若持续过热并伴随有其他现象,如内部有响声,应进行故障停电,并进行缺陷检查。

1. 断路器着火的原因

(1)绝缘污秽引起的闪络。

(2)断路器过热,灭弧能力降低。

(3)内部接触不良,过热。

2. 断路器着火的处理

(1)切断电源,将着火断路器与带电部分实现隔离。

(2)使用恰当的消防器材灭火。

(3)如果火势较大值班人员不能扑灭,还应拨打 119 火警电话求助。

(4)高压室灭火时,要打开门窗排气散烟。

(5)灭火时应依据火势情况判断是否需要切断二次回路电源。若断路器着火发生在 6 ~ 10 kV 高压室,则应根据表计指示、报警信号、事故运行情况等进行处理。

(6)救火时,应注意人身安全,必须穿绝缘靴,戴防毒面具或用湿毛巾捂住口、鼻,防止窒息或烧伤。

(7)及时将火情汇报给调度值班员,按照调度指令进行操作。

4.4.2.3　SF_6 断路器气体泄漏事故

SF_6 断路器出现防爆膜破裂或设备本体密封问题,会导致气体严重泄漏的事故。由于现场尚无精度较高的检漏设备,所以通常依靠观察 SF_6 断路器气室压力表来判断。泄漏装置会发出光、声、音响信号。

1. SF_6 断路器气体泄漏的原因

(1)液压机构异常。

(2) SF_6 断路器本身问题,可能是设备制造厂在制造过程中焊接不严实、留有砂眼等。另外,密封圈尺寸不匹配也容易出现老化。

2. SF_6 断路器气体泄漏的处理

(1)将所有通风机全部打开,进行强力排气换气。电气值班员必须穿好安全防护服并佩戴隔离式防毒面具、手套和护目眼镜,采取充分的准备措施后才能进入事故设备室进行检查处理。

(2)如果是设备防爆膜破裂,说明内部出现了严重的绝缘问题,设备部件被电弧损坏,导致内部压力超出正常范围。因此,必须进行停电处理,找出事故原因。

(3)按照电力设备安全操作规程,使用 SF_6 的溶剂汽油或丙酮来消除气体泄漏所带来的设备外部污染。

4.4.2.4 断路器误跳闸

断路器在运行中并未发生故障而使其跳闸的情况称为误跳闸,简称误跳。引起误跳的原因可以分为三种:一是人为原因,如操作人员走错隔间误动某些元件、二次回路带电工作等;二是断路器本身原因,如操动机构自行脱扣;三是线路原因,比如二次回路故障等。

断路器误跳闸首先应根据故障现象,如表计指示情况、二次回路工作情况、有无保护掉牌等,分析跳闸原因,判断故障,并及时汇报给上级调度,按照现场操作规程和调度指令进行处理。

(1)若为操作人员造成的误操作,则进行如下处理:电压等级在 220 kV 及以上的电压断路器,出现非全相运行的应按照《安规》和调度指令进行闭合操作。

(2)二次回路故障造成的误跳闸情况比较复杂,在处理时依据有无保护掉牌采取不同措施进行处理。

(3)无论上述何种原因导致的断路器误跳闸,一旦重合成功,就要求对跳闸断路器的操动机构进行缺陷检查,防止再次出现误跳。同时要做好记录,观察运行情况,及时汇报给上级调度,等待调度指令进行处理。

4.4.3 任务实施

学员按人数分成小组,正确穿戴好合格的安全服装,戴好安全帽,携带好安全工器具、事故处理实操表,根据相应的作业标准或要求,在运行人员的监护下依次进行处理,确保事故处理正确。

【典型案例】 高压断路器本体着火处理

1. 事故现象

发电厂断路器正常使用 1 个月后,某日主控室事故音响发出声响,断路器进行分闸操作,随后断路器合闸电阻处有烟雾,接着出现弧光并爆炸。

2. 事故处理

(1)切断电源,将着火断路器与带电部分实现隔离。

(2)使用消防器材灭火。

(3)高压室灭火时,要打开门窗排气散烟。

(4)灭火时应依据火势情况判断是否需要切断二次回路电源。若断路器着火发生在6~10 kV高压室,则应根据表计指示、报警信号、事故运行情况等进行处理。

(5)将处理过程和结果汇报调度和上级部门。

4.4.4　拓展提高

断路器发生下列情况之一时,应做紧急停运处理:

(1)充油设备套管爆破、漏油或断路器着火。

(2)灭弧室有烟或内部有异常声响。

(3)套管严重破损和连续发生放电现象。

(4)真空断路器真空管破裂、变色、波纹管拉伤。

(5)发生支柱绝缘子穿透性闪络放电。

小　结

学习情境4主要介绍了高压断路器的作用、类型、型号、参数等基本理论知识;高压断路器在运行中的巡视项目;高压断路器倒闸操作;高压断路器的异常现象及处理;高压断路器事故情况及处理原则与办法。

任务4.1主要介绍了断路器主要组成及作用、SF_6断路器和真空断路器的结构、断路器的铭牌型号及技术参数等。

任务4.2主要介绍了断路器的正常巡视检查项目和运行维护内容。对照高压断路器巡视卡的巡视部位及巡视内容,记录巡视结果,将异常现象与巡视标准进行比较,详细说明,并在巡视结束后进行汇报。

任务4.3主要介绍了断路器的常见异常现象及正确处理方法。值班人员通过借助工具,判断高压断路器是否出现异常和缺陷,及时采取相应的处理措施,并向上级进行汇报。

任务4.4主要介绍了高压断路器的事故现象及正确处理方法。依据事故现象判断断路器事故原因,并迅速汇报给调度。

复习思考题

1. 断路器额定开断电流代表什么意义?
2. 写出断路器正常巡视检查的基本内容及标准。
3. 断路器特殊巡视的项目有哪些?
4. 断路器常见的异常有哪些?
5. SF_6断路器气压降低时应如何处理?
6. 真空断路器真空度降低时应如何处理?
7. 什么是断路器拒绝合闸? 如何处理?

学习情境5 高压隔离开关、高压熔断器的运行

【学习任务描述】

本学习情境主要学习高压隔离开关、高压熔断器运行的理论知识，掌握高压隔离开关、高压熔断器的巡视检查、故障处理等技能，实践高压隔离开关、高压熔断器的运行职业行为规范。

任务5.1 认识高压隔离开关、高压熔断器

5.1.1 高压隔离开关

高压隔离开关是一种最简单的开关电器，有高压、低压、单极、三极、室内、室外之分。它没有专门的灭弧装置，不能用来接通和切断负荷电流和短路电流，只能在电气线路切断的情况下才能进行操作，与高压断路器有根本的区别。

5.1.1.1 作用

高压隔离开关的主要作用是断开无负荷电流的电路、隔离电源使回路有明显的断开点等，以配合断路器实现设备停送电控制、系统方式变更或保证系统设备检修时的安全。

(1)隔离电压，保证检修工作的安全；

(2)配合断路器，根据运行需要在电路中进行倒闸操作；

(3)某种情况下用来切合小电流电路；

(4)在某些终端变电所中，快分隔离开关与接地开关相配合，代替断路器的工作。

5.1.1.2 组成与分类

1. 隔离开关的组成

(1)导电部分。固定在支柱绝缘子上端，通过动、静触头的接触和分离使隔离开关闭合和断开。

(2)支柱绝缘子。起到隔离开关带电部分对地绝缘的作用。

(3)底座。是隔离开关的基础，由槽钢和钢板焊接而成。

(4)接地开关。带接地开关的隔离开关，使用接地开关使隔离开关两侧处于检修状态。

(5)传动元件。借助连接钢管、连杆传力给隔离开关，使动、静触头作插入或离开动作，完成合闸或分闸。

(6)操动机构。由电动或手动机构组成，产生操作所用的动力。

2. 隔离开关的分类

高压隔离开关可以按照不同的方法分类。按装置地点划分为屋内式和屋外式；按结

构中每相绝缘支柱的数目划分为单柱式、双柱式和三柱式；按主闸刀和动触头的运动方式划分为单柱剪刀式、单柱上下伸缩式、双柱水平伸缩式、双柱合抱式、三柱水平旋转式等；按操作特点分为单极式、三极式；按有无接地刀闸分为无接地刀闸式、带接地刀闸式等。

5.1.1.3　隔离开关的铭牌

隔离开关型号的表示和含义如图5-1所示。

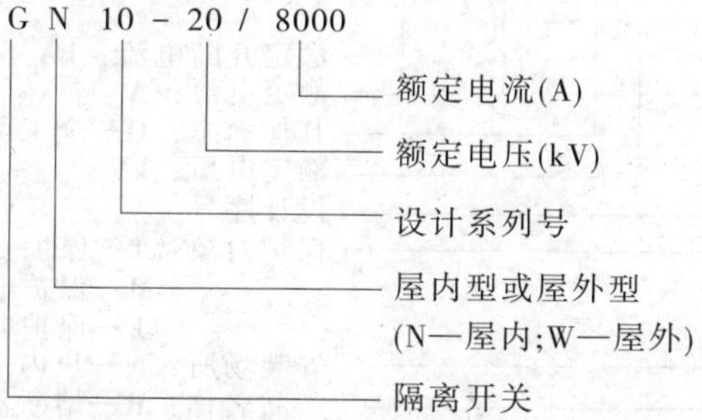

图5-1　隔离开关型号的表示和含义

高压隔离开关一般采用电动操动机构或手动操动机构，在220 kV及以下电压等级系统中一般选用三相联动型，330 kV以上电压等级中则为单相操作。

5.1.2　高压熔断器

高压熔断器是保护电器，主要用于电路中出现短路故障时，切断短路电流，保护电气设备不受损坏。其工作原理是正常时熔断器串联在电路中，相当于一段导体。故障时电流增大，熔体由于自身温度超过熔点而熔化，将电路切断，保护其他设备。

5.1.2.1　作用

当流过熔断器熔体或熔丝的电流超过一定数值时，熔体自身产生的热量就能自动地将熔体熔断，从而达到开断电路、保护电气设备的目的。

5.1.2.2　组成与分类

熔断器主要由三部分组成：一是熔体（熔管）部分，它是熔断器的核心，起到切断电流的作用；二是支持熔体或熔管的金属触头，即电极部分；三是保护外壳，包括整个熔断器的底座。熔断器在配电装置中应用广泛，高压装置中熔断器主要用于保护电力线路、变压器、电压互感器及补偿电容器等。

高压熔断器按照电流特性分为限流式和非限流式。熔体在短路电流未达到最大值（冲击电流值）之前，就立即熔断使电流减小到零，为限流式熔断器，这种熔断器可以大大减轻电气设备在短路时所受的损害。在熔体熔化后，电流几乎不减小，仍继续达到其最大值，在电流第一次过零或经过几个半周期之后电弧才熄灭，为非限流式熔断器。高压熔断器按照安装地点主要分为户内高压熔断器和户外高压熔断器。户内高压熔断器主要有RN1、RN2、RN3、RN5和RN6等型号，主要用于6～35 kV的户内配电装置中。RN1、RN3、RN5型主要用于交流电力线路及配电变压器的过载及短路保护；RN2和RN6型只用于电压互感器的保护。户外高压熔断器主要有跌落式和限流式两种，跌落式户外高压熔断器主要用于输配电线路和电力变压器的过载及短路保护，限流式户外高压熔断器主要用于电压互感器及其他设备的过载和短路保护。

5.1.2.3 高压熔断器铭牌和技术参数

熔断器型号的表示和含义如图 5-2 所示。

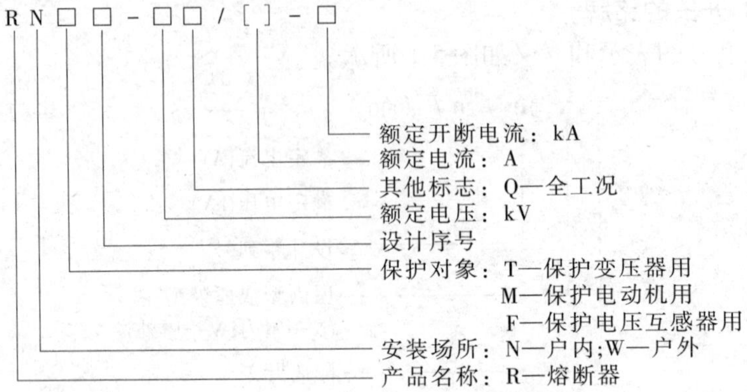

图 5-2 熔断器型号的表示和含义

(1)熔断器的额定电压。额定电压是指熔断器长期运行所能承受的正常工作电压。在我国,高压熔断器额定电压主要有 3 kV、6 kV、10 kV、15 kV、20 kV 和 35 kV 等。

(2)熔断器的额定电流。熔断器的额定电流是指熔断器本身载流部分及电气触头长期允许通过的最大电流值。

(3)熔体的额定电流。熔体的额定电流是指熔体允许长期通过的最大电流值。

(4)熔体的熔断电流。熔体的熔断电流指熔体能够熔断的最小电流值。

(5)熔断器的极限开关电流。极限开关电流是指熔断器能切断的最大电流。

任务 5.2 高压隔离开关、高压熔断器的巡视检查

值班人员应定期对高压隔离开关和高压熔断器进行巡视检查,以便随时掌握设备的运行状况,及时发现设备异常和缺陷,预防事故的发生,确保设备的连续安全运行。在巡视检查过程中,运行值班人员可以借助工器具巡视,及时发现设备运行中存在的缺陷。

5.2.1 任务分析

(1)熟悉发电厂高压隔离开关、熔断器的分布情况。

(2)按照高压隔离开关、熔断器巡视部位及巡视内容,采用目测、耳听、鼻嗅、触试、仪器检测等方法,对高压隔离开关、熔断器进行巡视检查,记录巡视结果。

(3)将异常现象与巡视标准进行比较,详细说明。

(4)巡视检查完成后,向值长汇报巡视检查结果。

5.2.2 相关知识

5.2.2.1 高压隔离开关的巡视

1. 高压隔离开关巡视检查项目

(1)隔离开关的支柱绝缘子应清洁完好,无放电声响或异常声响。

(2)触头、接点接触应良好,无螺丝断裂或松动现象,无严重发热和变形现象。

(3)引线应无松动、无严重摆动和烧伤断股现象。

(4)隔离开关本体、连杆和转轴等机械部分应无变形,各部件连接良好,位置正确。

(5)操作机构箱、端子箱和辅助接点盒应关闭且密封良好,能防雨防潮。

(6)操作机构箱、端子箱内部应无异常,熔断器、热继电器、二次接线、端子连线、加热器等应完好。

(7)隔离开关的防误闭锁装置应良好,机械锁等应无损坏现象。

(8)接地完好无锈蚀。

(9)操作机构包括操作连杆及部件有无开焊、变形、锈蚀、松动、脱落,连接轴销子紧固螺母等是否完好。

(10)隔离开关带电部分应无杂物。

(11)带有接地开关的隔离开关在接地时,三相接地开关是否接触良好。

2. 高压隔离开关正常运行的相关规定

(1)正常情况下,隔离开关运行在额定参数范围内,不能超出。

(2)正常运行或备用状态时,端子箱内隔离开关的动力操作电源小开关应处于合上位置,操动机构箱内电源开关应处在合闸位置,保证电源完好。

(3)隔离开关主要用于设备停电检修时,使检修设备与带电设备隔开,有明显的断开点。其地刀在其主刀闸断开及检修设备无电后将其合上,使检修设备接地,防止检修过程中突然来电和产生感应电压。

5.2.2.2 熔断器的巡视

(1)熔断器上有无悬挂物。

(2)熔断器外观有无损伤、变形现象,瓷绝缘部分有无闪络放电痕迹。

(3)熔断器的指示器是否正常。

5.2.3 任务准备

(1)熟悉巡视检查工具的使用方法:手电筒、红外测温仪、望远镜、记录本、智能巡检仪、应急灯。

(2)做好安全措施:戴安全帽、穿绝缘靴,防摔防撞。

5.2.4 任务实施

学员按人数分成小组,正确穿戴好合格的安全服装,戴好安全帽,携带好安全工器具、巡视检查实操表,按照规定的巡视路线巡视高压隔离开关、高压熔断器。对照巡视卡(见表5-1、表5-2)找出高压隔离开关、熔断器的巡视点,根据巡视点的现象判断运行中的高压隔离开关、熔断器有无异常和缺陷。对合格项,在巡视卡“检查结论”栏打“√”;对存在缺陷和异常项,在巡视卡“检查结论”栏用文字详细说明。巡视中注意安全、动作规范。检查结束后,将安全工器具放回原处,并向值长汇报巡视的相关情况。

表 5-1 隔离开关巡视内容及标准

序号	巡视内容	巡视标准	检查结论	备注
1	铭牌	标志牌名称、编号齐全、完好,相色正确、清晰		
2	合闸状态	合闸良好,无合不到位或错位现象		
3	绝缘瓷瓶、均压环	瓷质部分清洁、完好无裂纹、无闪络和放电现象;均压环外观清洁,无损伤、变形		
4	引线	(1)导线无断股、散股		
		(2)导线上无异物悬挂,无过松、过紧现象		
		(3)设备引线、线夹主导流接触部位无过热现象		
		(4)触头接触良好,无过热、变色和移位等异常现象;动触头的偏斜不大于规定数值;触指弹簧完整无锈蚀,触点压接良好,无过热现象		
5	操动机构	(1)操动机构密封良好,无受潮		
		(2)操动机构助力弹簧牢固、无断股		
		(3)连杆无弯曲,连接无松动、锈蚀		
		(4)金属部件无锈蚀,机械闭锁装置完好		
6	接地开关	(1)分、合闸到位		
		(2)连接杆无弯曲,连接无松动、锈蚀,开口销齐全		
		(3)接地良好,接地体可见部分无断裂现象		
		(4)主导流部分完好,软连接无断片、脱落		
7	传动连杆拐臂、法兰	(1)法兰连接无裂痕,连接螺丝无松动、锈蚀、变形		
		(2)水平拉杆、垂直拉杆连接可靠,无变形、锈蚀,开口销齐全;轴销无变位脱落,无锈蚀,润滑良好;金属部位无锈蚀、鸟巢		
8	其他	(1)金属架构无锈蚀、变形,水泥架构无裂纹、露筋现象		
		(2)构架接地良好		
		(3)设备基础无下沉、倾斜		
		(4)套管及支持绝缘子清洁,无裂纹、放电现象		
		(5)防误闭锁装置良好,机械闭锁装置完好、齐全,无裂纹变形		

表5-2　熔断器巡视内容及标准

序号	巡视内容	巡视标准	检查结论	备注
1	铭牌	标志牌名称、编号齐全、完好		
2	负荷情况	与熔体的额定值相配合		
3	外观	无破损、变形现象		
4	信号指示器	指示保持正常状态		
5	接触部分	(1)无过热现象,无烧损		
		(2)动作灵活		
6	瓷绝缘	(1)无破损		
		(2)无闪络、裂纹、放电痕迹		
		(3)户外跌落式清扫瓷绝缘和结构件		
7	熔体、熔管	(1)熔丝管安装、熔断显示标志正确		
		(2)熔管无受潮、变形、脱漆		
		(3)熔管内消弧管无电烧损情况		
		(4)熔管安装长度与上下触头配合		
		(5)对于户外跌落式,调整上下接触部位及管内消弧管		

5.2.5　拓展提高

5.2.5.1　隔离开关的特殊巡视

(1)高温季节、高峰负荷应测量隔离开关触头、各电气接点的温度,观察有无发热现象,有无异常声响,监视负荷情况。

(2)雷雨或雷击后,检查绝缘了有无放电闪络痕迹,套管有无破损、裂纹及放电闪络现象,防雨帽应完整,导线无断脱和松动现象。

(3)大雪天气检查引线积雪程度,观察融雪速度,以判断接头是否过热,及时处理悬冰。

(4)大风天气检查引线摆动情况及有无搭接杂物,导线有无断脱和松动现象。

(5)短路故障跳闸后,检查隔离开关导电杆是否移位,各附件有无变形,触头、引线接头有无过热、松动现象,支柱绝缘子有无放电痕迹,线夹有无裂纹、破损现象。

(6)隔离开关动力电源断路器应每月检查一次。隔离开关机构箱内的加热器回路应定期检查,并按规定投退。高压隔离开关应定期进行一次熄灯检查,看有无放电过热情况。

5.2.5.2　高压熔断器特殊巡视

(1)过负荷运行或负荷明显增加时要进行特殊巡视。

(2)雷雨天气过后,应进行瓷绝缘检查,看有无放电痕迹。

任务 5.3 高压隔离开关、熔断器的异常运行分析及处理

5.3.1 任务分析

在掌握隔离开关的基本工作原理、操作规定、操作范围和运行要求的基础上，运行值班人员应随时对高压隔离开关、熔断器进行监视，详细记录异常情况并对当时的运行状况进行记录，及时汇报给调度中心，根据调度指令进行异常处理。

5.3.2 相关知识

5.3.2.1 高压隔离开关异常现象及处理

1. 隔离开关触头发热

隔离开关触头发热，一般可以通过变色漆或示温蜡片的颜色变化来判断。

1) 隔离开关触头发热的可能原因

(1) 操作用力不当，使接触位置不正，隔离开关合闸不到位。

(2) 触头固件松动使触头弹簧压力降低，触头刀片或刀嘴锈蚀、磨损，接触表面氧化、脏污及触头被电弧烧伤等造成的接触不良。

(3) 开关容量不够或长期过负荷运行。

2) 隔离开关触头发热的处理

(1) 用红外测温仪测量过热点温度，以判断发热程度。

(2) 若隔离开关因触头接触不良造成过热，可用相应电压等级的绝缘棒推动其触头，使其接触良好。

(3) 若由过负荷引起过热，应汇报调度中心，按照调度指令采取改变运行方式或减少负荷等方法，减小负荷电流。

(4) 隔离开关发生过热时，应加强对其的监视，并做好事故预想，加装通风装置等冷却措施。

(5) 隔离开关发热严重并存在烧熔开路的危险时，应快速断开相关断路器，停用隔离开关，并汇报调度中心和相关部门，使隔离开关退出运行或停电检修。

2. 隔离开关拒绝分、合闸

手动或电动操作隔离开关时，发生拒分、拒合现象，可能的原因如下：

(1) 操作机构故障。由于操作机构发生冰冻、锈蚀、卡死、触头夹得过紧、操作杆断裂、销子脱落或操作机构故障等原因，会造成隔离开关的拒绝分闸、合闸。

(2) 电气回路故障。对于电动操作的隔离开关，发生电动回路电源不正常、电机运转不正常或操作回路的触点接触不良、行程开关与控制开关切换不良等会造成隔离开关的拒绝分闸、合闸。

(3) 误操作或防误装置失灵也会造成隔离开关的拒绝分、合闸。

隔离开关拒绝分闸、合闸时的处理，包括以下内容：

(1) 操作机构故障时，如因冰冻或其他原因造成拒动，不得以很大的冲击力操作，而

应以较小的摇动力量去克服不正常阻力，同时要检查底座和操作机构各部分，根据各部分的变形和变位，找出增加阻力的部分，如防碍拉开的阻力发生在接触装置上，则不应强行拉开，因为可能损坏底座造成严重事故，这时只能变更设备运行方式消除。

(2)电气回路故障时，应查明故障原因并做相应处理。

(3)误操作或防误闭锁失灵时，应确认具体原因，按照闭锁的条件，核查断路器、隔离开关的状态，核对无误后，消除防误装置失灵后再操作。

3. 电动操作异常情况

隔离开关电动操作过程中，如有以下异常情况，应采取相应处理办法：

(1)按下合闸或分闸按钮时，电动机发响但并不转动（嗡嗡声），应立即按停止按钮，然后检查三相电源是否正常或机械部分有无卡涩现象。

(2)动作过程中不到位突然停止，应继续再按按钮，使其动作即可，尽量避免设备闪弧烧伤。

(3)操作电动机电源电压（即所用电压）不能太低，如太低则电动机冲力不够，有合不到位的情况。

5.3.2.2 高压熔断器异常现象及处理

高压熔断器异常主要是接触部分发热。

1. 高压熔断器接触部分发热的原因

(1)压紧弹簧或螺栓松弛，接触面氧化造成接触不良。

(2)熔体管长度不当。

2. 高压熔断器接触部分发热的处理方法

(1)找出发热原因。

(2)根据发热情况降低负荷或汇报调度，针对缺陷进行处理。

5.3.3 任务准备

(1)做好安全措施：戴安全帽、绝缘手套 ，防摔防撞。

(2)熟悉异常处理工具的使用方法：安全帽、绝缘手套、绝缘靴、三相短路接地线、手电筒、长柄改刀、尖嘴钳等。

5.3.4 任务实施

学员按预先分好的小组，正确穿好合格的安全服装，戴好安全帽，携带好安全工器具、异常处理实操表，按照高压隔离开关、熔断器实际出现的异常情况，根据相应的作业标准或要求，在运行人员的监护下依次进行处理，直到异常情况消失为止，最后对照工具、材料清单清点工器具。处理结束后，将安全工器具放回原处。

【典型案例】 高压隔离开关在运行中发热处理

1. 异常现象

某发电厂的高压隔离开关在增加负荷后运行一段时间，出现主导流部位积雪融化现象。

2. 处理步骤

(1)对异常现象进行详细记录,将现场情况汇报调度和相关部门。

(2)采用测温仪测量确认,是否为过去发热遗留下的情况。

(3)向调度部门申请减少或转移负荷,加强巡视。处理时,应针对不同的接线方式,分别采取不同措施。

(4)将处理结果汇报调度和相关部门。

5.3.5 拓展提高

隔离开关在发生下列情况时应申请退出运行处理:

(1)当隔离开关严重不同期或合不平,拉开再次合上(最好采用远方操作方式)后,三相确实不同期或合不平时。

(2)隔离开关发热严重并存在烧熔开路的危险时,应快速断开相关断路器,停用隔离开关,并汇报调度中心,使隔离开关退出运行或停电检修。

任务5.4 高压隔离开关、高压熔断器的事故处理

5.4.1 任务分析

学习高压隔离开关、熔断器事故处理的理论知识,掌握高压隔离开关、熔断器事故处理的基本技能,实践高压隔离开关、熔断器在事故处理过程中的职业行为规范。

5.4.2 相关知识

5.4.2.1 高压隔离开关事故及处理

1. 隔离开关瓷瓶断裂故障

隔离开关瓷瓶断裂故障主要有瓷瓶外伤严重、瓷瓶掉盖、对地击穿、瓷瓶爆炸等。

1)隔离开关瓷瓶断裂的原因

(1)产品质量不过关导致。

(2)隔离开关操作方法不恰当、用力过猛等。

2)隔离开关瓷瓶断裂的处理

(1)立即减少负荷。

(2)联系调度部门限制用户用电。

(3)进行停电检修处理。

2. 隔离开关的误动作

在倒闸操作时,由于误操作可能会出现误拉、误合隔离开关的情况,如果是带负荷误拉、误合隔离开关会产生异常孤光,甚至因为三相弧光短路,所以严禁在倒闸操作过程中出现误拉、误合隔离开关。

1)误拉刀闸

现象:刀片刚拉开时,发生强大的弧光或声响。

处理:

(1)发现错误,在弧光终断前应立即合上。

(2)若弧光已终断,不允许再推上。

2)误推刀闸

现象:刀闸在推上两个不同期系统时,会产生强大弧光,可能还会引起系统振荡;推上造成短路或故障时,会产生强烈的电弧或响声。

处理:无论在任何情况下,误推上后不允许立即拉开。

5.4.2.2　高压熔断器事故及处理

1. 熔断器熔体误熔断

1)熔断器熔体误熔断的原因

(1)熔体两端或熔断器触头间接触不良引起局部发热。

(2)熔体本身氧化或有机械损伤使实际截面面积变小。

(3)周围环境温度过高引起。

2)熔断器熔体误熔断的处理

(1)改善通风条件,加强散热。

(2)检查修整接触部位,压接熔体牢固,保证接触良好。

(3)更换熔体。

2. 高压熔断器爆炸

1)熔断器发生爆炸的原因

(1)熔断器外瓷套强度不够,瓷壁厚度不均,瓷质低劣,瓷壁承压未达到标准要求。

(2)高压熔断器石英砂填充工艺不符合技术条件的要求。

(3)熔体管理不严。

(4)高压熔断器电气技术参数不符合技术要求。

2)熔断器发生爆炸的处理

(1)断开电源。

(2)选择合适的灭火方式进行灭火。

(3)汇报调度机构,检修处理。

5.4.3　任务准备

(1)做好安全措施:戴安全帽、绝缘手套,防摔防撞。

(2)熟悉事故处理工具的使用方法:安全帽、绝缘手套、绝缘靴、手电筒、长柄改刀等。

5.4.4　任务实施

学员按预先分好的小组,正确戴好安全帽,扣好袖口,盘好头发,携带好安全工器具、事故处理实操表等进入中控室、保护室、升压站。在运行人员的监护下,在现场对事故处理预案进行演习,按事故处理实操表依次进行,确保事故处理正确。

【典型案例一】　高压隔离开关绝缘子严重闪络击穿事故

1. 故障现象

在一毛毛雨天气下，某35 kV变电所值班人员听到配电室外“轰”的一声巨响，随即全所高、低压全部停电。值班人员立即到配电室外检查，发现所内一组高压隔离开关(GW 4－35/600)中的A、C两相支柱绝缘子损坏严重，瓷片散落于地。

2. 处理步骤

(1)立即向调度汇报隔离开关、光字牌信号、保护动作情况。

(2)根据故障点查明故障发生具体原因，隔离设备区，做好安全措施。

(3)在调度许可下拆掉爆破的绝缘子，更换新的绝缘子。

(4)将处理过程和结果再次汇报调度和上级主管部门。

【典型案例二】 户外高压跌落式熔断器故障处理

1. 故障现象

某电厂安装投运后正常运行，在之后的一场连阴雨天气中，变压器突然发生两相运行，检查结果：B、C两相正常，A相无电压。沿架空线路观察后未发现明显故障点，三组跌落保险均无跌落。

2. 处理步骤

(1)找出现象发生原因。在测试电缆前停电摘下跌落保险的熔管时，发现A相熔管内的熔丝已经烧断，熔丝在熔断时产生的金属溶液将熔丝的断开点牢牢粘住，所以该相跌落熔管没有自由落下。

(2)更换熔管。

(3)改善熔断器的运行条件。

(4)将处理过程和结果汇报调度和上级部门。

5.4.5 拓展提高

5.4.5.1 高压隔离开关

(1)操作中，隔离开关发生机械故障时，应将隔离开关尽可能恢复到操作前的运行状态，并进行维修处理。

(2)电动操作的隔离开关如遇电动失灵，应查明原因和检查与该隔离开关有闭锁关系的所有断路器、隔离开关、接地隔离开关的实际位置，正确无误后才可拉开隔离开关操作电源而进行手动操作。

(3)禁止带负荷拉合闸。

(4)隔离开关操作后，应检查操作拉、合闸情况：合闸时，三相同期且接触良好；分闸时，判断断口张开角度或闸刀拉开距离应符合要求。

5.4.5.2 高压熔断器

(1)新安装或更换的熔断器，要严格验收工序，必须满足操作规程质量要求，熔管安装角度应达到25°左右的倾下角。

(2)操作高压跌落式熔断器时，必须使用电压等级适合、经过试验合格的绝缘杆，穿绝缘靴、戴绝缘手套和防目镜，或站在干燥的木台上，并有人监护。

小　结

学习情境5主要介绍了高压隔离开关、高压熔断器的作用、类型、型号等基本理论知识，高压隔离开关、高压熔断器在运行中的巡视项目，高压隔离开关、高压熔断器的异常现象及处理，高压隔离开关、高压熔断器发生事故情况及处理原则与办法。

任务5.1主要介绍了高压隔离开关作用、组成与分类，高压熔断器作用、组成与分类等。

任务5.2主要介绍了高压隔离开关、高压熔断器的正常巡视检查项目和运行维护内容。按照高压隔离开关和高压熔断器的巡视部位和巡视内容，采用目测、仪器检测等方法，对高压隔离开关和高压熔断器进行巡视检查，记录巡视结果。将异常现象和巡视标准进行比较，详细说明。巡视检查完成后向值长进行汇报。

任务5.3主要介绍了高压隔离开关、高压熔断器的常见异常现象及正确处理方法。通过对高压隔离开关和高压熔断器运行情况的变化分析，判断其是否发生了异常，从而采取相应的处理措施，并进行设备缺陷记录。

任务5.4主要介绍了高压隔离开关、高压熔断器的事故现象及正确处理方法。应依据事故现象做出准确判断，给予相应的处理，并汇报给调度。

复习思考题

1. 高压隔离开关和高压熔断器的作用分别是什么？
2. 高压隔离开关和高压熔断器的参数各代表什么意义？
3. 高压隔离开关正常巡视检查项目有哪些？
4. 高压隔离开关常见的异常现象有哪些？如何处理？
5. 高压隔离开关特殊巡视项目有哪些？
6. 高压熔断器正常巡视检查项目有哪些？

学习情境6　互感器的运行

【学习任务描述】

本学习情境主要学习互感器运行的理论知识，掌握互感器的巡视检查、故障处理等技能，实践互感器的运行职业行为规范。

任务6.1　认识互感器

互感器分为电压互感器和电流互感器两大类。互感器是电力系统中一次系统和二次系统之间的联络元件，进行电压或电流变换，为测量仪表、继电保护装置和控制装置提供电压或电流信号，反映电气设备的正常运行和异常或故障情况。

6.1.1　电流互感器

6.1.1.1　作用

电流互感器原理是依据电磁感应原理的。电流互感器是由闭合的铁芯和绕组组成。它的一次绕组匝数很少，串在需要测量的电流的线路中，将一次回路的大电流变为二次回路的标准值(5 A或1 A)，提供各种仪表用和继电保护用的电流，并将二次系统与高电压隔离，保障了人身和设备的安全，使仪表和继电器的制造简单化、标准化的电气设备。电流互感器文字符号简称TA。电流互感器按照安装方式可以分为穿墙式、支柱式和套管式，按照安装地点分为户外式和户内式，按照绝缘结构分为干式、瓷绝缘、浇注式和油浸式。

6.1.1.2　结构

电流互感器由一次绕组、二次绕组、铁芯、架构、壳体及接线端子等组成。220 kV、110 kV电流互感器由壳体、铁芯、套管、底座、密度继电器、防爆片、充气接头、接地座等组成。10 kV电流互感器由铁芯、绕组、套管等组成。其基本工作原理与普通变压器类似，区别在于电流互感器的一次绕组匝数仅为一匝。二次绕组有很多匝数，并与仪表、继电器、变送器等设备的电流线圈串联形成闭合回路。

6.1.1.3　主要参数

互感器的主要参数包括一次额定电流、二次额定电流、额定电压、额定容量、额定电流变比和准确度等级等。

(1)一次额定电流为满足短路时热稳定和动稳定要求的长期运行而无异常发热的电流。

(2)二次额定电流是一个标准值，在我国主要为5 A和1 A两种，一般强电系统多使用5 A,弱电系统多使用1 A。

(3)额定电压指一次绕组主绝缘长期承受的工作电压等级。

(4)额定容量是指二次额定电流下通过额定负载时所消耗的视在功率。

(5)额定电流变比是指一次额定电流与二次额定电流之比。

(6)电流互感器的准确度等级一般代表了额定电流下的最大允许电流误差的百分比,我国电流互感器常见的准确度等级有测量用的0.1、0.2、0.5、1.0、3.0、5.0级和特殊用0.2S、0.5S级等,准确度等级越小表示其测量误差越小。

6.1.2　电压互感器

电压互感器的工作原理和变压器类似,其基本结构也是铁芯和原、副绕组。按照其工作原理可分为电磁式和电容式两种。

6.1.2.1　作用

电压互感器的作用是将高电压变为低电压,其正常的工作状态是接近空载态。

6.1.2.2　结构组成

电压互感器一次绕组匝数多,二次绕组匝数少,和降压变压器类似,主要由一次绕组、二次绕组、铁芯等组成。220 kV、110 kV SF_6 电压互感器由压力释放装置、瓷外套、底座、SF_6 气体、带温度补偿的密度表等组成。10 kV 三相电压互感器由铁芯、绕组、套管等组成。

电压互感器按照绝缘冷却方式可分为干式和油浸式两种。10 kV 及以下多为干式,35 kV 及以上多为油浸式。

6.1.2.3　主要参数

电压互感器的主要参数包括一次绕组额定电压、二次绕组额定电压、变比和准确度等级。

(1)一次绕组额定电压是指长时间加在一次绕组上的电压。

(2)二次绕组额定电压是一个标准值,我国规定三相系统中接在相与相之间的单相电压互感器电压值为100 V,接在相对地之间的单相电压互感器电压值为$100/\sqrt{3}$ V。

(3)电压互感器准确度等级是指以额定电压计算的额定负荷下最大允许电压误差百分比。测量用电压互感器的准确度等级有0.1、0.2、0.5、1、3,保护用电压互感器的准确度等级规定有3P和6P两种。

任务6.2　互感器的巡视检查

互感器在运行中,值班人员应定期进行巡视检查,以便随时掌握设备的运行情况,及时发现设备异常和缺陷,预防事故的发生,确保设备的连续安全运行。在巡视检查过程中,运行值班人员可以借助工器具和感官去观察,及时发现设备运行中存在的问题。

6.2.1　任务分析

(1)熟悉互感器结构、工作原理、型号参数,按照互感器巡视检查内容,采用目测、耳听、鼻嗅、触试、仪器检测等方法,对互感器进行巡视检查,记录巡视结果。

(2)熟悉互感器编号、位置及投运情况。

(3)熟悉互感器巡视部位及巡视标准，将异常现象与巡视标准进行比较，并详细说明。

(4)巡视检查完成后，向值长汇报巡视检查结果。

6.2.2 相关知识

6.2.2.1 电流互感器的巡视

1. 电流互感器运行规定

(1)运行中的电流互感器严禁二次回路开路。

(2)新安装的电流互感器或其二次回路发生变化时，保护验收必须核对二次接线的正确性，带负荷检查正确后方可投入保护。

(3)电流互感器二次绕组必须有一点可靠接地，它属于保护接地。为防止二次回路接地造成保护误动，对电流差动保护等每套保护只允许有一点接地，接地点设在保护屏上。

(4)电流互感器正常运行时的负荷电流应不超过其额定值的110%，如长时间过负荷，会使测量误差加大和绕组过热或损坏。

(5)在电流互感器二次回路上工作，必须正确填写需短接的电流回路端子、回路编号，若工作涉及差动保护或母差保护用电流互感器，应将差动保护或母差保护停用，并有相应的保安措施。

2. 电流互感器的检查

(1)设备外观完整无损、油量充足。

(2)油色、油位正常。

(3)引线正常无松动。

(4)SF_6 气体绝缘电流互感器除与油浸式互感器相关项目相同外，还要注意压力表指示在正常规定范围，无漏气现象，密度继电器正常。复合绝缘套管表面清洁、完整，无裂纹、无放电痕迹。树脂浇注互感器无过热、无异常震动及声响，无受潮，外绝缘表面无积灰、无放电现象。

(5)电流互感器的密度继电器的压力为0.35 ~0.6 MPa。

(6)电流互感器运行时内部声音是否正常。

(7)端子箱应关严，密封良好。端子箱引线无过热、打火现象。

(8)瓷套、底座、阀门和法兰等部位应无渗漏油现象。

3. 电流互感器使用注意事项

(1)电流互感器接线时要注意正确极性。

(2)电流互感器的外壳和二次绕组的一端必须接地。

(3)运行中的电流互感器二次回路严禁开路。

(4)运行中的电流互感器应按时巡视检查。主要检查各连接点有无过热现象，有无异味；运行声音是否正常，有无渗漏油现象；瓷质部分是否清洁完整，有无破损和闪络放电现象。

(5)运行中每4 h检查一次电流互感器运行状况，其他检查项目除以上投入前的检查外,还应检查运行声音是否正常、内外部有无放电现象及放电痕迹,干式电流互感器有无潮湿现象。

6.2.2.2　电压互感器的巡视

1.电压互感器运行规定

(1)运行中的电压互感器二次侧回路严禁短路。当发生短路时,电压互感器二次侧电源快分开关自动跳闸。

(2)当电压互感器二次回路出现断线或者失压等情况时,运行操作人员应立即向调度申请退出与电压互感器有关的继电保护和自动装置,并尽快将电压互感器二次回路恢复正常,投入相应保护。

2.电压互感器的检查

(1)设备周围应无影响送电的杂物。

(2)接触部分良好,无松动、发热和变色现象。

(3)油浸式电压互感器,油位正常、油色清洁,各部无渗漏油现象。

(4)瓷瓶无裂纹及积灰。

(5)二次侧中性点接地良好。

3.电压互感器使用注意事项

(1)电压互感器二次侧应装设低压熔断器且二次绕组必须接地。

(2)电压互感器二次侧不允许短路。在变电站中,电压互感器二次侧一般是中性点接地。

(3)电压互感器的谐振。

(4)电压互感器设备缺陷定性。

(5)电压互感器接地故障运行时间不能超过 2 h。

(6)运行中的电压互感器应无异声,各接点部位无过热、无异味。当线路有接地时,应检查电压互感器声音是否正常,接地测量仪表、机电保护及自动装置回路的熔丝是否熔断等。

6.2.3　任务准备

(1)熟悉巡视工具的使用方法:听针、手电筒、红外测温仪、望远镜、记录本、智能巡检仪。

(2)做好安全措施:戴安全帽,防摔防撞。

6.2.4　任务实施

学员按人数分成小组,正确穿好合格的安全服装,戴好安全帽,携带好安全工器具、巡视检查实操表,在水电站运行人员的监护下,按照规定的巡视路线巡视电流、电压互感器。对照巡视卡(见表6-1、表6-2)找出电流、电压互感器相关的巡视点,根据巡视点的现象判断运行中电流、电压互感器存在何种缺陷。对合格项,在巡视卡“检查结论”栏打“√”;对有缺陷或异常项,在巡视卡“检查结论”栏用文字详细说明。巡视中注意安全、动作规范。检查结束后,将安全工器具放回原处,并及时向值长汇报巡视的相关情况。

表 6-1 电流互感器的巡视内容及标准

序号	巡视内容	巡视标准	检查结论	备注
1	瓷质部分	清洁、无破损、无裂纹、无放电痕迹		
2	油位	油位正常，油色透明不发黑，无渗漏油		
3	仪表指示	指针指示正常		
4	声音、气味	无声音和焦臭味		
5	端子箱	(1)清洁、不受潮		
		(2)二次端子接触良好，无开路放电		
6	导线、引线	(1)一次侧引线接头牢固，压接螺丝无松动、过热、变色现象		
		(2)二次绕组接地线良好，接地牢固，无松动、断裂现象		
7	其他	(1)设备编号齐全、清晰，无损坏		
		(2)外观完整无损		
		(3)无异常振动、异常声音及异味		
		(4)金属部位无锈蚀，底座、支架牢固		
		(5)外壳、中性点接地良好		

表 6-2 电压互感器的巡视内容及标准

序号	巡视内容	巡视标准	结论	备注
1	瓷质部分	清洁、无破损、无裂纹、无放电痕迹		
2	油位（充油式 TV）	油位正常，油色透明不发黑，无渗漏油		
3	电压表	电压表三相指示正确，无过负荷现象		
4	声音	无异常噪声及其他异常现象		
5	TV 端子箱	(1)油位正常，无渗漏油现象		
		(2)绝缘套管清洁、完好、无裂纹		
		(3)端子门开启灵活，密封严实完好，标示清晰完整		
		(4)箱内二次接线、电缆、隔离开关、断路器、熔断器等标志清楚准确，驱潮装置、防火装置、防小动物封堵完好		
6	导线、引线	(1)二次回路接线良好，无断线、短路、误接线		
		(2)无散股抛股，且无发热现象		
		(3)线夹无发热、断路器和熔断器良好		

续表 6-2

序号	巡视内容	巡视标准	结论	备注
7	充油式电压互感器	(1)油位正常,油色清洁		
		(2)各部位无渗漏油现象		
8	场地	(1)名称、标识齐全、完好		
		(2)相序标注清晰		
		(3)场地、操作小道整齐整洁		
		(4)金属部位无锈蚀,底座、支架牢固		

6.2.5 拓展提高

6.2.5.1 电流互感器

电流互感器特殊巡视的主要内容如下:

(1)新设备或经过检修的电流互感器巡视检查周期应相对缩短,在投运 72 h 以后转入正常巡视。

(2)气象突变(大风、大雾、大雪、冰雹、寒潮等)时,大风天气主要检查引线摆动情况及有无搭挂杂物,大雾天气主要检查瓷套管有无放电打火现象并重点检查污秽瓷质部分,大雪天气主要检查运行中气体压力情况及积雪时接头发热部位等。

(3)雷雨天气季节特别是雷雨后,主要检查瓷套管有无放电闪络现象。

(4)若试验报告部分数据超标,应加强监视。

(5)高温季节、高峰负载期间应加强监视。

(6)特殊保电任务期间应增加巡视次数。

6.2.5.2 电压互感器

电压互感器特殊巡视的主要内容如下:

(1)高温、大负荷运行前的巡视。

(2)大风、雾天、冰雪、冰雹及雷雨后的巡视。

(3)设备变动后的巡视。

(4)设备新投入后的巡视。

(5)设备经过检修、改造或长期停运后重新投入运行后的巡视。

(6)设备异常情况下的巡视,主要是指设备发热、系统冲击、内部有异常声响等。

(7)主要供电任务时期的巡视。

任务 6.3 互感器的操作

电压互感器投入运行时应遵守先一次、后二次的原则,即先插上电压互感器高压熔断器,然后合上一次侧隔离开关,最后插上电压互感器低压熔断器。电压互感器退出运行时,应先二次、再一次的原则,即应先取下二次侧熔断器,然后拉开一次侧隔离开关,最后取下高压熔断器。

6.3.1 220 kV Ⅰ母线 PT 218 由运行转检修

6.3.1.1 任务分析

(1)分析系统正常运行时方式:220 kV 为双母运行;关巡一回、凤关线、1#号主变 220 kV 侧均在Ⅰ母运行;关巡二回、关珞线、2#号主变 220 kV 侧均在Ⅱ母运行;220 kV 母联断路器仿 212 合闸位置。110 kV 为双母运行;关华一回、关凌线、关东线、1#号主变 110 kV 侧均在Ⅰ母运行;关华二回、巡关线、2#号主变 110 kV 侧均在Ⅱ母运行;110 kV 母联断路器仿 100 合闸位置。10 kV 为单母运行;1#电容器组、2#电容器组、1#站变、华关线、流芳线、备用 3 线、1#主变 10 kV 侧均在Ⅰ段母线运行;3#电容器组、4#电容器组、2#站变、备用 1 线、备用 2 线、2#主变 10 kV 侧均在Ⅱ段母线运行;分段断路器仿 900 热备用,BZT 投入。1#主变高中性点仿 2019、中压侧中性点仿 1019 合上;2#主变高中性点仿 2029、中压侧中性点仿 1029 断开。

(2)需要进行操作:由于 220 kV Ⅰ母 PT 218 需要检修,但是其所连接的母线并不检修,因此会导致保护与元件测得电压为零。为避免保护误动作,需要将母联开关转为死开关或将所有运行元件倒至运行电压互感器所在的母线,PT 连接片退出。同时,做好验电和合地刀等安全措施。

6.3.1.2 相关知识

电压互感器退出运行时,如果二次侧可以并列,必须先并列一次,后并二次,否则一次侧电压不平衡,二次侧将产生较大环流,容易引起熔断器熔断,使保护失去电源。但如果高压侧母联断路器没有投入运行,则严禁将两台电压互感器二次并列;二次侧如果不可以并列,应先退出相应的保护和自动装置,以防止其所带的保护及自动装置误动作。

6.3.1.3 任务准备

(1)做好安全措施:戴安全帽、绝缘手套,穿绝缘靴,防摔防撞。

(2)熟悉操作工具使用:安全帽,绝缘手套,隔离开关操作杆,高压验电器,三相短路接地线,标示牌,电脑钥匙、录音笔、操作票及夹板等 。

6.3.1.4 任务实施

主接线如图 6-1 所示。

根据倒闸操作的基本原则,通过任务分析,正确填写出 220 kV Ⅰ母 PT 218 由运行转检修的操作票,结合《电力安全操作规程》(GB 26860—2011)及其他规定进行操作。220 kV Ⅰ母线 PT 218 由运行转检修操作如下:

(1)检查 220 kV 母联 212 开关在合位。

(2)检查 220 kV 母联 2121 刀闸在合位。

(3)检查 220 kV 母联 2122 刀闸在合位。

(4)断开 220 kV 母联 212 开关高压操作箱Ⅰ、Ⅱ空开。

(5)将 220 kV PT 并列柜切换把手由远控切换至并列。

(6)检查 220 kV PT 并列装置上的并列指示灯亮。

(7)断开 220 kV Ⅰ母 PT 218 二次空开(保护/测量、计量)。

(10)合上 220 kV Ⅰ母 PT 218 间隔刀闸操作电源。

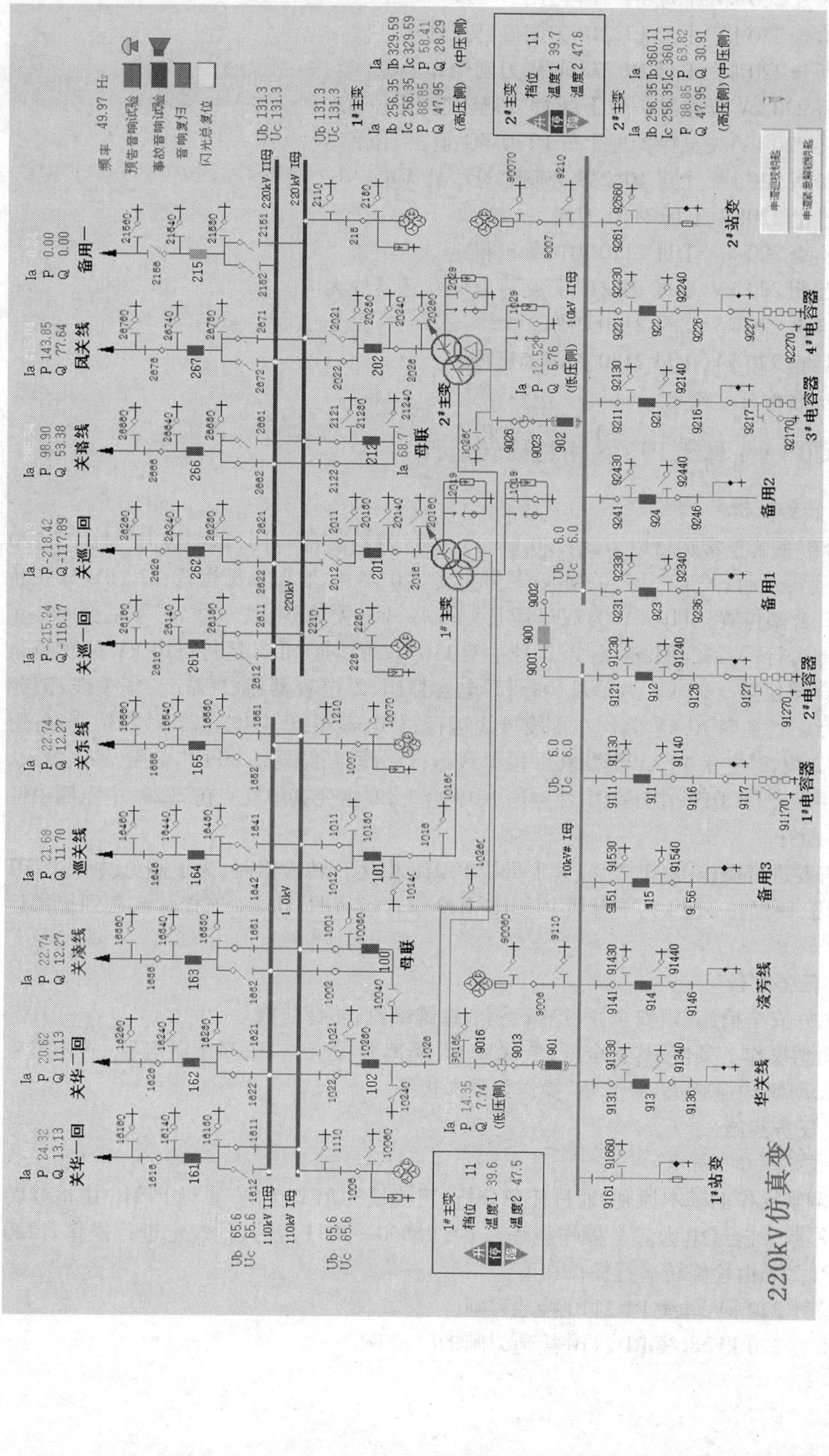

图 6-1 正常运行方式下主接线图

(11)拉开 220 kV Ⅰ母 PT 218 刀闸。

(12)检查 220 kV Ⅰ母 PT 218 刀闸确已拉开。

(13)断开 220 kV Ⅰ母 PT 218 间隔刀闸操作电源。

(14)将 220 kV 母差保护屏Ⅰ母 PT 切至“退出”位置。

(15)将 220 kV 失灵保护屏Ⅰ母 PT 切至“退出”位置。

(16)验明 220 kV Ⅰ母 PT 218 刀闸靠母线处无电。

(17)推上 220kV Ⅰ母 2110 刀闸。

(18)检查 220 kV Ⅰ母 2110 刀闸确已推上。

(19)验明 220 kV Ⅰ母 PT 218 刀闸靠电压互感器处无电。

(20)推上 220 kV Ⅰ母 2180 刀闸。

(21)检查 220 kV Ⅰ母 2180 刀闸确已推上。

(22)全面检查。

6.3.2 220 kV Ⅰ母线 PT218 由检修转运行

6.3.2.1 任务分析

(1)分析系统正常运行时方式:220 kV 为双母运行;关巡一回、凤关线、1#号主变 220 kV 侧均在Ⅰ母运行;关巡二回、关珞线、2#号主变 220 kV 侧均在Ⅱ母运行;220 kV 母联断路器仿 212 合闸位置。110 kV 为双母运行;关华一回、关凌线、关东线、1#号主变 110kV 侧均在Ⅰ母运行;关华二回、巡关线、2#号主变 110 kV 侧均在Ⅱ母运行;110 kV 母联断路器仿 100 合闸位置。10 kV 为单母运行;1#电容器组、2#电容器组、1#站变、华关线、流芳线、备用 3 线、1#主变 10 kV 侧均在Ⅰ段母线运行;3#电容器组、4#电容器组、2#站变、备用 1 线、备用 2 线、2#主变 10 kV 侧均在Ⅱ段母线运行;分段断路器仿 900 热备用,BZT 投入。1#主变高中性点仿 2019、中压侧中性点仿 1019 合上;2#主变高中性点仿 2029、中压侧中性点仿 1029 断开。

(2)需要进行操作:由于 220 kV Ⅰ母线 PT218 由运行转检修时,为了避免误动,将 PT 连接片停用,所以在 220 kV Ⅰ母线 PT 218 由检修转运行时,将 PT 连接片恢复到正常运行状态。

6.3.2.2 任务准备

(1)做好安全措施:戴安全帽、绝缘手套,穿绝缘靴,防摔防撞。

(2)熟悉操作工具使用:安全帽,绝缘手套,隔离开关操作杆,高压验电器,三相短路接地线,标示牌,电脑钥匙、录音笔、操作票及夹板等。

6.3.2.3 任务实施

主接线如图 6-1 所示。

根据倒闸操作的基本原则,通过任务分析,正确填写出 220 kV Ⅰ母 PT218 由检修转运行的操作票,结合《电力安全操作规程》(GB 26860—2011)及其他规定进行操作。220 kV Ⅰ母 PT 218 由检修转运行操作如下:

(1)拉开 220 kV 母线 PT 2110 接地刀闸。

(2)检查 220 kV 母线 PT 2110 接地刀闸确已拉开。

(3)拉开220 kV母线PT 2180接地刀闸。

(4)检查220 kV母线PT 2180接地刀闸确已拉开。

(5)检查220 kV母线电压互感器回路无接地短路及杂物。

(6)将220 kV母差保护屏Ⅰ母PT切至“投入”位置。

(7)将220 kV失灵保护屏Ⅰ母PT切至“投入”位置。

(8)合上220 kVⅠ母PT端子箱380 V交流电源空开。

(9)检查220 kVⅠ母PT端子箱380 V交流电源空开确已合上。

(10)合上220 kVⅠ母PT 218隔离开关。

(11)检查220 kVⅠ母PT 218隔离开关确已合上。

(12)合上220 kVⅠ母PT 218二次空开(保护/测量、计量)。

(13)断开220 kVⅠ母PT端子箱380 V交流电源空开。

(14)检查220 kVⅠ母电压互感器电压正常。

(15)解除220 kVⅠ母Ⅱ母电压互感器二次电压并列运行方式。

(16)检查220 kVⅠ母Ⅱ母电压互感器二次电压解列运行正常。

(18)合上220 kV母联212开关控制电源空开。

(19)检查220 kV母联212开关控制电源空开确已合上。

(20)全面检查。

任务6.4 互感器的异常运行分析及处理

6.4.1 任务分析

在掌握互感器的基本结构、工作原理、运行操作规定和正常运行要求的基础上,能正确分析变电站及发电厂中互感器典型的异常现象并能够进行异常处理。

6.4.2 相关知识

6.4.2.1 电流互感器异常及处理

1.声音异常

互感器产生异常声音,可能是由于铁芯或零件松动、电场屏蔽不当、二次开路或电位悬浮、屏开路及绝缘损坏放电等原因导致。

当互感器出现声音异常时,可不立即停用,先汇报调度和上级领导,安排停电检修,在停电前,运行人员应加强监视。

2.电流互感器一次侧接线压接处发热

1)接线压接处发热的现象及原因

接线压接处发热一般伴随周围有异味、冒烟、冒火,在积雪时,出现积雪融化现象。常见原因是电流互感器接线压接处压接不紧或内部一次接线压接不良、接线板表面严重氧化或接触面积小等。

2) 接线压接处发热的处理

将压接处打磨平滑,涂上导电膏后加弹簧垫圈压紧。若接触面积小,应增大接线板长度。

3. 电流互感器线圈和铁芯过热

长期过负荷、二次线圈匝间短路或者二次回路开路都会引起铁芯过热。如果是过负荷则应降低负荷至额定容量以下,检查更换线圈或更换合适变比和容量的互感器。若是二次回路开路,则应减小互感器一次电流或临时断开一次回路,修复后再恢复供电。

6.4.2.2 电压互感器的异常及处理

1. 高压或低压侧一相熔断器熔丝熔断

1) 高低压侧一相熔断器熔丝熔断现象及原因

(1) 当二次负载超过额定容量或二次绕组短路、系统发生单相接地等故障时,电压互感器铁芯饱和,励磁电流急剧增加,就会引起电压互感器熔丝熔断。

(2) 铁磁谐振过电压。

(3) 电压互感器内部短路接地,出现匝间短路等故障。

2) 熔断器熔丝熔断处理

(1) 将电压互感器所带的保护及自动装置,按照电力安全操作规程,退出运行,防止保护误动作。

(2) 检查电压回路有无接触不良的情况。

(3) 对电量有影响时,计算漏电量。

(4) 加强对设备的监视,避免发生误操作。

(5) 详细检查故障原因。

(6) 故障消除后,电压互感器投入正常运行,恢复保护和自动装置运行。

2. 谐振

1) 谐振现象及原因

由于内部过电压(如操作过电压、谐振过电压、接地)或者外部过电压(雷击过电压)等,出现警铃响、三相绝缘监察表剧烈摆动等情况时,电感量和电容量匹配不当就引起了谐振。

2) 谐振处理

(1) 适当增加负荷或减小负荷。

(2) 投退电容器组。

(3) 在开口三角处并接负荷。

3. 电压互感器回路断线及处理

1) 电压互感器回路断线原因

(1) 高低压侧熔断器熔断或接触不良。

(2) 电压互感器回路接头松动或断线。

(3) 电压切换回路辅助触点及电压切换开关接触不良。

2) 电压互感器回路断线处理

(1) 根据继电保护和自动装置有关规定,退出有关保护,防止误动作。

(2)检查高、低压熔断器及自动开关是否正常,如熔断器熔断,应查明原因立即更换,当再次熔断时则应慎重处理。

(3)检查电压回路所有接头有无松动、断头,切换回路有无接触不良。

(4)若高压熔断器熔断,应拉开电压互感器出口处隔离开关,取下低压熔断器,并测试电压互感器绝缘性能。若低压熔断器熔断,应立即更换,如有备用设备,应立即投入运行,停用故障设备。

4. 电容式电压互感器常见的异常

(1)二次电压波动。二次连接松动,分压器低压端子未接地或未接载波线圈。如果阻尼器是饱和电抗器,则有可能是参数配合不当。

(2)二次电压低。二次连接不良、电磁单元故障或中压电容单元损坏。

(3)二次电压高。高压电容单元损坏、分压电容接地端未接地、电磁单元油位过高、电容单元漏油或电磁单元进水。

(4)投运时有异响。电磁单元中电抗器或中压变压器螺栓松动。

6.4.3　任务准备

(1)做好安全措施:戴安全帽、绝缘手套,穿绝缘靴,防摔防撞。

(2)熟悉异常处理工具的使用方法:安全帽、绝缘手套、绝缘靴、长柄改刀、标示牌、电脑钥匙、录音笔等。

6.4.4　任务实施

学员按预先分好的小组,正确穿好合格的安全服装,戴好安全帽,携带好安全工器具、异常处理实操表,按照互感器实际出现的异常情况,根据相应的作业标准或要求,在运行人员的监护下依次进行处理,直到异常情况消失。最后对照工具、材料清单清点工器具,处理结束后,将安全工器具放回原处。

【典型案例一】　电流互感器发热处理

1. 异常现象

某电厂巡视检查中通过测温仪发现电流互感器运行温度偏高。

2. 处理步骤

(1)立即将异常现象报告所属调度。

(2)根据现象判断属于何种原因导致发热。

(3)转移负荷或进行检修。

(4)将处理过程和结果汇报调度和上级部门。

【典型案例二】　电压互感器一相熔丝熔断处理

1. 异常现象

在相电压指示中,熔断器相电压降低、非熔断器相指示正常、电能表转速下降,中央信号光字牌报警显示电压互感器断相。

2. 处理步骤

(1)立即将异常现象记录报告所属调度。

(2)将电压互感器所带的保护及自动装置,按照电力安全操作规程,退出运行,防止保护误动作。

(3)检查电压回路有无接触不良的情况。

(4)更换熔体。

(5)故障消除后,电压互感器投入正常运行,恢复保护和自动装置运行。

(6)将处理过程和结果汇报调度和上级部门。

6.4.5 拓展提高

6.4.5.1 电流互感器

电流互感器出现下列情况时应立即申请停电处理:

(1)电流互感器内部有严重放电声和异常声响。

(2)电流互感器发生爆炸、着火,本体有严重过热现象。

(3)电流互感器漏气较严重而一时无法进行补气。

(4)金属膨胀器的伸长明显超过环境温度下的规定值。

(5)电流互感器末屏开路,二次开路;电压互感器接地端子N(X)开路,二次短路,不能消除时。

6.4.5.2 电压互感器

当电压互感器发生下列情况之一时,应立即将互感器停用(注意保护的投切):

(1)电压互感器高压熔断器连续熔断2~3次。

(2)高压套管严重裂纹、破损,互感器有严重放电,已威胁安全运行。

(3)膨胀器永久性变形或漏油。

(4)树脂浇注互感器出现表面严重裂纹,绕组与外壳、引线与外壳有放电现象。

(5)互感器发出臭味或冒烟。

任务6.5 互感器的事故处理

6.5.1 任务分析

根据事故现象判断互感器事故原因,迅速汇报给调度中心。

6.5.2 相关知识

6.5.2.1 电流互感器事故及处理

1.电流互感器二次回路开路

1)电流互感器二次回路开路的原因

运行中因震动、锈蚀及安装施工时未拧紧引起端子螺栓松动都会导致二次回路开路。二次回路开路处一般会有放电的火花和声响,存在电磁谐振并发出嗡嗡声。测量回路中有功、无功表计指示为零或指示不正常,电流、电能指示不正常。保护回路中由负序、零序电流启动的继电保护装置和自动装置频繁启动。

2)电流互感器二次回路开路的处理

(1)先分清二次回路开路故障属哪一组电流回路、开路相别,对保护有无影响。再汇报调度,按继电保护和自动装置有关规定退出有关保护。

(2)若保护用电流互感器开路,零序、负序及差动保护可能误动,此时应先对电流互感器所在的负荷回路进行检查,将差动、零序、负序保护退出运行,尽可能降低该回路的一次电流。

(3)若电流互感器外部开路,可以在做好安全措施的前提下,即应戴绝缘手套、穿绝缘鞋、使用绝缘工具,先设法在端子上将故障的电流互感器二次回路接地短路,然后将断线或松脱接线处理好,再取下接地短路线,使其恢复运行。

(4)若内部开路不能进行短接或出现焦臭味、冒烟等现象,应停电处理,报调度中心,按照调度指令进行处理。

(5)对电量有影响时,应及时记录故障时间,并计算漏电量。

2. 电流互感器爆炸

1)引起电容型电流互感器爆炸的原因

(1)绝缘工艺不良。绝缘包绕松紧不均,线圈绕制质量差,电容屏严重错位,绝缘浸渍不彻底,电容屏间有空气、水分等杂质存在,绕制电容芯棒用的电缆纸含水量偏高,产生热击穿,进水受潮等缺陷,都能导致电容型电流互感器发生绝缘击穿。

(2)绝缘油质量不良。电流互感器密封不良,进水受潮;补充油中含有不合格成分;电力互感器一次绕组出线接触不良;过电压使绝缘油发生火花放电。

(3)污秽引起的主瓷套对地闪络、二次开路引起的过电压导致瓷套内压力加大甚至爆炸。

2)电容型电流互感器爆炸的处理

(1)应立即断开有关电源,向各级调度汇报。

(2)拨打119,通知周围消防,并特别强调地址、电气设备起火。

(3)迅速隔离故障。

(4)选用合适的火火方式进行灭火。

(5)严密监视站内其他设备的运行情况。

6.5.2.2　电压互感器的事故及处理

1. 本体着火原因

(1)局部放电。

(2)制作工艺不过关。

(3)内部发热,绝缘击穿。

2. 本体着火的处理

(1)立即断开有关电源,将故障电压互感器隔离。

(2)拨打119,通知周围消防。

(3)若为干式电压互感器,可用1211灭火器或沙子灭火;若为油浸式,可选用泡沫灭火器或沙子灭火。

(4)汇报所属调度。

6.5.3 任务准备

(1)做好安全措施:戴安全帽、绝缘手套,防摔防撞。

(2)熟悉事故处理工具的使用方法:安全帽、绝缘靴、手电筒、长柄改刀、尖嘴钳等。

6.5.4 任务实施

学员按预先分好的小组,正确戴好安全帽,扣好袖口,盘好头发,携带好安全工器具、事故处理实操表等进入中控室、保护室、升压站。在运行人员的监护下,在现场对事故处理预案进行演习,按事故处理实操表依次进行,确保事故处理正确。

【典型案例】 电流互感器爆炸处理

1.故障现象

变电站所在区域暴风骤雨,惊雷不断,某线路两侧开关双高频保护动作,B相重合闸不成功,之后十几分钟B相CT(电流互感器)突然爆炸起火,20 min后,油、纸燃光而熄灭。

2.处理步骤

(1)断开电源。

(2)立即将事故现象报告所属调度。

(3)使用灭火器灭火。

(4)根据现象判断原因。在雷击过电压的作用下,电流互感器一次线圈底部与末电屏间绝缘击穿。

(5)进行检修。

(6)将处理过程和结果汇报调度和上级部门。

6.5.5 拓展提高

(1)现场检查设备必须穿戴合格的安全用具。

(2)互感器爆炸着火、本体或引线端子有严重过热时,应立即停用。

(3)油浸式互感器严重漏油,看不到油位,电容式电压互感器分压电容器出现漏油时应停用。

(4)互感器内部有严重异响、异味、冒烟或着火应停用。

小　结

学习情境6主要介绍了互感器的作用、类型、型号等基本理论知识,互感器在运行中的巡视项目,互感器的操作,互感器异常现象及处理,互感器发生事故情况及处理原则与办法。

任务6.1主要介绍了电流互感器的作用、结构、主要参数,电压互感器的作用、结构、主要参数等。

任务6.2主要介绍了互感器的正常巡视检查项目和运行维护内容。分别按照电流互感器和电压互感器的巡视部位及巡视内容,采用目测、耳听、仪器检测等方法,对互感器进行巡视检查,记录巡视结果,巡视完成后,向值长汇报巡视结果。

任务6.3 主要介绍了互感器的操作,包括电压互感器运行转检修操作及电压互感器检修转运行操作。

任务6.4 主要介绍了互感器的常见异常现象及正确处理方法。值班人员根据现象判断互感器是否发生了异常,从而采取相应的处理措施,同时进行汇报。

任务6.5 主要介绍了互感器的常见事故现象及处理方法。值班人员依据事故现象判断故障原因,采取相应的措施处理,并汇报调度。

复习思考题

1. 互感器的作用是什么?
2. 互感器的参数主要有哪些? 分别代表什么含义?
3. 电压互感器正常巡视项目有哪些?
4. 电流互感器正常巡视项目有哪些?
5. 电压互感器常见的异常现象有哪些? 如何处理?
6. 电流互感器二次侧开路应如何处理?
7. 发生哪些故障现象时,运行人员应停止互感器运行?

学习情境7 绝缘子、母线及电力电缆的运行

【学习任务描述】

本学习情境主要学习绝缘子、母线及电力电缆运行的理论知识，掌握绝缘子、母线及电力电缆的巡视检查、事故处理等技能，实践绝缘子、母线及电力电缆的运行职业行为规范。

任务7.1 认识绝缘子、母线及电力电缆

7.1.1 绝缘子

在电气绝缘中，用于支持、固定裸导体，并使其对地或与其他不同电位部分保持绝缘的一类电气设备，称为绝缘子。它必须具有足够的机械强度和电气强度，并有良好的耐热、防潮、防化学腐蚀等性能。绝缘子广泛应用于各类电气装置中，按其应用领域的不同，分为以下几类。

7.1.1.1 电器绝缘子

电器绝缘子应用于各种电器产品中，成为其结构的零部件。多为专用或特殊设计，且名目繁多，一般有套管式、支柱式及其他多种形式（如柱、牵引杆、杠杆等）。前者一般用来将载流导体引出电器的外壳，其外露部分构成电器的外部绝缘，如变压器、断路器等的出线套管。其他则用于电器内部，构成内绝缘结构的一部分。

7.1.1.2 线路绝缘子

线路绝缘子用来固定架空输电线的导线和屋外配电装置的软母线，并使其保持对地绝缘。结构型式包含针式、棒式和悬式三种，但都是户外型。

7.1.1.3 电站绝缘子

电站绝缘子是指在发电厂和变电站中，用来支持和固定配电装置硬母线并使其保持对地绝缘的一类绝缘子。分为支柱绝缘子和套管绝缘子，后者在硬母线需要穿墙过板，特别是由屋内引出屋外时给予支持和绝缘。

以上三种类型的绝缘子均由绝缘体和金属配件两部分组成。目前，高压绝缘子的绝缘体多为电瓷式，其结构紧密，机械强度高，耐热和介电性能好；在表面涂硬质釉层以后，表面光滑美观，不吸水分，故电瓷具有良好的机械和电气性能。为了将绝缘子固定在接地的支架上和将硬母线安装到绝缘子上，需要在绝缘体上牢固地胶结金属配件。电站绝缘子与支架固定的金属配件称为底座和法兰，与母线连接的金属配件称为顶帽。底座和顶

帽均作镀锌处理，以防锈蚀。瓷件的胶结处不涂釉层，胶合后涂以防锈层，胶合剂一般采用高强度等级水泥。

7.1.2 母线

母线是指用高导电率的铜、铝质材料制成，用以传输电能，具有汇集和分配电力的产品，即电站或变电站输送电能用的总导线。通过它，把发电机、变压器或整流器输出的电能输送给各个用户或其他变电所。

7.1.2.1 母线的材料

母线的材料有铜、铝和钢三种。

铜的电阻率低、机械强度高、防腐性能好、便于接触连接，是优良的导电材料。但比较贵重，一般用于比较重要的、有大电流接触连接的或含有腐蚀气体场所的母线装置。

铝的比重只有2.7，是铜的30%，电导率约为铜的62%。按比重计算，同长度具有相同电阻值的铝母线只有铜母线重量的一半。加上铝母线截面面积较大引起散热面积的增大，同长度传送相同电流的铝母线的用量大约是铜母线的44%。而铝的价格比铜低廉，从经济角度考虑比铜母线有优势，但是铝的机械强度和耐腐蚀性能较低，接触连接性能差，铝焊接技术又较复杂，并且容易老化，目前铝母线很少应用在比较重要的配电装置中。

钢母线价廉，机械强度很好，焊接简便，但电阻率为铜的7倍，且趋肤效应严重，若常载工作电流则损耗太大。常用于电压互感器、避雷器回路引接以及接地网的连接等。

7.1.2.2 母线的种类

母线按本身结构通常分为硬母线和软母线两种。硬母线用支柱绝缘子固定，多数只作横向约束，而沿纵向则可以伸缩，主要承受弯曲和剪切应力。硬母线的相间距离小，一般用于户内配电装置。

软母线常用的有铜绞线、铝绞线或钢芯铝绞线等，架空敷设，由悬式绝缘子在两端拉紧固定，只承受拉力而不受弯曲。一般采用钢芯铝绞线，当电压等级较高，电流较大时则采用扩径软导线和分裂软导线作为母线。软母线多用于35 kV及以上的屋外配电装置和110～220 kV屋内配电装置。

7.1.2.3 母线的截面形状

母线的截面形状有圆形、管形、矩形、槽形等多种形式。

圆形截面母线的曲率半径均匀，无电场集中表现，不易产生电晕，但散热面积小，曲率半径不够大，作为硬母线则抗弯能力差，故采用圆形截面的主要是作为软母线的钢芯铝绞线。

管形母线的曲率半径大，材料导电利用率、散热、抗弯强度和刚度都较圆形截面好，多用于35 kV及以下的屋内配电装置和220 kV及以上的屋外配电装置作长跨距硬母线，一般工厂应用很少。

矩形母线散热面积大，趋肤效应小，材料利用率高，承受立弯时的抗弯强度好。但周围电场很不均匀，易产生电晕，故只用于35 kV及以下硬母线。矩形母线的宽度与厚度之比为5～12。太宽太薄虽对载流和散热有利，但易变形，并使抗弯强度和刚度降低。矩形母线的最大截面为 125 mm×10 mm。对大的载流量可采用数片并装，但散热效果和趋肤效应变坏，材料利用率变差，超过 2～3 片时宜采用槽形截面母线。

7.1.2.4 母线的布置

母线的布置包括母线的排列、矩形母线的放置与装配以及矩形母线的弯曲方向。

母线三相导体有水平排列（平排）、竖直排列（竖排）和三角形排列三种。三角形排列仅用于某些封闭式成套配电装置或其他特殊情况。户内外硬母线广泛采用水平排列和竖直排列。户外软母线则只采用水平排列。

矩形母线在空间有水平放置和垂直放置两种放置法，在支柱绝缘子顶面有平装和立装两种装配法。图 7-1（b）、（d）为平放，图 7-1（a）、（c）为立放。但图 7-1（a）、（b）为平装，图 7-1（c）、（d）为立装。母线立放时的对流散热效果好，平放时则较差。平装时绝缘承受的弯曲荷载较小，立装则加重了绝缘子的弯曲荷载。

矩形母线宽度尺寸大，厚度尺寸小，弯曲方向不同时抗弯能力大不一样。向着宽面的法线方向的弯曲叫作平弯，如图 7-1（c）、（d）所示，抗弯能力小。向着窄面的法线方向的弯曲叫作立弯，如图 7-1（a）、（b）所示，抗弯能力大。因此，在布置三相矩形母线时，一般应以窄面对着其他相母线，使电动力对矩形母线施加立弯。

上述母线布置中的平排与竖排、平放与立放、平装与立装以及平弯与立弯都是互不相同的独立概念，不能混同和代替。矩形母线的综合布置方式有：

（1）竖排立放平装。如图 7-1（a）所示，该布置方式占用场地较少、散热好，绝缘子的电动力荷载较小，母线的抗弯强度高，广泛用于母线廊道等。但设备接线端多为水平排列，故竖排不便于直接向设备引接。此外，绝缘子可能受到较大的施工弯曲荷载。

（2）平排平放平装。如图 7-1（b）所示，该布置方式占用空间高度小，绝缘子和母线的受力情况均好，只有散热效果较差，但其母线便于和设备的水平出线端引接，应用也较广泛。

（3）平排立放立装。如图 7-1（c）所示，其母线和绝缘子的受力情况较差，但接引线方便，用于短路电流较小、电动力弯矩不大的情况。

（4）竖排平放立装。如图 7-1（d）所示，其母线和绝缘子的受力情况较差，流散效果好，机械抗弯强度差。

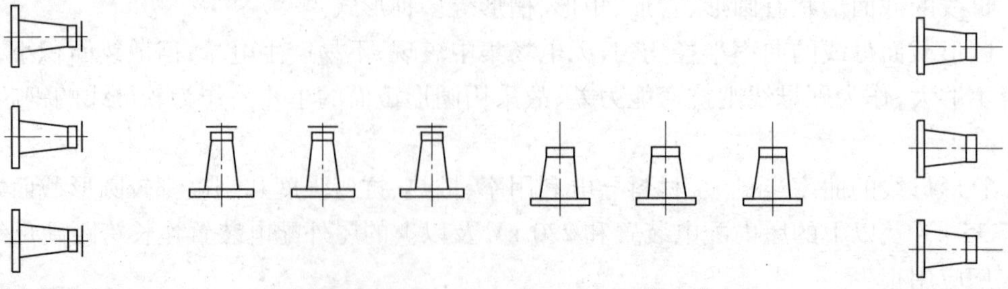

(a)竖排立放平装　(b)平排平放平装　(c)平排立放立装　(d)竖排平放立装

图 7-1　矩形母线的布置方式

7.1.3 电力电缆

电力电缆是用于传输和分配电能的电缆,是在电力系统的主干线路中用以传输和分配大功率电能的电缆产品,常用于城市地下电网、发电站的引出线路、工矿企业的内部供电,以及过江、过海的水下输电线。

7.1.3.1 电缆的主要分类

1. 按电压等级分

按电压等级可分为中、低压电力电缆(35 kV 及以下)、高压电缆(110 kV 以上)、超高压电缆(275 ~ 800 kV)以及特高压电缆(1 000 kV 及以上)。此外,还可按电流制分为交流电缆和直流电缆。

2. 按绝缘材料分

(1)油浸纸绝缘电力电缆。以油浸纸作绝缘的电力电缆。其应用历史最长,安全可靠,使用寿命长,价格低廉。主要缺点是敷设受落差限制。自从开发出不滴流浸纸绝缘后,解决了落差限制问题,使油浸纸绝缘电缆得以继续广泛应用。

(2)塑料绝缘电力电缆。绝缘层为挤压塑料的电力电缆。常用的塑料有聚氯乙烯、聚乙烯、交联聚乙烯。塑料电缆结构简单,制造加工方便,重量轻,敷设安装方便,不受敷设落差限制,因此广泛用作中低压电缆,并有取代黏性油浸纸绝缘电缆的趋势。其最大缺点是存在树枝化击穿现象,这限制了它在更高电压中的使用。

(3)橡皮绝缘电力电缆。绝缘层为橡胶加上各种配合剂,经过充分混炼后挤包在导电线芯上,经过加温硫化而成。它柔软,富有弹性,适用于移动频繁、敷设弯曲半径小的场合。

常用作绝缘的胶料有天然胶 - 丁苯胶混合物、乙丙胶、丁基胶等。

7.1.3.2 电缆的基本结构

电力电缆的基本结构由线芯(导体)、绝缘层、屏蔽层和保护层四部分组成。线芯是电力电缆的导电部分,用来输送电能,是电力电缆的主要部分。绝缘层是将线芯与大地以及不同相的线芯间在电气上彼此隔离,保证电能输送,是电力电缆结构中不可缺少的组成部分。15 kV 及以上的电力电缆一般都有导体屏蔽层和绝缘屏蔽层。保护层的作用是保护电力电缆免受外界杂质和水分的侵入,以及防止外力直接损坏电力电缆。

7.1.3.3 电力电缆的型号

(1)用汉语拼音第一个字母的大写表示绝缘种类、导体材料、内护层材料和结构特点。如用 Z 代表纸(zhi),L 代表铝(lv),Q 代表铅(qian),F 代表分相(fen),ZR 代表阻燃(zuran),NH 代表耐火(naihuo)。

(2)用数字表示外护层构成,有两位数字。第一位数字表示铠装,第二位数字表示外被,如粗钢丝铠装纤维外被表示为 41。无数字代表无铠装层,无外被层。

(3)电缆型号按电缆结构的排列一般次序为:绝缘材料,导体材料,内护层,外护层。

(4)电缆产品用型号、额定电压和规格表示。其方法是在型号后再加上额定电压、芯数和标称截面面积。

任务 7.2 绝缘子、母线及电力电缆的巡视检查

7.2.1 任务分析

(1)按照绝缘子、母线及电力电缆巡视部位及巡视内容,采用目测、耳听、鼻嗅、触试、仪器检测等方法,对绝缘子、母线及电力电缆进行巡视检查,记录巡视结果。

(2)将异常现象与巡视标准进行比较,详细说明。

(3)巡视检查完成后,向值长汇报巡视检查结果。

7.2.2 相关知识

7.2.2.1 绝缘子的巡视检查

1. 支柱(持)绝缘子的巡视项目

(1)高压支柱绝缘子瓷裙、基座及法兰是否有裂纹;

(2)高压支柱绝缘子接合处涂抹的防水胶是否有脱落现象,水泥胶装面是否完好;

(3)高压支柱绝缘子各连接部位是否有松动现象,金具和螺栓是否有生锈、损坏、缺少开口销和弹簧销的情况;

(4)支柱的引线及接线端子是否有不正常的变色熔点;

(5)高压支柱绝缘子是否倾斜;

(6)高压支柱绝缘子的每次停电检查工作是否有相应的记录;

(7)绝缘子表面是否清洁;

(8)支持绝缘子铁脚螺钉有无松动或丢失;

(9)支持绝缘子沿面放电检查,检查其易放电部位有无放电现象。

2. 悬挂式绝缘子的巡视项目

(1)绝缘子表面是否清洁;

(2)瓷质部分有无破损和裂纹现象;

(3)瓷质部分是否有闪络现象;

(4)金具是否有生锈、损坏、缺少开口销的情况。

7.2.2.2 母线的巡视

1. 软母线的巡视

(1)导线应无断股、松股、闪络烧伤、晃荡、锈蚀和弛度过紧过松现象。导线表面无麻面、毛刺、发热和变色现象,母线上无悬挂物。

(2)母线绝缘子无裂缝、破损,无放电及闪络痕迹,外观清洁,导线和金具在晴天时无可见电晕。

(3)线夹接头应紧固,无发热、变色、锈蚀、移动和变形现象。

(4)母线架构接地良好,接地引下线(排)无断裂及锈蚀现象。

(5)周围环境无杂草堆、塑料带等受风易飘的杂物。

2. 硬母线的巡视

(1)母线支持绝缘子应无裂缝、破损,无放电及闪络痕迹,外观清洁。

(2)母线各连接处接头螺丝无松动,无发热、变色或示温蜡片熔化、相色漆变色等现象,伸缩节应完好,无断裂、过热现象。

(3)母线排夹头不松动,母线排无异常放电声及振动声。

(4)连接两段母线的穿墙套管、与母线隔离开关相连的套管应无裂纹、破损,无放电及闪络痕迹,外观清洁;穿墙套管接头无发热、变色或示温蜡片熔化等现象。

3. 母线的缺陷

母线常见缺陷有振动(风偏)大,挂有杂物(冰挂),悬垂串卡簧、开口销锈蚀、脱落。

7.2.2.3　电力电缆的巡视

(1)电缆外护套应无破损,电缆终端头应接地良好,无松动、溢胶、断股和锈蚀现象,无放电发热、异常响声;

(2)电缆接头应无变形,支架无脱落;

(3)电缆头瓷瓶清洁完整,无异声、异味,无裂纹、放电现象,引出线的连接线夹应紧固,无发热现象;

(4)电缆沟内的电缆应定期检查;

(5)电缆沟内应无老鼠洞和老鼠活动痕迹;

(6)检查电缆及终端盒有无渗漏油,绝缘胶是否软化溢出,电缆应无过热、损伤现象;

(7)电缆沟内清洁无杂物、积水,防火墙完整,进入室内的电缆入口封堵良好;

(8)电缆沟内的支架应牢固,无松动现象,接地良好;

(9)绝缘子是否清洁完整,是否有裂纹及闪络痕迹,引线接头是否完好,有无发热现象;

(10)外露电缆的外皮是否完整,支撑是否牢固;

(11)外皮接地是否良好。

7.2.3 任务准备

(1)熟悉绝缘子、母线及电力电缆结构原理及型号参数。

(2)熟悉绝缘子、母线及电力电缆编号、位置及投运情况。

(3)熟悉绝缘子、母线及电力电缆巡视部位及巡视标准。

(4)熟悉巡视工具的使用:听针、手电筒、红外测温仪、望远镜、记录本、智能巡检仪。

(5)做好安全措施:戴安全帽,防摔防撞。

7.2.4　任务实施

学员按人数分成小组,正确穿好合格的安全服装,戴好安全帽,携带好安全工器具、巡视检查实操表,按照规定的巡视路线巡视绝缘子、母线及电力电缆,对照巡视卡(见表7-1、表7-2、表7-3)找出绝缘子、母线及电力电缆相关的巡视点,根据巡视点的现象判断运行中绝缘子、母线及电力电缆存在何种缺陷,在水电站运行人员的监护下依次进行。对合格项,在巡视卡“检查结论”栏打“√”;对有缺陷或异常项,在巡视卡“检查结论”栏用文字详细说明。巡视中注意安全、动作规范。检查结束后，将安全工器具放回原处，并及时向值长汇报巡视的相关情况。

表 7-1 绝缘子巡视卡

序号	设备项目	巡视标准	检查结论	备注
1	铁瓷结合部	瓷铁黏合牢固，涂有合格的防水硅橡胶		
2	金属附件	无锈蚀、裂纹，金属表面有防腐处理		
3	绝缘件	无裂纹、破损，绝缘子完整		
4		绝缘子表面无放电、生锈、过热痕迹		
5		绝缘子表面积污是否严重		
6	支柱瓷绝缘子	连接是否牢固，紧固螺栓锈蚀是否严重		

表 7-2 母线巡视卡

序号	设备项目	巡视标准	检查结论	备注
1	110 kV 母线	名称、标志齐全、完好		
2		支持绝缘子清洁，无放电痕迹		
3		母线无散股、抛股、断股现象		
4		母线无发热现象		
5		本体接地完好，无锈蚀		
6	避雷针	基础构架牢固且无锈蚀		
7	接地网	接地引下线焊接牢固，无锈蚀		
8	场地	名称、标志齐全、完好		
9		构架基础牢固且无锈蚀		
10		开关场各警示标牌完好无损		
11		场地、操作小道整齐整洁		

表 7-3 电力电缆巡视卡

序号	设备项目	巡视标准	检查结论	备注
1	电缆	架空电缆检查钢索有无断股、支撑杆是否倾斜		
2		沿墙、楼敷设的电缆固定架是否牢固、无松脱		
3	电缆户外终端头	电缆头无裂痕，引线绝缘无爬电痕迹		
4		接地极接地电阻符合要求，接地线无丢失		
5		接点良好，无烧伤痕迹		

续表 7-3

序号	设备项目	巡视标准	检查结论	备注
6	电缆户外终端头	电缆保护管是否完整,根部有无裸露		
7		电缆标志是否失落		
8	电缆户内头	有无爬电、电晕现象		
9		接点是否有过热或烧损现象		
10		电缆卡具支架是否锈蚀、牢固		
11		电缆接地线是否完好		
12	电缆(沟、井)	是否有积水、杂物		
13		有无化学腐蚀物		
14		位置有否变动,接头有无变形		
15		构件是否失落,通风、排水及照明设施是否完好		

任务7.3　绝缘子、母线及电力电缆的异常运行分析及处理

7.3.1　任务分析

通过本任务学习绝缘子、母线及电力电缆发生异常及处理的理论知识,掌握绝缘子、母线及电力电缆异常分析及处理的相关技能,实践绝缘子、母线及电力电缆在发生异常及处理过程中的职业行为规范。

7.3.2　相关知识

7.3.2.1　绝缘子的异常及处理

1. 支柱瓷绝缘子断裂的原因及处理

因线弧垂过小,绝缘件根部长期受导线重力、拉力的影响,绝缘件受力超过允许外加应力值可造成支柱瓷绝缘子断裂;隔离开关机构卡涩和刀口撞击也有可能使支柱瓷绝缘子断裂。在检查中注意观察导线弧度是否符合规定要求,受力情况下支柱瓷绝缘子的机械强度是否足够。

处理的方法是在定货时要充分考虑支柱瓷绝缘子的机械强度,尤其是在风速、温差等环境特殊的地区,支柱瓷绝缘子机械强度的裕度安全系数应满足2.0倍的额定抗弯强度;另外,机构分合灵活、刀闸的触头合入深度应符合检修工艺的要求。

2. 支柱瓷绝缘子污闪的原因及处理

运行中,支柱瓷绝缘子外绝缘不满足要求是造成支柱瓷绝缘子污闪的原因。因此,在检查时注意观察其污秽程度、泄漏比距是否符合环境要求。

当发生支柱瓷绝缘子污闪时,主要判断和解决的措施是:

(1)定期进行污秽取样,做等值盐密值分析;

(2)对重污秽地区加强支柱瓷绝缘子的巡视,及时进行清扫工作,防止污闪的发生;

(3)若绝缘子爬电比距超过规定要求,可采取涂防污闪涂料(如RTV)等措施。

7.3.2.2 母线的异常及处理

高压母线的常见异常现象有母线连接处发热、母线绝缘子放电闪络、软母线出现散股或断股等。

1.母线连接处发热原因及处理

母线连接处发热原因主要是接触不良,连接处接触电阻过大,发热严重而过热。连接处发热会加速接触部位的氧化和腐蚀,造成恶性循环,若不及时处理,最终会使母线熔焊甚至熔断,造成停电事故。

当母线连接处装有示温蜡片时,蜡片出现熔化现象或母线连接处变色,应判断为母线连接处发热。此时应进行缺陷记录,尽快报告调度员,采取倒换母线或转移负荷的方法,减小流过发热点的电流,并加强监视,必要时停电处理。

2.母线绝缘子放电闪络的原因及处理

母线绝缘子放电闪络主要有以下五个方面的原因:

(1)表面污秽严重。尤其是在污秽严重的地区,如化工企业、钢铁企业等附近,空气中含有大量的粉尘和腐蚀气体,粉尘落在母线绝缘子表面形成污垢层。阴雨或潮湿天气,湿润的粉尘使绝缘子表面耐压降低,泄漏电流增大,导致绝缘子表面对地放电。

(2)系统短路冲击产生的很大应力,造成绝缘子断裂破损而放电闪络。

(3)气温骤变,绝缘子表里膨胀系数不一致产生的应力,使绝缘子破裂而放电闪络。

(4)母线绝缘子表面脏污引起放电闪络。

(5)系统出现大气过电压造成绝缘子表面闪络。

当发生母线绝缘子放电闪络时,应详细记录异常信息,分析闪络原因,并汇报上级调度和相关部门。若是由于绝缘子表面脏污引起闪络,应根据上级命令由检修人员进行清污;若是绝缘子破损放电,则应根据调度命令将母线停电,由检修人员更换绝缘子,在停电更换绝缘子前,应加强对破损绝缘子的监视,增加巡视检查次数。

7.3.2.3 电力电缆异常分析及处理

1.常见异常情况

1)电压异常

运行中电力电缆的电压不得超过额定电压的15%,超过规定则应视为异常,因其容易造成电缆绝缘击穿事故。

2)温度异常

电力电缆运行中的长期允许工作温度,不应超过制造厂规定。电缆长时间过热会造成以下危害:

(1)电缆终端头外部接触部分损坏;

(2)电缆绝缘降低、老化;

(3)铅包龟裂膨胀、铠装缝隙开裂;

(4)沥青绝缘胶受热膨胀,使电缆端头、中间接头胀裂。

电力电缆运行中的温度高低，主要取决于所带负荷的大小，因此值班人员可以通过监视和控制其负荷，使电力电缆不至于温度过高。

小电流接地系统单相永久性接地故障时，该系统上的电缆连续运行的时间最长不超过2 h。

2. 异常分析及处理

1）原因

（1）电缆过负荷、发热、漏油、漏胶；

（2）电缆受腐蚀；

（3）接头、终端头施工不良；

（4）地基下沉、弯曲度过大等造成机械损伤。

2）处理

（1）电缆过负荷运行或温度上升超过规定值时，应向有关调度联系转移负荷，单回路供电的电缆线路可通知限制负荷；

（2）若电缆着火，应立即设法切断电源，并隔离火源，用干式灭火器或沙子灭火。

7.3.3 任务准备

（1）做好安全措施：戴安全帽、绝缘手套，防摔防撞。

（2）熟悉异常处理工具的使用方法：安全帽、绝缘手套、500 V摇表、2 500 V摇表、三相短路接地线、裸露铜线、尖嘴钳等。

7.3.4 任务实施

学员按人数分成小组，正确穿好合格的安全服装，戴好安全帽，携带好安全工器具，根据相应的作业标准或要求，在运行人员的监护下，模拟对异常情况进行正确处理，直到异常情况消失为止，最后对照工具、材料清单清点工器具。处理结束后，将安全工器具放回原处，详细记录并及时汇报处理情况。

任务7.4 母线、电力电缆的事故处理

7.4.1 任务分析

学习母线、电力电缆事故处理的理论知识，掌握母线、电力电缆事故处理的基本技能，实践母线、电力电缆在事故处理过程中的职业行为规范。

7.4.2 相关知识

7.4.2.1 母线的事故处理

母线事故在电力系统事故中所占比例不大，据资料统计显示，母线事故占系统所有事故的6%～7%。母线事故会造成母线失压，对整个系统影响较大，后果严重，因为母线上所有的电源点将失去电源，造成大面积停电，有可能使电力系统解列。

1. 母线事故类型

母线的事故主要有以下几种情况：

(1)母线上的设备引线接头松动接地，所连接的电压互感器、避雷器事故，以及连接在母线上的隔离开关支持绝缘子损坏或发生闪络；

(2)母线绝缘子及断路器套管绝缘损坏或发生闪络；

(3)母线保护用电流互感器发生事故；

(4)外力破坏或者异物搭挂造成母线设备短路或接地；

(5)误操作，如带负荷拉、合母线侧隔离开关，带地线合母线侧隔离开关或带电挂接地线引起的母线事故；

(6)母线差动保护或失灵保护误动、误整定；

(7)线路发生事故，线路保护拒动或断路器拒动，造成越级跳闸；

(8)上一级电源事故造成本级母线失压。

2. 母线事故处理的基本原则

(1)当母线失压后，运行值班人员应立即汇报值班调度员，同时将失压母线上的开关全部断开，并迅速恢复受影响的厂站用电。

(2)当母线事故后，厂站运行值班人员应立即对事故母线进行检查，并把检查情况汇报值班调度员，值班调度员应按下述原则进行处理：

①找到事故点并能迅速隔离的，在隔离事故后对母线恢复送电。

②找到事故点但不能迅速隔离的，应将该母线转冷备用或检修。若系双母线接线方式中的一条母线事故，应在确认事故母线上的元件无事故后，将其倒至运行母线再恢复送电，恢复送电时一定要先拉开事故母线上的隔离开关，再合上运行母线上的隔离开关。

③经过检查不能找到事故点时，可对失压母线试送电一次。对失压母线进行试送宜采用外来电源，试送开关应完好，并启用完备的继电保护。有条件者可对失压母线进行零起升压。

④当母线保护动作跳闸时，应检查母线保护，如确认为保护误动，应停运该误动保护，按规定调整系统相关保护定值，恢复母线送电。

⑤当开关失灵保护动作引起母线失压时，应尽快隔离已失灵开关，恢复母线供电。

(3)运行值班人员应根据仪表指示、保护动作、开关信号及事故现象，判明事故情况，切不可只凭厂、站用电全停或照明全停而误认为全厂、全站失压。值班调度员也应与厂、站值班人员核对现状，切不可只凭母线失电而误认为全厂、全站失压。

(4)母线无压时，运行值班人员应认为线路随时有来电的可能，未经值班调度员许可，严禁在设备上工作。母线事故不允许未经检查即强行送电。如母线失压造成站用电失电，应先倒站用电，并立即上报调度，同时将失压母线上的断路器全部拉开。

(5)对于封闭式(GIS)母线，当事故时应按下列方式进行处理：

①封闭式(GIS)母线，运行的其中一条母线事故或失电，未查明原因之前，禁止将事故或失电母线上的断路器冷倒至运行母线；

②封闭式(GIS)母线上设备发生事故，必须查清并修复事故或隔离事故点后方能予以试送；

③如设备所属单位查不到事故,根据事故情况可进一步采取试验措施(有条件时应进行零起升压及升流)。

7.4.2.2 电力电缆的事故处理

1. 电力电缆事故类型

(1)短路性事故:有两相短路和三相短路,多由制造过程中留下的隐患造成。

(2)接地性事故:电缆某一芯或数芯对地击穿,绝缘电阻低于 10 kΩ 称低阻接地,高于 10 kΩ 称为高阻接地。主要由于电缆腐蚀、铅皮裂纹、绝缘干枯、接头工艺和材料不良等造成。

(3)断线性事故:电缆某一芯或数芯全断或不完全断。电缆受机械损伤、地形变化的影响或发生过短路,都能造成断线情况。

(4)混合性事故:上述两种以上的事故。

2. 电力电缆线路事故原因及对策

(1)外力损伤:在电缆保管、运输、敷设和运行过程中都可能使其遭受外力损伤,特别是已运行的直埋电缆,在其他工程的地面施工中易遭损伤。这类事故往往占电缆事故的50%。为避免这类事故,除加强电缆保管、运输、敷设等各环节的工作质量外,更重要的是严格执行动土制度。

(2)保护层腐蚀:地下杂散电流的电化腐蚀或非中性土壤的化学腐蚀使保护层失效,失去对绝缘的保护作用。解决办法是,在杂散电流密集区安装排流设备;当电缆线路上的局部土壤含有损害电缆铅包的化学物质时,应将这段电缆装于管内,并用中性土壤作电缆的衬垫及覆盖,还要在电缆上涂以沥青。

(3)过电压、过负荷运行:电缆电压选择不当、在运行中突然有高压窜入或长期超负荷,都可能使电缆绝缘强度遭受破坏,将电缆击穿。这需要加强巡视检查、改善运行条件来及时解决。

(4)户外终端头浸水:因施工不良,绝缘胶未灌满,致终端头浸水,最终发生爆炸。因此,要严格执行施工工艺规程,认真验收;加强检查和及时维修。

(5)终端头渗漏油:破坏了密封结构,使电缆端部浸渍剂流失干枯,热阻增加,绝缘加速老化,易吸收潮气,造成热击穿。发现终端头渗漏油时应加强巡视,严重时应停电重做。

7.4.3 任务准备

(1)做好安全措施:戴安全帽、绝缘手套,防摔防撞。

(2)熟悉事故处理工具的使用方法:安全帽、绝缘手套、500 V 摇表、2 500 V 摇表、三相短路接地线、裸露铜线、尖嘴钳等。

7.4.4 任务实施

学员按人数分成小组,正确穿好合格的安全服装、戴好安全帽,携带好安全工器具,根据相应的作业标准或要求,在运行人员的监护下,在现场对事故处理预案进行演习,对事故情况进行正确处理,最后对照工具、材料清单清点工器具。处理结束后,将安全工器具放回原处,详细记录并及时汇报处理情况。

小　结

学习情境7主要介绍了绝缘子、母线及电力电缆的作用、类型、型号等基本理论知识，绝缘子、母线及电力电缆在运行中的巡视项目，绝缘子、母线及电力电缆异常现象及处理，母线及电力电缆发生事故情况及处理原则与办法。

任务7.1主要介绍了绝缘子的作用、类型及各自的特点，母线的作用、类型与布置方法，电力电缆的作用、类型、结构及型号等。

任务7.2主要介绍了支柱绝缘子和悬挂式绝缘子的巡视项目、软母线和硬母线的巡视项目、电力电缆的巡视项目。

任务7.3主要介绍了支柱瓷绝缘子断裂和污闪的原因与处理，母线连接处发热、母线绝缘子放电闪络，电力电缆电压、温度异常等原因及处理方法等。

任务7.4主要介绍了母线的事故类型及处理的基本原则、电力电缆的事故类型及处理对策等。

复习思考题

1. 何谓绝缘子？绝缘子有何作用？如何分类？
2. 母线的材料有哪几种？各自都有什么优缺点？
3. 母线如何分类？各自的优缺点是什么？
4. 母线的截面形状有哪几种？各自有什么优缺点？
5. 母线有哪几种布置方式？各种布置方式有什么优缺点？
6. 电力电缆按绝缘材料分为哪几类？各自有哪些优缺点？
7. 电缆由哪几部分组成？各部分的作用是什么？
8. 绝缘子有哪些巡视项目？
9. 软母线和硬母线各有哪些巡视项目？
10. 电力电缆的巡视项目有哪些？
11. 绝缘子有哪些异常现象？如何处理？
12. 母线有哪些常见异常现象？如何处理？
13. 母线有哪些事故？有什么处理原则？
14. 电力电缆有哪些事故？如何处理？

学习情境8　防雷接地设备的运行

【学习任务描述】

学习发电厂及变电站防雷接地设备运行的职业知识，掌握防雷接地设备在发电厂与变电站中的巡视检查、异常分析与处理等职业技能，实践防雷接地设备的运行职业规范。

任务8.1　认识防雷接地设备

为防止雷电过电压对电气设备的损坏及危及人身安全，需要对发电厂和变电所的电气设备进行防雷保护。发电厂和变电所常用的防雷保护装置主要有避雷针、避雷线、各种避雷器和接地装置。

8.1.1　避雷针

避雷针是防止直接雷击的防雷保护装置，其作用是引雷于自身，并通过良好的接地装置把雷云的电荷泄入大地，从而使其附近的电气设备或建筑物免遭直接雷击。

避雷针的保护效能通常用保护范围来表示。所谓保护范围是指避雷针近旁的空间，在此空间以内遭受雷击的概率极小，一般不超过0.1%。一般认为其保护是足够可靠的。避雷针用于保护变电站时，可根据不同情况或装于配电装置构架上，或独立装设。避雷针一般由接闪器、接地引下线和接地装置三部分组成，以实现“引雷”并安全地将雷电流引入大地。

8.1.2　避雷线

避雷线由拉设在空中的接地导线(接闪器)、引下线和接地装置三部分组成。其工作原理和避雷针相同，也是把一定范围内的落雷引向自身而使被保护物免遭直接雷击。避雷线特别适合架设在输电线路上方作直击雷保护。避雷线应具有足够的机械强度和防腐性能，根据跨度的大小可采用截面面积35～70 mm^2 的镀锌钢绞线。在腐蚀性场所要采取必要的防腐蚀措施或加大一级截面。

8.1.3　避雷器

避雷器是用来限制过电压波(行波)的一种保护装置。它之所以能起到保护作用，是因为它能自动导泄危及电气设备绝缘的行波，避雷器与被保护设备并联。在正常情况下，避雷器并不导电，当危及被保护设备绝缘的侵入波袭来时，它就发生放电，自动使导线与地接通，将侵入波泄入大地，然后它又自动地将工频续流切断，把导线与地隔开，使系统正常工作。避雷器若要起到上述的保护作用，应满足以下基本要求：

(1)将过电压波限制在一定数值以下，使被保护设备免遭过电压的危害。要能做到这一点，就要求避雷器具有良好的保护性能，而表征避雷器保护性能的指标是冲击放电电压和残压。换言之，要求避雷器的冲击放电电压和残压低于被保护设备的绝缘水平。

(2)迅速切断工频续流，使系统恢复正常运行。要做到这一点，就要求避雷器具有良好的灭弧性能。

目前，我国电力系统中使用的避雷器主要有四类：保护间隙、排气式避雷器、阀式避雷器、金属氧化锌避雷器。

8.1.4 接地装置

由于运行和安全的需要，常将电力系统及其电气设备的某些导电部分和非导电部分(如电缆外皮)，经接地线连接至接地极，这称为接地。埋入大地并直接与土壤接触的金属导体称为接地装置。其按接地用途可分为工作接地、保护接地、防雷接地和防静电接地四种。

(1)工作接地。根据电力系统正常运行的需要而设置的接地，称为工作接地，例如三相系统的中性点接地、配电变压器低压侧中性点接地等。通常要求工作接地的接地电阻为 0.5～10 Ω。

(2)保护接地。电气设备的金属外壳、配电装置的构架和线路杆塔等，由于绝缘损坏有可能带电，为防止其危及人身和设备的安全而设置的接地，称为保护接地，例如电机、变电器及高、低压电器等外壳接地。这种接地只是在故障条件下才发挥作用。其接地电阻，对高压设备要求为 1～10 Ω，低压设备为 10～100 Ω。

(3)防雷接地。为雷电保护装置向大地泄放雷电流而设置的接地，称为雷电保护接地或防雷接地，例如避雷针、避雷线、避雷器的接地。它是防雷保护装置不可缺少的组成部分，是特殊的工作接地。其接地电阻通常在 1～30 Ω 范围内。

(4)防静电接地。为防止静电对易燃油、天然气罐和管道等的危险作用而设置的接地，称为防静电接地。其接地电阻不应大于 30 Ω。

任务 8.2 防雷接地设备的巡视检查

通过对防雷接地设备的巡视检查，随时掌握设备运行情况，及时发现设备异常和缺陷，确保防雷接地设备连续安全运行。

8.2.1 任务分析

(1)按照防雷接地设备巡视部位及巡视内容，采用目测、耳听、鼻嗅、触试、仪器检测等方法，对防雷接地设备进行巡视检查，记录巡视结果。

(2)将异常现象与巡视标准进行比较，详细说明。

(3)巡视检查完成后，向值长汇报巡视检查结果。

8.2.2　相关知识

8.2.2.1　避雷器正常巡视项目及内容

(1)检查瓷套表面积污程度,应无放电现象,瓷套、法兰无裂纹、破损;

(2)避雷器内部无异常声响;

(3)与避雷器、计数器连接的导线及接地引下线无烧伤痕迹或断股现象,接地良好;

(4)避雷器放电计数器指示数应正常,并做好记录,计数器内部应无积水;

(5)对带有泄漏电流在线监测装置的避雷器,检查泄漏电流的变化情况并记录数值;

(6)避雷器引线无松股、断股和弛度过紧、过松现象,接头无松动、发热或变色现象;

(7)带串联间隙的金属氧化物避雷器或串联间隙与原来位置不发生偏移;

(8)避雷器均压环不歪斜;

(9)低式布置的避雷器,遮栏内应无杂草。

8.2.2.2　避雷针正常巡视项目及内容

独立避雷针、构架或建筑物避雷针不歪斜、无锈烂,连接处无脱焊、开裂或法兰螺丝松动的现象,避雷针接地良好,接地引下线无断裂及锈蚀现象。

8.2.2.3　防雷设备的常见缺陷

避雷针:锈蚀,基础酥裂,5 m内堆放易燃易爆物品,1 m内有其他设备;覆盖保护面积、高度不足,所附线路、接线无护管(一般不允许避雷针上附有其他线路,如用避雷针做照明的支撑,必须用铁管保护),接地电阻不合格。

避雷器:锈蚀,铁座酥裂,电气参数(耐压、泄漏)不合格,在线监测电流超标,均压环歪斜,爆炸或压力释放,地线锈蚀,接地电阻不合格。

8.2.3　任务准备

(1)熟悉防雷接地设备结构原理及型号参数。

(2)熟悉防雷接地设备编号、位置及投运情况。

(3)熟悉防雷接地设备巡视部位及巡视标准。

(4)熟悉巡视工具的使用方法:听针、手电筒、红外测温仪、望远镜、记录本、智能巡检仪。

(5)做好安全措施:戴安全帽,防摔防撞。

8.2.4　任务实施

学员按人数分好小组,正确戴好安全帽,扣好袖口,盘好头发,携带好安全工器具、巡视检查实操表。按照规定的巡视路线巡视防雷接地设备时,对照巡视卡(见表8-1、表8-2)找出防雷接地设备的巡视点,根据巡视点的现象判断运行中防雷接地设备存在何种缺陷,在运行人员的监护下依次进行。对合格项,在巡视卡"检查结论"栏打"√";对有缺陷或异常项,在巡视卡"检查结论"栏用文字详细说明。巡视中注意安全、动作规范。检查结束后,将安全工器具放回原处,并及时向值长汇报巡视的相关情况。

表 8-1 避雷器巡视卡

序号	巡视内容	巡视标准	检查结论	备注
1	瓷套表面	表面积污程度,无放电现象,无裂纹和破损		
2	内部	无异常响声		
3	连接的导线及接地引下线	无烧伤痕迹或断股现象,接地良好		
4	放电计数器	指示数正常,内部无积水		
5	引线	无松股、断股和弛度过紧、过松现象,接头无松动、发热或变色现象		
6	泄漏电流在线监测装置	检查泄漏电流的变化情况		
7	串联间隙	与原来位置不发生偏移		
8	均压环	不歪斜		
9	遮栏	无杂草		

表 8-2 避雷针巡视卡

序号	巡视内容	巡视标准	检查结论	备注
1	避雷针	不歪斜、无锈烂		
2	连接处或法兰螺丝	连接处无脱焊、开裂,无松动现象		
3	接地	良好		
4	接地引下线	无断裂及锈蚀现象		

任务 8.3 防雷接地设备的异常运行分析及处理

8.3.1 任务分析

根据厂、站内的各种信息、现象,及时发现防雷接地设备系统的异常,并根据上级调度和主管部门的指令进行处理,以保证发电厂或变电站中的防雷接地设备保持良好的运行状态。

8.3.2 相关知识

8.3.2.1 避雷器常见异常及处理

1. 避雷器的常见异常现象

避雷器的异常现象主要有爆炸、阀片(电阻片)击穿、内部闪络、外绝缘污闪或冰闪、受潮造成内部故障、断裂、瓷套破裂、在正常情况下计数器动作、引线断损或松脱、泄漏电流表内部积水、氧化锌避雷器的泄漏电流超标、上下引下线烧断等。

2. 避雷器常见异常的原因

(1) 当避雷器连接导线紧固不良时,因风的压力或积雪等会使引线脱落,或加上雷击过电压产生电火花，有时会造成导线熔断。

(2)由于避雷器是密封性结构，如果瓷套管上产生裂缝，则外部的潮气会侵入瓷套管内部，引起绝缘能力降低，导致事故。

(3)瓷套管表面污损时会使避雷器的放电特性降低，严重的情况下避雷器会击穿。同时，污损也会成为瓷套表面闪络的原因。

(4)对于运行于小电流接地系统的避雷器来说，它不仅要承受雷击过电压和操作过电压，还要耐受正常的持续工作电压和工频暂态过电压及弧光接地、铁磁谐振和断线谐振等较长时间的过电压，单相接地时非故障相的电压也会超过系统的额定电压，给氧化锌避雷器的运行造成不利，使氧化锌元件老化和热稳定性能变差，伏安特性曲线变平，保护特性变低，运行电压下的工频泄漏电流增加，最终引起氧化锌元件的"热崩溃"，造成避雷器的损坏。

3.避雷器的异常处理

1)避雷器异常处理原则

(1)避雷器设备发生故障后，运行人员在初步判断故障类别后立即向调度及上级主管部门汇报。

(2)详细记录异常发生时间，是否有异常信号。

(3)若一时不能停电处理，应加强对避雷器的监视。

(4)若属于避雷器故障，应申请停电处理。

2)避雷器爆炸及阀片击穿或内部闪络故障的处理

(1)运行人员应立即到现场对设备进行检查，在初步判断故障类别、故障相别，巡视避雷器引流线、均压环、外绝缘、放电动作计数器及泄漏电流在线检测装置、接地引下线的状态后，向调度及上级主管部门汇报。

(2)对粉碎性爆炸事故，还应巡视故障避雷器附近的设备外绝缘的损伤状况。

(3)在事故调查人员到来前，运行人员不得接触故障避雷器及其附件。

(4)对粉碎性爆炸的避雷器，运行人员不得擅自将碎片挪位或丢弃。

(5)避雷器爆炸尚未造成接地时，在雷雨过后拉开相应隔离开关，停用、更换避雷器。

(6)避雷器爆炸已造成接地者，需停电更换。禁止用隔离开关停用故障的避雷器。

(7)运行人员要做好现场的安全措施，以便检修人员对故障设备进行检查。

3)避雷器瓷套裂纹的处理

(1)如天气正常，应请求调度停下缺陷相避雷器，更换为合格的避雷器。暂时无条件，在考虑到不至于威胁安全运行的条件下，可在裂纹深处涂漆和环氧树脂防止受潮，并安排在近期内更换。

(2)如天气不正常(雷雨)，应尽可能不使避雷器退出运行，待雷雨后再处理。因瓷套裂纹已造成闪络，但未接地者，在可能条件下应将避雷器停用。

(3)避雷器瓷套裂纹严重，可能造成接地者，需停电更换，禁止用隔离开关停用故障的避雷器。

4)避雷器外绝缘套的污闪或冰闪故障的处理

(1)运行人员立即到现场对设备进行检查，在初步判断故障类别、故障相别，巡视避雷器引流线、均压环、外绝缘、放电动作计数器及泄漏电流在线检测装置、接地引下线的状态后,向调度及上级主管部门汇报。

(2)若不能停电处理,应用红外线检测设备对避雷器进行检测,并加强对避雷器的监视。

(3)若闪络严重,应申请停电进行处理。

5)避雷器断裂故障的处理

(1)运行人员立即到现场对设备进行检查,在初步判断故障类别、故障相别后,向调度及上级主管部门汇报,申请停电处理。

(2)在确认已不带电并做好相应的安全措施后,对避雷器的损伤情况进行巡视。

(3)在事故调查人员到来前,运行人员不得挪动故障避雷器的断裂部分,也不得对断口部分造成进一步的损伤。

(4)运行人员要做好现场的安全措施,以便检修人员对故障设备进行检查。

6)避雷器引线脱落故障的处理

(1)运行人员立即到现场对设备进行检查,在初步判断故障类别、故障相别后,向调度及上级主管部门汇报,申请停电处理。

(2)在确认已不带电并做好相应的安全措施后,对引线连接端部、均压环的状况进行巡视。

(3)检查故障避雷器周围的设备是否有放电或损伤。

(4)在事故调查人员到来前,运行人员不得接触引线的连接端部,也不得攀爬避雷器或构架检查连接端子。

(5)运行人员要做好现场的安全措施,以便检修人员对故障设备进行检查。

7)避雷器泄漏电流值异常的处理

避雷器的泄漏电流值在正常时应该在规定值以下,当运行人员发现避雷器的泄漏电流值明显增大时,说明避雷器内部有故障,这时运行人员应当进行如下处理:

(1)立即向调度及上级主管部门汇报;

(2)对近期的巡视记录进行对比分析;

(3)用红外线检测仪对避雷器的温度进行测量;

(4)若确认不属于测量误差,经分析确认为内部故障,应申请停电处理。

8.3.2.2 避雷针常见异常及原因

避雷针由于结构简单,运行中的异常较少,主要异常现象有:

(1)避雷针锈蚀;

(2)避雷针倾斜;

(3)基础损坏;

(4)避雷针断裂。

避雷针的异常主要是由运行时间较长、防腐处理不合格、外力破坏、安装工艺不合格、通过过大的雷电流或者外力破坏等原因造成的。

8.3.2.3　接地装置常见异常及原因

1. 接地装置的异常现象

(1)接地体、设备接地引下线锈蚀、断裂。

(2)接地电阻不合格等。接地网起着工作接地和保护接地的作用,如果接地电阻过大,会造成很大危害,具体危害有:

①发生接地故障时,中性点电压偏移增大,可能使健全相和中性点电压过高,超过绝缘要求的水平而造成设备损坏;

②在雷击或雷电波袭击时,由于电流很大,会产生很高的残压,使附近的设备遭受到反击电压的威胁,并降低接地网本身保护设备带电导体的耐雷水平,使设备损坏;

③设备外壳和架构接地不良,可能带电运行,造成人身触电。

2. 接地装置异常的原因

(1)运行时间较长,防腐处理不够。

(2)外力破坏。

(3)通过过大的接地故障电流。

8.3.3　任务准备

(1)做好安全措施:戴安全帽、绝缘手套,防摔防撞。

(2)熟悉异常处理工具的使用方法:安全帽、绝缘手套、500 V 摇表、2 500 V 摇表、三相短路接地线、裸露铜线、尖嘴钳等。

8.3.4 任务实施

学员按人数分成小组,正确穿好合格的安全服装,戴好安全帽,携带好安全工器具,根据相应的作业标准或要求,在运行人员的监护下,模拟对异常情况进行正确处理,到异常情况消失为止,最后对照工具、材料清单清点工器具。处理结束后,将安全工器具放回原处,详细记录并及时汇报处理情况。

小　结

学习情境8 主要讲述了发电厂与变电站中常用的防雷接地设备的类型与各自的作用,对防雷接地设备的巡视检查项目与内容,防雷接地设备常见异常现象的分析与处理原则和方法。

任务8.1 介绍了发电厂及变电站防雷接地设备的作用及常用的防雷接地设备,避雷针的组成与作用,避雷器的作用、类型及基本要求,各类接地装置的用途。

任务8.2 介绍了避雷器正常巡视项目与内容,避雷针正常巡视项目与内容,避雷针与避雷器的常见缺陷。

任务8.3 介绍了避雷器常见的异常现象、原因及处理的原则与方法,避雷针的常见异常现象及原因,接地装置的异常现象与原因。

复习思考题

1. 避雷针由哪几部分组成？其作用是什么？
2. 避雷线由哪几部分组成？其作用是什么？
3. 避雷器的作用是什么？对避雷器有哪些要求？避雷器有哪些类型？
4. 接地装置按用途可分为哪几种？各种类型的接地有什么不同的作用？
5. 避雷器正常巡视项目及内容有哪些？
6. 避雷针正常巡视项目及内容有哪些？
7. 防雷设备的常见缺陷有哪些？
8. 防雷接地设备的异常现象有哪些？其原因有哪些？
9. 避雷器异常处理原则有哪些？
10. 避雷器异常处理的具体方法有哪些？
11. 避雷针常见异常现象有哪些？
12. 接地装置常见异常现象有哪些？说明其原因。
13. 接地网的接地电阻过大会造成哪些危害？

学习情境 9　二次设备的运行

【学习任务描述】

本学习情境主要学习二次设备运行的理论知识,掌握二次设备的巡视检查、故障处理等技能,实践二次设备的运行职业行为规范。

任务 9.1　认识二次设备

二次设备是指对一次设备进行控制、测量、监视和保护,以及为运行、维护人员提供运行工况或生产指挥信号所需的电气设备。变电站、发电厂常见的二次设备有测量仪表、继电保护和自动装置、监控系统等。

发电厂、变电站主要的二次设备有继电保护装置、监控系统等。

9.1.1　继电保护装置

9.1.1.1　继电保护装置的作用

利用异常或故障时物理量与正常运行时的差别,反映物理量(电量或非电量)变化,并能够与事先通过计算已设定的整定值进行比较,判断是否应该启动的继电器,称为继电保护装置。

(1)当电力系统被保护元件发生故障时,微机保护装置能够自动、迅速、有选择性地将故障元件切除,保证正常部分快速恢复运行。

(2)当电力系统被保护元件发生异常时,保护装置及时反映,并根据运行维护条件,发出信号、减少负荷或延时动作跳闸。异常运行状态,主要指电气元件电流超过其额定值,即过负荷状态。

故障和异常运行都可能发展成为系统中的事故。

9.1.1.2　继电保护装置的组成

继电保护装置由测量部分、逻辑部分、执行部分组成,其构成框图如图 9-1 所示。

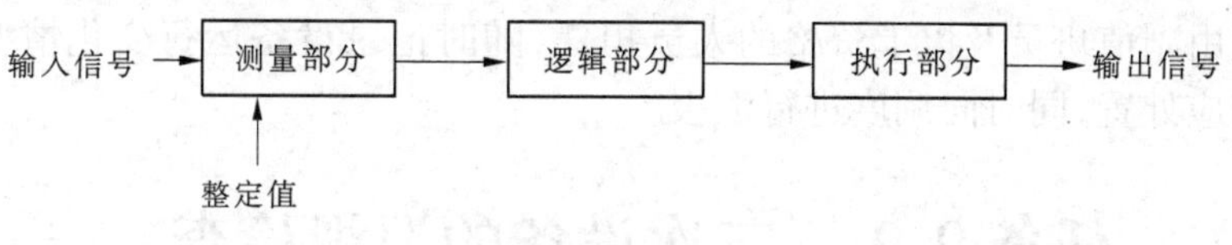

图 9-1　继电保护装置构成框图

(1)测量部分:测量从被保护对象输入的有关物理量,如电流、电压等,并与给定值进行比较,给出比较结果,输出"是"(启动)或"非"(不启动)的逻辑信号,判定保护是否动作。

(2)逻辑部分:依据测量部分输出量的大小、状态等,使保护按照一定的逻辑关系工作,然后确定断路器是否跳闸或发出信号,并将有关命令传给执行部分。

(3)执行部分:根据逻辑部分送出的开关量信号,通过出口继电器去完成相关任务,如跳闸、发异常信号等,通过微机外部出口继电器来完成。

9.1.1.3 继电保护装置的要求

(1)选择性:根据故障性质、事故大小、距离来作出有效选择。

(2)快速性:以最快的速度来切除故障点。

(3)灵敏性:根据不同电气量或保护动作量正确动作。

(4)可靠性:正常运行或保护范围外故障,不应该误动,在保护范围内发生故障应可靠动作,不能拒绝动作。

9.1.2 监控系统

9.1.2.1 微机监控系统的作用

电厂微机监控系统是指整个电厂设备的控制、测量、监视均由计算机来完成。主要完成机组的开机、停机和开关设备的控制、自动发电控制、自动调相控制及电厂优化运行,电厂机组、变压器、线路等设备的运行参数的在线监视、越限参数报警,事故记录、报表打印、人机对话、自检等。监控系统一般由上位机和现地控制单元构成。

上位机一般完成电厂实时运行参数的采集与处理、远方控制,对参数进行调节,完成优化运行、报警及事故记录,电站历史数据、状态查询。运行值班人员通过接收现地控制单元传来的数据,并向现地控制单元发出控制调度命令。

现地控制单元 LCU,主要完成对被控对象的数据采集、控制、调节工作,把采集到的数据、状态送到上位机,并接收上位机的指令。

9.1.2.2 微机监控系统的构成

监控系统包括监控下位机系统、监控上位计算机及其监控软件、通信柜、电量测量装置、温度测量装置等。微机监控系统通常采用分层分布式结构,分为上位机和现地控制单元两个层级,其中上位机按功能分散布置,现地控制单元 LCU 按控制对象分散控制。上位机一般由工业控制计算机、显示器、键盘和打印机等组成。现地控制单元由 PLC、测量仪、变送器等构成,完成机组的开停机顺序控制,机组状态、数据采集,参数显示等功能。机组现地控制单元所有组件放置在 LCU 屏内。

值班人员必须熟悉继电保护定值整定、压板位置,监视交流电压回路,使保护回路不失去电压,按保护整定所规定的允许负荷电流,对电气设备或线路的负荷潮流进行监视。运行监视必须由副值班员及以上资格的人员担任,随时记录设备运行变化情况并按照有关规定做出相应处置,同时向调度进行汇报。

任务 9.2 二次设备的巡视检查

为了监视二次设备的运行情况,以便及时发现和消除设备缺陷,预防事故发生,确保设备安全运行,必须严格按照电力安全操作规程的内容和要求,认真负责地对二次设备进行巡视检查,发现问题,做好记录,并向值长作口头汇报。

9.2.1　任务分析

(1)熟悉整个变电站、发电厂继电保护装置的投运情况、机组 LCU 巡视部位、巡视项目及巡视标准,进行巡视检查,记录巡视结果。

(2)将异常现象与巡视标准进行比较,确定缺陷处理办法。

(3)巡视检查完成后,向值长汇报巡视检查结果。

9.2.2　相关知识

9.2.2.1　继电保护装置

按照设备缺陷程度和对安全运行造成的威胁大小,对继电保护和自动装置缺陷进行划分,分为危急、严重和一般缺陷。

1. 危急缺陷

危急缺陷指性质严重、情况危急,直接威胁安全运行,运行人员应立即采取应急措施,并尽快予以消除的缺陷。

一次设备失去主保护时,一般应停运相关保护设备;保护存在误动风险时,一般应退出该保护;保护存在拒动风险时,应保证有其他可靠保护作为运行设备的保护。以下缺陷属于危急缺陷:

(1)电流互感器回路开路;

(2)二次回路或二次设备着火;

(3)保护或控制回路直流电源消失;

(4)保护装置出现故障或异常退出;

(5)保护装置电源消失或装置电源灯不亮;

(6)装置收发信机运行灯熄灭或者出现告警;

(7)控制回路断线故障;

(8)电压切换不正常;

(9)电流互感器回路断线告警、差流越限,电压互感器回路断线告警;

(10)保护异常变位;

(11)直流接地等。

2. 严重缺陷

严重缺陷指继电保护设备缺陷情况严重,有恶化发展趋势,影响保护正确动作,对电网和设备安全构成威胁,可能造成事故的缺陷。

具有严重缺陷的继电保护和自动装置应在保护运行人员到达现场进行处理后,再申请退出相应保护。缺陷未处理期间,运行人员应加强监视,保护有误动风险时应及时处理。以下缺陷属于严重缺陷:

(1)保护通道异常;

(2)装置只发告警或异常信号,未闭锁保护;

(3)录波装置频启、电源消失;

(4)保护装置液压显示异常;

(5)操作箱指示灯不亮,但未发控制回路断线信号;

(6)保护动作后报告无法打印或打印不完整;

(7)就地信号正常,后台或中央信号不正常;

(8)切换灯不亮,但是未发生电压互感器断线告警;

(9)无人值守变电站保护信息通信中断;

(10)频繁出现又能自动复归的缺陷等;

(11)其他可能影响保护正确动作的情况。

3.一般缺陷

一般缺陷是指危急、严重缺陷之外的,性质一般,情况较轻,保护能持续运行,对安全运行影响不大的缺陷。以下缺陷属于一般缺陷:

(1)打印机故障;

(2)电磁继电器外壳变形、损坏,不影响其内部;

(3)GPS 装置失灵或时间不对,保护装置时钟无法调整;

(4)保护屏上按钮接触不良;

(5)有人值守变电站保护通信中断;

(6)能自动复归的偶然缺陷;

(7)对安全影响不大的缺陷。

9.2.2.2 监控系统装置

监控系统布置在中央监控室,是电厂的监控中心,运行人员通过人机界面、显示器、键盘、鼠标等与微机监控系统进行人机联系,实现对电厂设备的实时监视和控制。中央监控室环境温度应控制在 5 ~35 ℃,湿度在 30% ~85%,应经常利用空调对温度和湿度进行调节,尽可能不让温度和湿度处于最高或最低限。

1.微机监控系统的基本运行方式

(1)中央控制室集中控制是最经常的运行方式。

(2)只有当中央控制室操作员工作站发生通信中断或故障退出的情况下,才采取现地 LCU 控制,通信或故障恢复后应立即将控制方式切回中央控制室集中控制。

(3)微机监控系统对油、气、水等辅助设备一般不进行控制操作,只进行信号监视和数据的采集、处理。

2.现地控制单元的运行方式

(1)操作员工作站出故障,控制流程由现地 LCU 继续执行。

(2)现地 LCU 配置有可编程控制器模块,其中通信模块与交流采集装置、电度表等现场各智能设备进行通信。

(3)LCU 柜上“远方/现地”开关在“远方”,智能接收上位机控制命令,在“现地”只能接收操作面板上发出的操作命令。正常运行时,现地控制单元开关切在“远方”位置运行。

9.2.3 任务准备

(1)熟悉继电保护装置原理、投运情况及机组 LCU 情况。

(2)熟悉继电保护装置及机组 LCU 巡视内容及巡视标准。

(3)熟悉巡视工具的使用方法:听针、手电筒、万用表、记录本、智能巡检仪。

(4)做好安全措施:戴绝缘手套、安全帽,穿绝缘靴。

9.2.4　任务实施

穿戴好合格的安全服装,携带好安全工器具,按照规定的巡视路线巡视继电保护装置及机组 LCU 时,对照巡视卡(见表 9-1 ~ 表 9-5)找出继电保护装置的巡视点,根据巡视点的现象判断运行中继电保护装置及机组 LCU 存在何种缺陷,并记录到巡视卡上。检查结束后,将安全工器具放回原处。

表 9-1　继电保护装置的巡视检查内容及标准

序号	巡视内容	巡视标准	检查结论	备注
1	接线盒	密封完好,无积水、无放电现象		
2	继电保护屏(柜)	(1)柜内清洁,无杂物、无潮气,接地良好		
		(2)编号牌字迹清晰,柜门密封完好,孔洞封堵完好		
		(3)若有照明则照明设施完好		
		(4)端子排清洁,无损坏、无锈蚀及接线松动脱落现象		
		(5)屏上小开关、切换把手位置正确		
		(6)继电保护和自动装置的运行状态、运行监视(液晶显示、各种信号灯指示)正常,无异常信号,各小开关、切换把手位置正常		
3	二次回路各熔断器及空气开关	(1)回路各元件接线紧固,无过热、异味、冒烟现象		
		(2)标示完整,无熔断及跳闸		
		(3)电压、电流互感器二次无开路、短路,设备完好		
		(4)二次电缆无破损、无受潮,每季核查一次		
		(5)闪光装置接线正确,能正确动作		
		(6)中央音响信号装置能正确发出音响信号		
4	气体继电器	油位观察窗清晰,油位正常,无气体,防雨罩完好		
5	微机保护屏	(1)屏上内容正确,符合现场运行规程规定		
		(2)定期核对时间		
		(3)电源、信号、位置、TV 切换等运行指示灯指示正常,并与机组状态对应		
		(4)屏面小断路器位置正确,无报警、异常信号等		
6	其他	(1)遥测、遥信正常,本地机与工作站主机接收数据正常,指示正确,数据刷新正常		
		(2)TA 二次切换连接片位置正确		
		(3)测量直流电压及绝缘,数值正常		
		(4)光字牌、警铃、事故音响情况良好		
		(5)交直流切换装置正常工作		
		(6)微机保护的打印机运行正常,不缺纸或无打印记录		

表 9-2　切换连接片的巡视检查内容及标准

序号	巡视内容	巡视标准	检查结论	备注
1	切换连接片	(1)按照调度指令投入,位置正确		
		(2)切换连接片应接触良好,置于两垫片中间,牢固紧固,双编号齐全		
		(3)切换连接片加用、停用的操作应根据调度指令执行,实际位置应与连接片投退卡一致		

表 9-3　整定值的巡视检查内容及标准

序号	巡视内容	巡视标准	检查结论	备注
1	整定值	(1)现场继电保护装置整定值,执行定值通知单的要求,固化定值区正确		
		(2)定期对整定值进行一次核对检查		

表 9-4　运行测试巡视检查内容及标准

序号	巡视内容	巡视标准	检查结论	备注
1	运行测试	(1)试验后台信号、电铃、电笛等工作可靠,动作正确,远方测温装置温度与本地温度计指示相同,各种电器仪表指示正常		
		(2)每天进行一次事故照明自动切换		

表 9-5　机组 LCU 巡视检查内容及标准

序号	巡视内容	巡视标准	检查结论	备注
1	监控屏外观	(1)柜门关闭紧密,清洁完好		
		(2)各指示灯与机组状态相对应		
		(3)告警框无保护告警,无异响		
		(4)信号指示正确		
2	综合电源装置(屏内)	(1)无异常声响,无异味		
		(2)指示灯亮		
		(3)控制切换把手在“远方”位置		
3	现地单元监控装置(屏内)	(1)无异常,无异味		
		(2)模块指示灯与机组实时状态一致		
		(3)通信传输正常,指示灯闪烁		

续表 9-5

序号	巡视内容	巡视标准	检查结论	备注
4	现地操作员面板(屏内)	(1)面板完好无损,无死机、发热等现象		
		(2)屏幕显示与机组实时状态一致		
5	自动准同期装置(屏内)	(1)装置无发热、无异响、无异味		
		(2)面板显示在启动同期装置时才显示		
		(3)电源指示灯亮,运行指示灯每秒闪烁一次		
		(4)通信口指示灯有闪烁		
6	按钮(屏内)	(1)紧急停机按钮无损坏、无松动,有保护盖		
		(2)紧停复位按钮无损坏、无松动		
		(3)事故停机按钮无损坏、无松动		
		(4)事故停机复归按钮无损坏、无松动		
		(5)开机按钮无损坏、无松动		
		(6)停机按钮无损坏、无松动		
		(7)连线无脱落、烧焦、发黑、变色现象		
7	电脑过速继电器(屏内)	(1)继电器无过热、无异响、无异味		
		(2)面板指示显示与机组实时状态一致		
8	开度行程仪(屏内)	(1)行程仪无过热、无异响、无异味		
		(2)面板指示灯亮,且与机组实时状态一致		
9	继电器(屏内)	(1)各继电器无过热、无异响、无异味		
		(2)继电器指示显示与机组实时状态一致		
10	屏后、屏内	(1)屏内清洁、完好		
		(2)端子、接线连接无烧焦、发黑、变色现象		
		(3)设备无松动、过热、异响、异味等现象		
		(4)现场交、直流电源输入开关处于合闸位置		
		(5)以太网无发热、无异响、无异味		
		(6)通信传输正常,指示灯有闪烁		

运行中的二次设备重点检查的项目有:

(1)外壳、透明面板和刻度盘是否完好。

(2)有无不正常的声响。

(3)连接导线和接点是否牢固,有无接触不良、松动或过热现象。

(4)有切换开关的仪表,要经常进行切换操作,以检查仪表的指示和开关动作是否正常。

(5)指针的摆动范围是否超出量程,指针是否灵活,能否回零。

9.2.5 拓展提高

9.2.5.1 继电保护装置

(1)对继电保护及自动装置,应每月全面核对一次整定值和连接片位置。

(2)调度管辖的保护装置在新投入或经过变更时,运行人员必须和当值调度员进行整定值和有关事项的核对,无误后方可投入运行。

(3)保护误动或动作原因不明造成断路器跳闸时,运行人员应保护好现场,严禁打开继电器和保护装置盖子或动二次回路,并及时汇报调度和有关领导,等待指令处理。

(4)断路器进行机构调整后,必须经试验合格才能投入继电保护装置。

(5)运行中继电保护装置确实需要改变原理接线时,应经批准并验收合格后才可投入运行。

(6)更改整定值及变更接线一定要有审批手续完备的通知单和图纸,才允许工作。

(7)对继电保护动作的报警信号、灯光信号、故障录波、事件记录,运行人员必须准确记录清楚,及时向有关领导或专业人员汇报后方可复归。

9.2.5.2 监控装置及机组 LCU

(1)正常运行时,监控装置必须投入运行,应检查其工作是否已经开放,是否与一次运行方式相符。

(2)当监控装置不正常动作时,严禁值班人员手动操作应动作的断路器,应立即汇报调度中心,申请退出装置并进行检修。

(3)微机型监控装置应符合装置操作要求。

任务 9.3 二次设备的异常运行分析及处理

变电站二次设备在运行中,经常会发生各种类型的异常现象,如主变保护发电流互感器断线等。运行值班人员通过监视二次设备的运行情况,可以及时发现设备存在的缺陷和异常情况,正确及时地对二次设备进行运行维护和异常处理。掌握主要的二次设备异常处理基本原则和基本步骤,对预防电力系统故障、减少损失具有重要作用,也是变电运行技术人员应该具有的一项重要技能。

9.3.1 任务分析

在继电保护装置正常运行的基础上,能正确掌握保护装置常见的异常处理方法和步骤。

9.3.2 相关知识

9.3.2.1 继电保护装置正常运行状态

(1)“运行”灯为绿色,装置正常运行时点亮,熄灭表明装置不处于工作状态;

(2)“报警”灯为黄色,装置有异常时点亮。

9.3.2.2 继电保护装置异常及处理方法

(1)保护电源中断或其电源装置发生故障时,装置的电源正常指示灯熄灭,中央信号发出“保护电源故障”告警信号，某些保护监视电源的信号继电器将掉牌。在失去电源情况下保护不能正常工作，有些保护将自动闭锁，并自动向线路发出闭锁信号。

(2)装置发“TV断线”信号，不能复归时，应检查电压互感器二次侧电压，电压正常后进行检修。

(3)装置发故障信号，应及时收集打印自检报告，并复位一次。如不能复归，报告调度员，退出保护。

(4)光字牌中保护装置闭锁。

①检查由哪个装置发出，此时应将相应的装置退出运行，如保护装置直流电源发生异常(电压消失等)。

②运行人员初步判断后汇报调度。

③根据调度指令解除被闭锁保护压板，如果无法排除故障，应及时通知检修处理。

9.3.3　任务准备

(1)做好安全措施：戴安全帽、绝缘手套，防摔防撞。

(2)熟悉异常处理工具的使用方法：安全帽、绝缘手套、手电筒、兆欧表。

9.3.4　任务实施

学员按预先分好的小组，正确穿好合格的安全服装，戴好安全帽，携带好安全工器具、异常处理实操表，按照二次设备实际出现的异常情况，根据相应的作业标准或要求，在运行人员的监护下依次进行处理，直到异常情况消失为止。最后对照工具、材料清单清点工器具，处理结束后，将安全工器具放回原处。

【典型案例】　继电保护装置动作处理

1.异常现象

某发电厂的中央信号发出“保护电源故障”告警信号。

2.处理步骤

(1)对异常现象进行详细记录，将故障情况汇报调度和相关部门。

(2)立即检查保护装置所有电源指示灯是否正常发光、直流配电屏上电源熔断器是否熔断。

(3)若直流配电屏上熔断器没有熔断，直流供电正常，而保护屏直流电源端子没有电压，可能是直流电源回路断线，应立即汇报调度及有关部门。

(4)若保护屏上直流电源端子电压正常，而保护电源故障信号不能复归，可能是保护内部电源装置故障。

(5)确定故障原因，请继电保护专业人员处理或更换合格的备用品。

9.3.5　拓展提高

(1)有关保护装置及二次回路的操作须经相应的管辖该装置人员(调度或当值值长)的同意方可进行。保护的投入、退出等操作必须由运行人员负责。

(2)继电保护与自动装置必须经过调试试验合格，并作整组模拟试验，动作正确后方可投入运行。

任务9.4 二次设备的事故处理

二次设备发生故障对现场运行具有很大影响,因此按照电力行业及现场运行操作规程的内容和要求对继电保护装置、监控系统等故障现象进行分析,提出相应的处理方案,可以防止事故扩大,减小事故带来的损失。

9.4.1 任务分析

根据故障现象判断事故发生的原因,并迅速汇报给调度中心。

9.4.2 相关知识

(1)继电保护及自动装置发生非正常运行时,需检查二次接线是否正确。当运行中发现交流回路失压或电流二次回路断线告警信号时,应先查明原因并向调度汇报,在故障未消失前严禁将相关的告警信号复归。

(2)在更换二次回路保险时,须严格按照相关规定进行,保险器容量选择应与规定要求相符,不允许以小代大或以大代小,严禁用保险丝或其他金属丝缠绕。

(3)定期检查主变瓦斯继电器,如发现其扩张器内上部油位下降,应视为轻瓦斯动作并采用相同的方法处理。

(4)当监控系统发出装置"直流消失"或"通信中断"信号时,应立即进行检查。若为直流电源消失,应立即向调度汇报并退出相应的保护压板。若为通信中断故障,应向调度汇报并通知专业技术人员处理,但在通信中断期间,应密切监视保护装置的运行状况;如发现保护装置有异常告警,按照装置上液晶显示的告警报文信息及告警指示灯的工作情况向调度汇报。

(5)保护动作后应立即汇报调度,先将保护动作情况做好记录,检查在操作回路发生故障(如灯、继电器、限流电阻等短路)时,是否会引起误跳闸或误合闸。检查连接有打印机的装置时,应检查当前打印信息,并将动作情况和检查结果汇报调度。

9.4.3 任务准备

(1)做好安全措施:戴安全帽、绝缘手套,防摔防撞。

(2)熟悉事故处理工具的使用方法:安全帽、绝缘手套、手电筒、兆欧表。

9.4.4 任务实施

学员按预先分好的小组,正确戴好安全帽,扣好袖口,盘好头发,携带好安全工器具、事故处理实操表等进入中控室、保护室、升压站。在运行人员的监护下,在现场对事故处理预案进行演习,按事故处理实操表依次进行,确保事故处理正确。

9.4.5 拓展提高

下列情况下应停用继电保护及自动装置:

(1)在装置使用的交流电压、交流电流二次回路上工作。

(2)直流电源消失或装置直流电源插件故障(包括停用装置直流电源)。

(3)装置故障及故障处理。

(4)装置检验及更改定值。

(5)调度命令退出。

小　结

学习情境9主要介绍了二次设备的作用、类型等基本理论知识,二次设备在运行中的巡视项目,二次设备发生的异常现象及处理,二次设备发生事故情况及处理原则与办法。

任务9.1主要介绍了继电保护装置的作用及组成部分、微机监控系统的作用及构成部分等。

任务9.2主要介绍了二次设备的正常巡视检查项目和运行维护内容。

任务9.3主要介绍了二次设备的常见异常现象及正确处理方法。

任务9.4主要介绍了二次设备的事故现象及正确处理方法。

复习思考题

1.什么是二次设备?

2.继电保护巡视检查的项目有哪些?

3.继电保护设备的异常现象有哪些?

4.什么情况下要停用继电保护装置?

5.缺陷如何分类?如何定义?

学习情境 10　厂(站)用电交、直流系统的运行

【学习任务描述】

本学习情境主要学习厂(站)用电交、直流系统巡视检查与维护内容、异常分析与处理方法、事故处理原则等理论知识,逐步掌握厂(站)用电交、直流系统运行维护、异常分析处理及故障处理等相关技能,实践厂(站)用电交、直流系统在运行中的职业行为规范。

任务 10.1　认识厂(站)用电交、直流系统

在发电厂(变电站),为了维持持续的电力生产,有大量电动机拖动的机械设备,为发电厂(变电站)的主要设备(水轮机或汽轮机、发电机)和辅助设备提供运行保障。这些机械设备再加上全厂(站)的运行、操作、试验、修配、照明等用电设备,统称为厂(站)用负荷或自用负荷。这些负荷消耗的电能为厂(站)用电或自用电。

向这些负荷供电的设备构成了厂(站)用电或自用电接线或系统。

10.1.1　厂(站)用负荷

10.1.1.1　水电厂

(1)水轮机的辅机:调速及润滑系统的油泵、空气压缩机、发电机冷却系统及机组润滑系统的水泵、行车等。

(2)电气部分:直流系统、照明、备用励磁、变压器的冷却用通风机、油泵、水泵等。

(3)大坝及船闸设备:闸门启闭机、升船机、起重机、卷扬机等。

(4)其他辅机:供水泵、排水泵、修理厂设备及厂房通风机等。

10.1.1.2　变电站

大型变电站:变压器强迫油循环冷却装置的油泵、水泵、风扇、蓄电池充电设备、油处理设备、变压器检修间、采暖通风设备等。当采用压缩空气断路器或气动操作机构时,有空气压缩机;当装有同步调相机时,还有调相机的空气冷却器和润滑系统的油泵和水泵等。

中小型变电站:变压器的冷却风扇、蓄电池和充电设备或整流操作电源、采暖通风设备、断路器油的加热设备、照明和检修用电等。

10.1.2　厂(站)用负荷的分类

按其在生产中的作用和突然中断供电时造成危害的程度分为三类:

(1)Ⅰ类厂(站)用负荷:短时停电会造成主辅设备损坏、危及人身安全、主机停用的

负荷。

Ⅰ类厂(站)用负荷通常设有两套设备互为备用,分别接到两个独立电源的母线上,设有电源自动投入装置(自动切换)。Ⅰ类厂(站)用电动机必须保证自启动。

水电厂的Ⅰ类负荷有调速器、压油泵、润滑油泵等。

(2)Ⅱ类厂(站)用负荷:允许短时停电(几秒至几分钟),不致造成生产紊乱,但较长时间停电可能损坏设备或影响机组正常运转的厂用负荷。

Ⅱ类厂(站)用负荷一般由两个电源供电,并采用手动切换。

(3)Ⅲ类厂(站)用负荷:较长时间停电不会直接影响生产、仅造成生产不方便的负荷。

Ⅲ类厂(站)用负荷通常由一个电源供电,大型电厂(站)也采用两路电源供电。

Ⅲ类厂(站)用负荷主要有实验室、中央修配厂、油处理室等负荷。

10.1.3　对厂(站)用电接线的基本要求

为保证机组安全、经济地运行,对厂用电接线总的要求是:

(1)兼顾运行、检修、施工的要求。

(2)考虑全厂(站)的发展规划。

(3)积极慎重地采用成熟的新技术和新设备。

(4)经济合理、技术先进。

具体的要求是:

(1)供电可靠、运行灵活。既有工作电源又有备用电源,并能自动、快速地切换;无论是故障、检修,还是机组启动,都能灵活地调整运行方式,保证不间断地供电。

(2)各机组的厂(站)用电系统应相互独立。减少相互影响,快速恢复供电。

(3)公用负荷分散接入不同机组的厂(站)用母线或设置专门的公用负荷母线。避免存在导致多台单元机组停电的故障点,更不应有造成全厂(站)停电的可能性。

(4)供电电源应与电力系统有紧密的联系,能方便地从电力系统中取得备用电源。

(5)便于分期扩建和连续施工,尽量减少因过度改变接线、更换设备,而中断厂用电的供电。

10.1.4　厂(站)用电电压等级

各种厂(站)用机械设备的电动机,容量范围很大,因此只选择一种电压等级的电动机是不能满足要求的。

同样功率的电动机,额定电压越高,自身尺寸越大,重量越大,功率因数低,价格贵;但因工作电流小,可减小供电电缆截面,节约有色金属,降低电能损耗和运行费用。

实践经验表明,容量在75 kW以下的电动机采用380 V电压等级,而100~200 kW的电动机采用6 kV电压等级,1 000 kW以上的电动机采用10 kV电压等级,是比较经济的。3 kV电压等级已不推荐使用了。

目前,380 V电动机额定功率在300 kW以下,而6 kV电动机最低额定功率为200 kW。

因此,厂(站)用电电压等级应根据发电机额定电压、厂(站)用负荷的大小、电动机生产制造能力、运行损耗、对供电可靠性的要求等,经综合技术经济比较确定。目前厂(站)用电电压为以下几种:

厂(站)用高压:6 kV、10 kV;厂(站)用低压:0.4 kV(380 V/220 V)。

10.1.5 厂(站)用电源及引接

10.1.5.1 工作电源

工作电源是指保证发电厂或变电站正常运行的基本电源,有高压厂(站)用工作电源、低压厂(站)用工作电源。工作电源不仅应供电可靠,而且要满足厂用负荷容量的要求。

1. 高压厂(站)用工作电源(高厂变)的引接

一般一台机组设置一台或两台高压厂(站)用工作电源,引接方式有以下几种:

(1)当有发电机电压母线时,高压厂(站)用工作电源由各母线段引接,向接在该段母线上的机组厂(站)用负荷供电,如图 10-1 所示。

(2)当采用发电机－变压器单元接线时,高压厂(站)用工作电源一般由主变低压侧引接,向本机组厂(站)用负荷供电,如图 10-2 和图 10-3 所示。

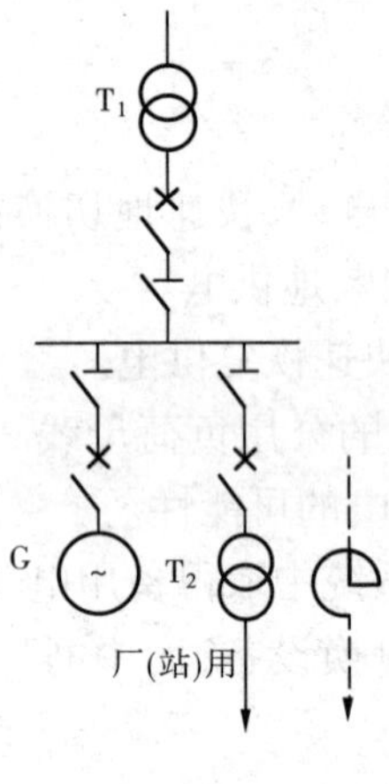

图 10-1

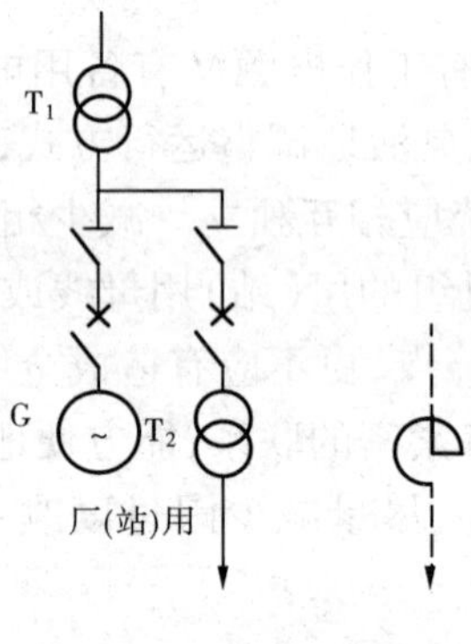

图 10-2

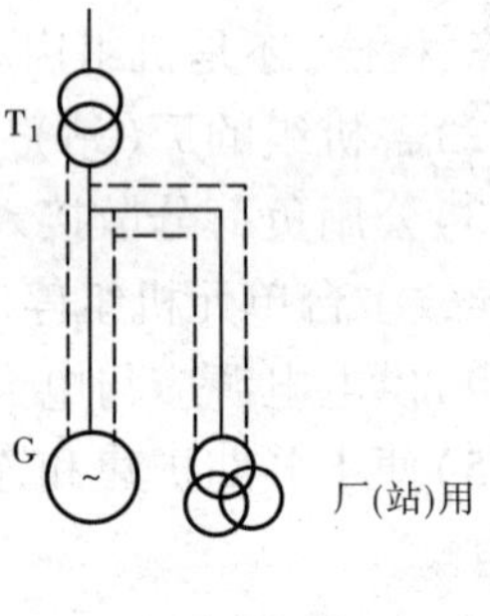

图 10-3

2. 低压厂(站)用工作电源(低厂变)的引接

低压厂(站)用工作电源采用 380 V/220 V 电压,一般由高压厂(站)用母线上通过低压厂(站)用变压器取得。为了限制短路电流,单台低压厂(站)用变压器容量最大不得超过 75 kVA,低压厂(站)用变压器可有多台,也可为某些负荷专设供电变压器。

10.1.5.2 备用电源

为了提高可靠性,每一段厂(站)用母线至少要由两个电源供电,其中一个为工作电源,另一个为备用电源。当工作电源故障或检修时,仍能不间断地由备用电源供电。厂(站)用备用电源有明备用和暗备用两种方式。

明备用就是专门设置一台变压器(或线路),它经常处于备用状态(停运),如图 10-4

(a)中的变压器 T_3。正常运行时,断路器1QF~3QF均为断开状态。当任一台厂(站)用工作变压器退出运行时,均可由变压器 T_3 替代工作。

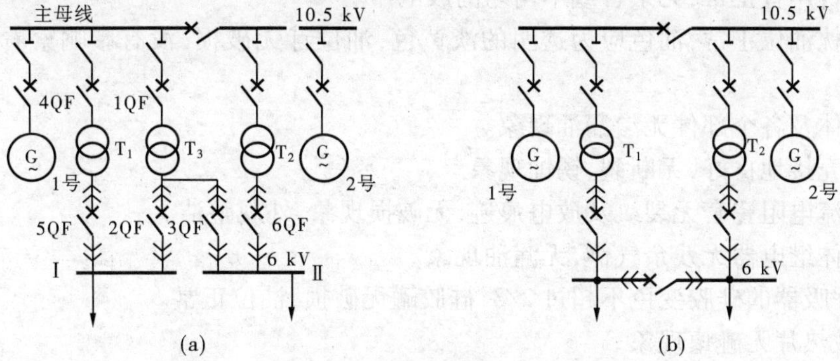

图10-4　厂(站)用备用电源的两种接线方式

暗备用就是不设专用的备用变压器,而将每台工作变压器的容量加大,正常运行时,每台变压器都在半载下运行,互为备用状态,如图10-4(b)所示。中小型水电厂和降压变电站,多采用暗备用方式。

厂(站)用备用电源应尽量保证其独立性,即失去工作电源时,不应影响备用电源的供电。此外,还应装设备用电源自动投入装置。

任务10.2　厂(站)用电交、直流系统的巡视检查

10.2.1　任务分析

(1)通过学习厂(站)用电交流系统的巡视与维护知识,实施运行值班对厂(站)用电交流系统的巡视检查项目,熟悉厂(站)用电交流系统巡视检查内容和具体要求;

(2)通过学习厂(站)用电直流系统的巡视与维护知识,实施运行值班对厂(站)用电直流系统的巡视检查项目,熟悉厂(站)用电直流系统巡视检查内容和具体要求。

10.2.2　相关知识

10.2.2.1　厂(站)用电交流系统的巡视与维护

厂(站)用电交流系统包括厂(站)用电母线及其母线上连接的各回路。厂(站)用电交流系统为发电机和主变提供冷却等动力机械电源、变压器高压电源、消防水喷淋电源,为断路器提供储能、加热、驱潮电源,为隔离开关提供操作电源,为直流系统提供变换用电源,还提供厂(站)用的照明、检修电源及生活用电,对厂(站)的安全运行起着很重要的作用。

1. 厂(站)用变压器的巡视检查项目及要求

(1)高压进线穿墙套管及厂(站)用变压器各侧套管无裂纹及放电闪络痕迹,无破损现象,外观清洁。

(2)高压进线穿墙套管及厂(站)用变压器各侧套管接头不松动,无发热、变色现象,

无示温蜡片熔化现象。

(3)高压熔断器无熔断现象,支持绝缘子无裂纹和放电痕迹,无破损现象,外观清洁。

(4)运行声音正常,无杂音或不均匀的放电声。

(5)油枕油位正常,油色应为透明的淡黄色,油位计无破损,没有影响察看油位的油垢。

(6)本体及各个部件无渗漏油现象。

(7)外壳接地良好,无断裂、锈蚀现象。

(8)限流电阻瓷套无裂纹及放电痕迹,无破损现象,外观整洁。

(9)气体继电器无残余气体,无漏油现象。

(10)呼吸器的硅胶变色不超过2/3,硅胶罐无破损,油位正常。

(11)散热片无碰瘪现象。

(12)调压装置电源指示正常,分接头指示与实际相符,运行电压在正常范围内;调压机构清洁无渗漏油,电缆完好,无破损及腐蚀现象。

2. 380 V/220 V 系统的巡视检查及运行维护

(1)切换检查母线电压正常,负荷分配正常。

(2)检查厂(站)用电系统的控制屏、电源箱、动力箱铭牌必须齐全正确;回路中所有断路器、隔离开关及熔断器也必须有相应的铭牌,熔断器必须标明熔丝的容量;隔离开关灭弧罩齐全。

(3)低压配电屏上各低压断路器、隔离开关接触良好,无发热现象,低压断路器位置指示正确;无异响、异味;低压熔断器接触良好,无熔断,容量符合负载要求;低压电缆接头良好,无发热现象;电缆孔洞封堵严密。

(4)低压母线伸缩接头应无松动、断片,连接头线夹无变色、氧化、发热变红等现象。

(5)两台厂(站)用变压器低压侧分列运行时,严禁在低压回路环路运行。

(6)生活及检修用电必须有漏电保护器并定期进行测试。

(7)定期对厂(站)用变压器及其回路设备连接点进行红外测温工作。

(8)厂(站)用电系统回路要有熔丝配置表,各类熔丝要有一定数量的备品。

(9)负荷有双电源可切换的,应定期进行切换试验。

(10)厂(站)内要有正确的厂(站)用电系统一次模拟图,健全的厂(站)用电回路图纸、资料、说明书、设备台账。

(11)运行人员利用厂(站)用变压器停电机会,进行厂(站)用变压器室清扫。

10.2.2.2 直流系统的巡视及运行维护

直流系统由充电机、蓄电池、馈线屏、监测装置等组成。

1. 直流系统的正常巡视检查项目

(1)蓄电池室通风、照明及消防设备完好,温度符合要求,无易燃、易爆物品。

(2)蓄电池组外观清洁,无短路、接地。

(3)各连接片连接牢靠无松动,端子无生盐,并涂有中性凡士林。

(4)蓄电池外壳无裂纹、漏液,呼吸器无堵塞,密封良好,电解液液面高度在合格范围内。

(5)蓄电池极板无龟裂、弯曲、变形、硫化和短路,极板颜色正常,无欠充电、过充电,电解液温度不超过35 ℃。

(6)典型蓄电池电压、密度在合格范围内。

(7)充电装置交流输入电压、直流输出电压、电流正常,表计指示正确,保护的声、光信号正常,运行声音无异常。

(8)直流控制母线、动力母线电压值在规定范围内,浮充电流值符合规定。

(9)直流系统的绝缘状况良好。

(10)各支路的运行监视信号完好、指示正常,熔断器无熔断,低压断路器位置正确。

2. 直流系统的特殊巡视检查

(1)新安装、检修、改造后的直流系统投运后,应进行特殊巡视。

(2)蓄电池核对性充放电期间应进行特殊巡视。

(3)直流系统出现交、直流失压及直流接地、熔断器熔断等异常现象并经处理后,应进行特殊巡视。

(4)出现低压熔断器脱扣、熔断器熔断等异常现象后,应巡视保护范围内各直流回路元件有无过热、损坏和明显故障现象。

3. 直流系统的运行维护

1)阀控蓄电池组运行维护

阀控蓄电池是把所需份量的电解液注入极板和隔板中,没有游离的电解液。为防止电解液的减少,对蓄电池进行了密封。阀控蓄电池组运行维护如下:

(1)正常应以浮充电方式运行,浮充电压值应控制为2. 23 ~2. 28 V,一般宜控制在2. 25 V(25 ℃时)。

(2)运行中的阀控蓄电池组主要监视蓄电池组的端电压值、浮充电流值、每只单体蓄电池的电压值、运行环境温度、蓄电池组及直流母线的对地电阻值和绝缘状态等。

(3)备用搁置的阀控蓄电池组,每3个月进行一次补充充电。

(4)根据现场实际情况,应定期对阀控蓄电池组进行外壳清洁工作。

(5)蓄电池室的温度宜保持在5 ~30 ℃,最高不应超过35 ℃,并应通风良好。

(6)蓄电池室应照明充足,并使用防爆灯;凡安装在台架上的蓄电池组,应有防震措施。

(7)应定期检查蓄电池室调温设备及门窗情况。每月应检查蓄电池室通风、照明及消防设施。

2)充电装置的运行维护

(1)应定期检查充电装置交流输入电压、直流输出电压、直流输出电流等各表计显示是否正确,运行噪声有无异常,各保护信号是否正常,绝缘状态是否良好。

(2)当交流电源中断不能及时恢复,使蓄电池组放出容量超过其额定容量的20%及以上时,在恢复交流电源供电后,应立即调整“手动”或“自动”启动充电装置,按照制造厂规定的正常充电方法对蓄电池组进行补充充电,或按恒流限压充电—恒压充电—浮充电方式对蓄电池组进行充电。

(3)当微机监控装置故障时,若有备用充电装置,应先投入备用充电装置,并将故障装置退出运行。无备用充电装置时,应启动手动操作,调整到需要的运行方式,并将微机监控装置退出运行,经检查修复后再投入运行。

10.2.2.3 交流不间断电源系统的巡视与维护

交流不间断电源系统(UPS)是指厂(站)用电失压后能继续不间断供电的交流源,包括各种用途的UPS和逆变装置。

1. UPS的巡视检查

(1)UPS电源交流输出电压表、交流输出电流表指示正常。

(2)开关、把手位置符合运行要求,设备无异常声响,运行状况良好。

(3)液晶面板显示电压、负载情况正常。

(4)对UPS装置的告警信号应加强监视,如有异常应及时上报有关部门。

2. UPS的停送电操作

UPS工作电源回路接线如图10-5所示。正常运行时UPS转维修,由旁路供电,其操作方法如下:

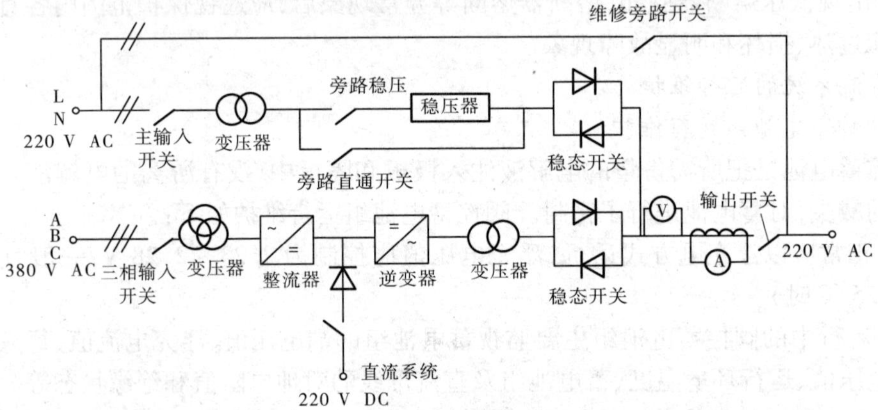

图10-5 UPS工作电源回路接线

(1)合上旁路直通开关。

(2)操作按键"OFF",停止逆变器,转为自动旁路直通供电。

(3)用万用表测维修旁路开关两侧电压是否相位相同。

(4)如果相位相同即合上维修开关。

(5)断开输出开关。

(6)断开其他开关(直流、三相交流输入、旁路主输入及旁路稳压开关、旁路直通开关)。

此时,只有交、直流输入端子排和交流输出负载开关及其输出端子排有电压,可以在此不停电状况下对UPS主体维修。

10.2.2.4 发电厂事故保安电源的巡视

发电厂除有厂用工作电源(交流)和备用电源(交流)外,往往还设置有事故保安电源(快速启动的柴油发动机组)。这是为了保证水电厂全厂事故停电时,能安全可靠地停机或进行机组的黑启动等。

根据发电厂的规定,定期(一周或两周一次)对事故保安电源系统进行一次巡视检查。发电厂事故保安电源的巡视检查项目如下:

(1)检查柴油发电机组油箱油位正常。

(2)检查柴油机无漏油。

(3)检查柴油发电机组上清洁、无杂物。

(4)检查柴油发电机组各部位连接良好、牢固。

(5)检查柴油发电机组显示正常,无报警信号。

(6)检查柴油发电机组确处于备用状态。

(7)检查柴油发电机组室消防器材齐全。

10.2.3　任务准备

(1)熟悉厂(站)用电交、直流系统位置及投运情况。

(2)熟悉厂(站)用电交、直流系统巡视部位及巡视标准。

(3)熟悉巡视工具的使用方法:听针、手电筒、红外测温仪、望远镜、记录本、智能巡检仪。

(4)做好安全措施:戴安全帽,防摔防撞。

10.2.4　任务实施

学员按人数分成小组,戴好安全帽,扣好袖口,盘好头发,携带好手电筒、测温仪等安全工器具,根据厂(站)用电交流系统与直流系统巡视卡(见表10-1、表10-2),按规定的路线对厂(站)用电交、直流系统进行巡视检查。对合格项,在"检查结论"栏打"√";对有缺陷或异常项,在"检查结论"栏用文字详细说明。检查结束后,将安全工器具放回原处,向值长汇报巡视结果,并将安全工器具放回原处。

表10-1　厂(站)用电交流系统巡视卡

序号	设备名称	巡视内容	检查结论	备注
1	场地	照明回路良好		
2		名称、标志齐全、完好		
3		室内防小动物短路措施完整、完好		
4		消防器材完好		
5		室内整齐、整洁		
6		排气扇启动正常		
7	配电屏	屏柜各开关位置正确		
8		各表计指示正常		
9		各灯光、信号正确		
10		配电柜牢固且无锈蚀		

表 10-2 厂(站)用电直流系统巡视卡

序号	设备名称	巡视内容	检查结论	备注
1	蓄电池	壳体有无渗漏和变形		
2		浮充电是否正常		
3		温度是否过高		
4	整流模块	运行是否正常		
5	绝缘监测装置	运行是否正常		
6	监控装置	运行是否正常		
7	电池	表面是否有积尘		
8	连接处	有无松动、发热和腐蚀现象		
9	极柱与安全阀	周围是否有酸雾逸出		

任务 10.3 厂(站)用电交、直流系统的异常运行分析及处理

10.3.1 任务分析

(1)通过学习厂(站)用电交流系统的异常现象、原因及处理原则,分析危险点及控制措施等知识,实施对厂(站)用电交流系统的异常运行进行详细分析,使同学们初步具有判别厂(站)用电交流系统可能发生异常运行的具体内容,逐步培养同学们对厂(站)用电交流系统异常运行分析及处理的方法与技能。

(2)通过学习厂(站)用电直流系统的异常现象、原因及处理原则,分析危险点及控制措施等知识,实施对厂(站)用电直流系统的异常运行进行详细分析,使同学们初步具有判别厂(站)用电直流系统可能发生异常运行的具体内容,逐步培养同学们对厂(站)用电直流系统异常运行分析及处理的方法与技能。

10.3.2 相关知识

10.3.2.1 厂(站)用电交流系统异常及处理

厂(站)用电交流系统常见的异常是交流电消失。

1. 厂(站)用交流电消失的主要现象

(1)正常照明全部或部分失去。

(2)直流硅整流装置跳闸,事故照明切换。

(3)发电机、变压器冷却电源失去,风扇停转。

(4)厂(站)用交流电压表、电流表指示为零。

2. 厂(站)用电部分或全部失电的原因

(1)高压侧电源中断。

(2)厂(站)用变压器或者高压侧引线故障,高压侧断路器跳闸。

(3)低压母线故障,造成厂(站)用变压器低压侧断路器跳闸。

(4)厂(站)用电低压回路故障。

3.厂(站)用变压器常见异常及原因分析

(1)厂(站)用变压器内有放电声,原因有内部分接头接触不良、内部局部绝缘性能下降、变压器油绝缘性能下降等。

(2)厂(站)用变压器冒烟着火,可能是由变压器内部故障引起的。

(3)厂(站)用变压器渗漏油,原因是密封件老化,四周螺栓吃力不均,有砂眼等。

(4)油位降低,油色变黑。油位降低可能有两方面原因:一是假油位,由油标管堵塞、油枕呼吸器堵塞或防爆管通气孔堵塞所致;二是变压器严重漏油,修试人员因工作需要多次放油后未做补充,或气温过低油量不足。油色变黑是油内杂质和氧化物增多所致。

4.厂(站)用电交流系统异常的处理

1)厂(站)用交流失电的处理原则

(1)厂(站)用交流全部失去时,事故照明应自动切换,主控盘显示厂(站)用负荷失电信号,如"主变风冷全停""交流电源故障"等光字牌。运行人员应首先分清失压是由于本厂(站)用电源进线失电导致的,还是因为厂(站)用交流故障引起的。若是本厂(站)用电源进线失电导致的低压停电,应投入备用变压器,或通过联络线恢复送电;若是因为厂(站)用交流故障引起的全厂(站)停电,应迅速查找故障点。

(2)对厂(站)内交流负荷失电进行紧急处理,主要有监视主变温度、监视直流系统电压等。

(3)查找故障时,运行人员应先做好安全措施,用万用表、绝缘电阻表对失电设备进行检查。查找厂(站)内故障点应采用分段查找的方法,同时根据各种故障现象判断故障点可能的范围。在分段隔离后,用万用表测量绝缘电阻,逐步缩小范围,直至找到故障点。运行人员短时无法查找事故原因的,应尽快通知有关专业人员进一步查找。

(4)若是环路供电,应先检查工作电源跳闸后备用电源是否已正常切换,若未自动切换应手动切换,保证厂(站)用负荷正常供电。

(5)进一步检查失电分支交流熔断器是否熔断,或低压断路器是否跳开,可试送一次,若送电正常,则可判断该分支无故障;若试送不成功,则拉开分支隔离开关,用万用表测量分支绝缘,查明故障点,报上级部门检修、处理。

2)工作厂(站)用变压器失压备自投装置不动作的处理

(1)若因自投断路器没有打在投入位置,则应立即将其打到投入位置,使备用电源能正常投入运行。

(2)若因自投回路故障使分段断路器自投失败,则应手动拉开工作变压器低压侧断路器,手合低压分段断路器,使停电母线恢复供电。

(3)电源恢复正常后,运行人员应当对各回路的设备进行巡查,检查各设备是否已正常投入运行,对没有投入运行的则应手动投入。事后汇报调度及有关部门。

3)配电屏各支路失电事故处理

(1)当交流配电屏各支路的低压断路器跳闸时,允许立即强送一次,如不成功,则查明事故原因。

(2)各支路配电箱的熔丝熔断时,允许用相同规格的熔丝更换一次。在更换之前,应先将该回路的低压断路器或隔离开关退出,换上熔丝后,再合上。严禁带负荷或在带电回路换熔丝,以免电弧伤人。若熔丝再次熔断则应查明原因,消除故障后再送。更换熔丝时严禁增大规格或使用铜、铁丝代替。

4)厂(站)用电电压消失的现象及处理方法

厂(站)用电电压消失的现象:

(1)厂(站)用电电压消失时,发1号或2号厂(站)用电消失、备自投动作信号;

(2)厂(站)用电自动切换到另一厂(站)用电运行。

厂(站)用电电压消失的处理:

(1)检查厂(站)内照明、直流系统,保护、主变风冷系统运行正常,查找厂(站)用电消失的原因;

(2)将故障的厂(站)用变压器隔离。

5)两厂(站)用电消失的处理方法

厂(站)用电不能自动切换到另一台厂(站)用电运行,全厂(站)失去交流电源,此时处理如下:

(1)检查厂(站)用电的隔离开关是否在合位,厂(站)用变压器是否带电,切换继电器是否正常,高压熔断器是否熔断等,尽快查找出原因;

(2)在厂(站)用电失去期间要注意减少直流负荷,检查厂(站)内主变负荷及温度、保护运行情况;

(3)厂(站)用电系统发生故障全停,在恢复厂(站)用电时,必须首先保证尽快恢复主变强迫油循环冷却装置和直流充电机电源。

6)厂(站)用变压器故障处理

厂(站)用变压器有下列情况之一者,应立即投入备用变压器,停下故障厂(站)用变压器检修:

(1)厂(站)用变压器内部声响很大,很不正常,有爆裂声;

(2)在正常负荷和冷却条件下,厂(站)用变压器温度不正常并不断上升;

(3)套管有严重的破损和放电现象。

厂(站)用变压器有油位降低、渗漏油、油色变黑或者呼吸器硅胶变色等缺陷时,应加强监视,尽快安排处理。

10.3.2.2 厂(站)用电交流系统异常处理危险点及控制措施

1. 交流触电控制措施

(1)低压交流系统工作应由两人一起进行;

(2)工作前断开工作地点的电源、熔断器,在电源操作把手上挂“禁止合闸,有人工作!”标示牌;

(3)工作前必须验电;

(4)工作人员应站在绝缘凳或登在绝缘梯上。

2. 带负荷拉、合隔离开关,造成弧光短路控制措施

(1)拉、合各回路隔离开关前,应尽量减小回路电流;

(2)拉、合低压侧总隔离开关前应先断开各分路隔离开关,使低压侧负荷为零。

(3)在厂(站)用变压器高压侧采用隔离开关时,只能用隔离开关进行空载厂(站)用变压器的停送电操作,并且禁止使用隔离开关投入或退出异常运行的厂(站)用变压器。

3. 带负荷投、退熔断器造成烧伤或灼伤控制措施

(1)取下或投入熔断器前应检查回路,断开电源。严禁带负荷投、退熔断器。

(2)更换熔断器时应带绝缘手套和护目镜。

4. 主变冷却器失电全停,主变温升过高控制措施

主变冷却器失电全停,主变温升过高的控制措施为:当低压交流失电造成主变冷却器全停后,应监视主变负荷和温度,按照现场规程中规定的负荷和温度极限掌握,超出规定的负荷和温度时,汇报调度采取限制负荷的措施,或者将主变停运。

5. 厂(站)用变压器损坏控制措施

厂(站)用变压器有过热、内部有异常响声、套管严重破损放电等异常现象时,应立即停运处理。

6. 交流短路或接地控制措施

(1)使用工具做好绝缘;

(2)检查工作中禁止随意拆接交流回路接线;

(3)使用万用表测量交流电压时,应使用万用表的交流电压挡,禁止使用电流或电阻挡进行测量。

10.3.2.3　直流系统常见异常现象及处理

1. 直流接线常见异常现象

(1)直流接地。

(2)直流熔断器熔断。

(3)直流断线。

(4)直流母线电压过高或过低。直流母线电压过低会造成断路器保护动作不可靠及自动装置动作不可靠现象;若电压过高,又会使长期带电设备过热损坏或增加继电保护、自动装置误动的可能。

2. 厂(站)直流消失的现象和原因

1)直流消失的现象

(1)直流消失伴随有电源指示灯灭,发出“直流电源消失”“控制回路断线”“保护直流电源消失”或“保护装置异常”等光字信号及熔丝熔断等现象。

(2)控制盘上指示灯、信号、音响等全部或部分失去功能。

2)直流消失的危害

厂(站)直流消失将直接导致控制回路、保护及自动装置等设备不能正常工作,在操作不当或系统发生故障、设备异常时,控制回路不能正常动作,引起事故无法有效切除,事故范围扩大并使一次设备受到损害。

3)直流消失的原因

(1)熔断器容量小或不匹配,在大负荷冲击下造成熔丝熔断,导致部分回路直流消失;

(2)熔断器质量不合格,接触不良导致直流消失;

(3)直流两点接地或断路造成熔丝熔断,导致直流消失;

(4)酸腐蚀、脱焊或烧熔使得直流蓄电池之间连接片断路,使后备电源失去,导致在充电机(或称硅整流)故障或厂(站)用交流失去时全厂(站)直流消失。

3. 直流系统接地现象和原因

1)直流系统接地现象

(1)"直流接地"光字牌亮;

(2)直流绝缘装置显示对地电压降低,另外一极电压升高;

(3)发生其他异常现象,如直流熔断器熔断、误信号、断路器误动、拒动。

2)直流系统接地的危害

直流系统发生一点接地是常见的异常运行状态,虽不直接产生恶果,但危害性很大。例如直流系统发生一点接地后,在同一极的另一点再发生接地或另一极的一点发生接地时,就构成两点接地短路,将造成继电保护、信号、自动装置误动作或拒绝动作,或造成电源熔断器熔断、保护及自动装置失去电源。

3)直流系统接地的原因

直流系统接地的原因有人为原因、绝缘损坏、回路脏污、受潮等。

(1)人为接线有误、工具使用不当等。

(2)设备回路绝缘材料不合格、老化,绝缘受损引起直流接地。例如磨伤、砸伤、压伤或过电流引起的烧伤、靠近发热元件(如灯炮、加热器)引起的烧伤等。

(3)设备回路严重污秽、受潮,接线盒、端子箱、机构箱进水造成直流绝缘下降或接地。

(4)小动物爬入或异物跌落造成直流接地。

(5)直流系统运行方式不当,如一个直流系统中两套绝缘监测装置同时投入,造成直流假接地现象。

4. 直流系统接地的处理

1)直流系统接地查找和处理的原则

直流系统接地的查找,应先判明故障的极性,利用故障直流绝缘监测装置测量正、负对地电压,判明是正极接地或负极接地,然后按如下顺序和方法查找:

(1)分清接地极性,初步分析故障原因。例如,二次回路是否有人工作或设备相关操作,是否因天气影响(如梅雨、潮湿、进水等)。若二次回路上有人工作或检修试验工作,应立即停止,检查接地现象是否消失。

(2)直流系统接地时,直流屏直流接地检测仪有时能自动检测出接地回路,可直接拉开接地回路。拉开时,应先请示调度,经同意后方可进行。保护直流电源停用前,需退出保护跳闸连接片,必要时停用一次设备。

(3)若二次回路上无人工作,可先将直流系统分开各成相对独立的系统,即应用"分网法”,缩小查找范围。应注意查找过程中不能使保护或控制直流失去。

(4)对不重要的直流馈线,可采用“瞬时停电法”查找分支馈线有无接地点。断开保护或控制回路时,应汇报调度,做好安全措施,分回路按顺序瞬时断开直流熔断器,每一回路的查找均应与调度联系一次,防止查找过程中造成保护或控制回路的误动作。直流接地拉路查找的顺序为:①先找事故照明、信号回路、通信用电源回路,后找其他回路;②先找主合闸回路,后找保护回路;③先找室外设备,后找室内设备;④先找简单保护回路,后找复杂回路。

(5)对于较为重要的直流馈线,可采用“转移负荷法”查找支路上有无接地点。

(6)若查找不成功,未找出接地点,应通知上级有关部门,联系专业人员进行查找。

2)直流系统接地查找处理的注意事项

(1)瞬拔熔断器时应经调度员同意,断开电源的时间一般不应超过3 s,不论回路中有无故障,接地信号是否消失,均应及时投入。

(2)尽量避免在高峰负荷时进行。

(3)防止人为造成短路或另一点接地,导致误跳闸。

(4)禁止使用灯泡查找直流接地故障。

(5)使用仪表检查时,表计内阻应不低于2 000 Ω/V。

(6)直流接地发生时,禁止在二次回路上工作。

(7)查找直流接地时,必须由两人及以上配合进行,其中一人操作,一人监护,防止人身触电,做好安全监护。

(8)防止保护误动作,在操作电源前,解除可能误动的保护,操作电源给上后再投入保护。

(9)运行人员不得打开继电器和保护箱。

5.直流电压消失的处理

(1)当直流电压消失后,应汇报调度,停用相关保护,防止查找处理过程中保护误动。

(2)检查熔断器是否熔断,如有熔断,则应更换容量满足要求的合格熔断器。

(3)对蓄电池接线断路,应到蓄电池室内对蓄电池逐个进行检查,发现接线断开时,可临时采用容量满足要求的跨线将断路的蓄电池跨接,即将相邻两个电池正、负极相连,并立即通知专业人员检查处理。

6.直流母线电压过低或过高的处理

1)母线电压过低

直流系统运行中,若出现母线电压过低的信号,值班人员应检查并消除。检查浮充电是否正常、直流负荷是否突然增大、蓄电池运行是否正常等。若属直流负荷突然增大,应迅速调整直流母线电压,使母线电压保持在正常值。

直流电压显著下降的处理如下:

(1)检查充电装置是否正常,是否有直流输出。

(2)检查直流馈线熔断器是否熔断。

(3)检查蓄电池是否有严重损坏。

(4)若值班员不能及时处理,应汇报工区,通知专业人员处理。

2)母线电压过高

当出现母线电压过高的信号时,应降低浮充电流,使母线电压恢复正常。

3)交流窜入直流回路的处理

(1)故障现象表现为直流盘表指示正常,但有直流电压过高、过低、接地等信号同时不规则出现。

(2)处理方法与查找直流接地方法相同,但此时很容易造成保护误动,应做好事故预想。

7.蓄电池组异常处理

1)蓄电池组异常现象

蓄电池组在运行中发现下列异常,应通知检修人员进行处理:

(1)容器破损、电解液漏出。

(2)蓄电池组绝缘能力降低,造成直流接地,清扫后仍不能消除。

2)防酸蓄电池故障及处理

(1)防酸蓄电池内部极板短路或开路,应更换蓄电池。

(2)长期处于浮充运行方式的防酸蓄电池,极板表面逐渐会产生白色的硫酸铅结晶体,通常称为“硫化”。处理方法是对故障蓄电池加强监视,增加对其电压、比重的测试次数,报缺陷处理。

(3)防酸蓄电池底部沉淀物过多,用吸管清除沉淀物,并补充配置的标准电解液。

(4)防酸蓄电池极板弯曲、龟裂、变形,若经核对性充放电容量仍然达不到80%以上,此蓄电池应更换。

(5)防酸蓄电池绝缘能力降低,当绝缘电阻值低于现场规定时,将会发出接地信号,且正对地或负对地均能测到电压时,应对蓄电池外壳和绝缘支架用酒精擦拭,改善蓄电池室的通风条件,降低湿度,绝缘将会得到提高。

3)阀控密封铅酸蓄电池故障及处理

(1)阀控密封铅酸蓄电池壳体变形。造成此故障的原因有充电电流过大、充电电压超过了2.4 V、内部有短路或局部放电、温升超标、安全阀动作失灵等,使得内部压力升高。处理方法是减小充电电流,降低充电电压,检查安全阀是否堵死。

(2)运行中浮充电电压正常,但一放电,电压很快下降到终止电压值。一般原因是蓄电池内部水干涸、电解物质变质。处理方法是更换蓄电池。

4)镉镍蓄电池故障及处理

镉镍蓄电池容量下降,放电电压低。处理方法是更换电解液,更换无法修复的电池。

10.3.2.4 直流系统异常处理危险点及控制措施

1.直流短路或接地控制措施

(1)使用工具做好绝缘。

(2)检查工作中禁止随意拆接直流接线。

(3)查找直流回路异常应使用高内阻电压表,禁止使用灯泡查找。

(4)使用万用表测量直流电压时,应使用万用表的直流电压挡,禁止使用电流或电阻挡进行测量。

2. 直流电压严重下降控制措施

厂(站)用电交流失压后,应严密监视直流系统电压,尽量减小直流负荷,如发现直流电压下降严重应调整电压。

3. 人身触电控制措施

(1)应由两人一起进行检查和处理,加强监护;

(2)使用工具应合格并绝缘良好;

(3)不得徒手接触直流回路的导电部分。

4. 保护和自动装置拒动或误动控制措施

(1)断开、投入控制和保护回路直流电源前应经调度同意,并尽量缩短直流断开时间;

(2)断开保护回路直流电源前,应经调度同意,退出保护和自动装置,投入直流电源后再投入保护和自动装置;

(3)处理过程中避免造成直流接地;

(4)运行人员不得打开继电器和保护箱。

5. 微机保护及自动装置损坏控制措施

断开微机保护或自动装置直流电源前先将装置停用,投入直流电源后再启动,禁止未将装置停运就直接断开直流电源。

6. 蓄电池室氢气爆炸控制措施

(1)蓄电池室内严禁烟火;

(2)进入蓄电池室前应先开启通风装置,通风15 min。

7. 蓄电池因过充电或欠充电损坏控制措施

(1)非自动控制的充电机应每月由浮充电到全充电运行48 h;

(2)自动控制充电装置应监视其运行情况,防止由于充电装置故障造成蓄电池过充电或欠充电运行时间过长而损坏;

(3)每月按照规定时间进行蓄电池电压(和比重)的测试,根据测试结果判断蓄电池运行状态,进行适当维护。

10.3.3 任务准备

(1)做好安全措施:戴安全帽、绝缘手套,防摔防撞。

(2)熟悉异常处理工具的使用方法:安全帽、绝缘手套、500 V 摇表、2 500 V 摇表、三相短路接地线、裸露铜线、尖嘴钳。

10.3.4 任务实施

学员按人数分成小组,正确穿好合格的安全服装,戴好安全帽,携带好安全工器具,根据相应的作业标准或要求,在运行人员的监护下,模拟对异常情况进行正确处理,到异常情况消失为止,最后对照工具、材料清单清点工器具。处理结束后,将安全工器具放回原处,详细记录并及时汇报处理情况。

【典型案例】 恩施天楼地枕水力发电厂厂用交流电消失处理

1. 厂用交流电消失时出现的主要现象

(1)全厂正常照明全部失去;

(2)直流整流装置跳闸,事故照明切换;

(3)发电机、变压器冷却电源失去,风扇停转;

(4)厂用交流电压表、电流表指示为零。

2. 电厂用电运行方式

正常情况下,采用6.3 kV Ⅰ(6.3 kV Ⅱ)段母线供给3#(4#)厂用变压器的供电方式,低压分段开关在合位,由任一台厂用变压器供厂用电,两台厂用变压器互为备用;必要时可将低压分段开关断开,两段低压母线分别由3#、4#厂用变压器供电。

故障情况或全厂停电检修应采取以下方式运行:

(1)由大网经主变低压侧6.3 kV母线供给厂用变;

(2)由10 kV屯罗线经近区变供给厂用变;

(3)由车坝三级电站直接向低压间配电屏供给厂用电;

(4)由机组带厂用电(此条不适用全厂停电检修)。

具体方式根据当时情况而定。

3. 其他运行规定

(1)当大网故障,机组不能并网运行时,首先要开启机组保证厂用电运行。

(2)单机带厂用电运行时,必须严密监视机组、调速器、励磁的运行状态,保证机组正常供给厂用电。

(3)当大网不能供给厂用电,又不能开启机组时,为保厂用电及时恢复,优先采用车坝三级电站0.4 kV电源供电方案,但必须断开两台厂用变压器低压侧开关后投用三级0.4 kV电源,并且只能供给厂房内用电。

(4)采用10 kV屯罗线经近区变供给4#变压器厂用电时,必须断开相应的开关和天736刀闸,保证只有一个电源点供电。

(5)加强平时维护检查,每月检查一次,保证10 kV屯罗线、车坝三级0.4 kV供给电源设备处于正常备用状态。

(6)在机组并网运行时,至少保证一台机组的高周切机压板在"停用"位置,并选择运行状况较好的机组以保证事故情况下尽快恢复厂用电。

(7)随时维护好厂用直流系统,在交流厂用电源间断时,确保直流保安负荷的可靠稳定供电。

(8)当出现故障使机组全部停机或线路跳闸时,运行人员必须立即按照"天电公司黑启动方案"恢复厂用电,不能拖延。

4. 处理步骤

(1)对厂内交流负荷失电进行紧急处理,主要有监视主变温度、监视直流系统电压等,并做好相应记录。

(2)运行人员应先做好安全措施,用万用表、绝缘电阻表对失电设备进行检查,查找故障。

(3)运行人员应首先分清失压是由本厂电源进线失电导致的,还是由厂用交流故障引起的。若是本厂电源进线失电导致的低压停电,应投入备用变压器,或通过联络线恢复送电;若是因为厂用交流故障引起的全厂停电,应迅速查找故障点。

(4)经查,确定是本厂电源进线失电导致的低压停电。

(5)按运行规程规定,此时应首先开启机组保厂用电运行。

(6)当大网不能供给厂用电,又不能开启机组时,为保厂用电及时恢复,优先采用车坝三级电站0.4 kV电源供电方案,但必须断开两台厂用变低压侧开关后投用三级0.4 kV电源,并只能供给厂房内用电。

任务10.4　厂(站)用电交、直流系统的事故处理

10.4.1　任务分析

(1)通过学习厂(站)用电交流系统事故的具体原因与处理原则等相关知识,并实施对厂(站)用电交流系统可能出现的事故进行具体分析,熟悉和掌握厂(站)用电交流系统的事故处理方法与技能。

(2)通过学习厂(站)用电直流系统事故的具体原因与处理原则等相关知识,并实施对厂用电直流系统可能出现的事故进行具体分析,熟悉和掌握厂(站)用电直流系统的事故处理方法与技能。

10.4.2　相关知识

10.4.2.1　交流系统事故原因及处理

1.交流系统事故的主要原因

(1)空气小开关质量不合格,接触不良造成交流失电;

(2)交流低压断路器拒动,造成系统厂(站)用交流系统越级跳闸;

(3)上一级电源失电;

(4)厂(站)用电二次回路故障跳闸导致交流失电;

(5)厂(站)用变压器故障;

(6)低压母线故障。

2.交流系统事故处理

(1)厂(站)用电突然失去时,不论是厂(站)用变压器故障还是其他原因使电源消失,均应优先恢复下列回路供电:①监控系统电源;②主变冷却系统电源;③直流系统充电电源;④通信电源。

(2)厂(站)用电配电屏低压断路器跳闸时,应对该回路进行检查,在未发现明显的故障现象或故障点的情况下,允许合断路器试送一次,试送不成则不得再行强送,并尽可能查明故障原因,在未查明原因并加以消除前,严禁将该回路切至另一段母线运行或合上环路联络隔离开关,以免事故扩大。

(3)厂(站)用变高压断路器(高压熔断器)跳闸(熔断),一是变压器内部故障,使之

跳闸,二是某一段低压侧母线上短路时低压断路器(熔断器)未跳开(熔断),越级使高压断路器(高压熔断器)跳闸(熔断)。厂(站)用变压器高压断路器(高压熔断器)跳闸(熔断)时,处理方法是:

①拉开低压侧断路器(或拉开低压侧隔离开关),检查低压侧母线无问题,再把负荷倒至备用变或者另一段母线;

②厂(站)用变压器外部检查;

③如未发现异常,应考虑厂(站)用变压器存在内部故障的可能,通知专业人员。

(4)若厂(站)用变压器低压侧断路器跳闸,应根据具体情况进行处理:

①若系厂(站)用变压器失电,需手动投入备用电源;

②若系母线故障,则将该段母线上负荷移至另一段母线运行后进行消除,或通知检修人员进行处理;

③如母线上未见明显故障现象或故障点,则应对各负载回路进行检查,必要时可拉开跳闸厂、站用变所在母线上全部负荷回路断路器,再逐路试送以寻找故障点。

(5)当380 V母线某一段失压,备自投动作不成功时,应按以下方法处理:

①拉开失电厂(站)用变压器的低压进线断路器和隔离开关,并设置"禁止合闸,有人工作!"警示牌;

②如果380 V母线无故障,确认失压母线厂(站)用变压器高、低压断路器确已断开后,应合上380 V分段断路器,恢复母线供电;

③如果380 V母线确有故障,则禁止合上380 V高、低压断路器;

④检查主变冷却电源等是否恢复;

⑤检查失电厂(站)用变压器有无异常或故障现象,如有应立即隔离厂(站)用变。

(6)当380 V母线分支故障,越级造成母线失压时,应按以下方法处理:

①拉开380 V母线上分支线路;

②检查380 V母线确无其他故障时,应合上380 V母线断路器,恢复母线供电;

③合上380 V母线上分支线路,当合上某一分支母线故障时,判断故障分支,并将分支隔离,恢复母线送电;

④检查主变冷却电源等是否恢复。

(7)当380 V母线某一段故障失压,备自投动作后另一段母线故障,导致全厂(站)用交流消失,应按以下方法处理:

①立即上报调度,同时加强主变的监视,掌握主变的温度、负荷情况。

②如果有第三台厂(站)用变压器,考虑用第三台厂(站)用变压器送电,操作前应拉开失电的两台厂(站)用变压器进线断路器和隔离开关。如果判断是由于备自投动作后另一段母线故障,则尽快恢复无故障母线。

③密切关注蓄电池的电压,关闭不必要的负荷。

(8)上级电源停电,导致全厂(站)用交流消失,应按以下方法处理:

①立即上报调度,同时加强主变的监视,掌握主变的温度、负荷情况;

②如果有第三台厂(站)用变压器,考虑用第三台厂(站)用变压器送电,操作前应拉开失电的两台厂(站)用变压器进线断路器和隔离开关。

10.4.2.2 直流系统事故原因及处理

1. 直流系统事故的主要原因

(1)熔断器容量小或者不匹配,在大负荷冲击下造成熔丝熔断,导致部分回路直流消失;

(2)熔断器质量不合格,接触不良导致直流消失;

(3)直流两点接地或短路造成熔丝熔断,导致直流消失;

(4)充电机故障或者站内交流失去引起直流消失;

(5)直流母线故障或者蓄电池组故障。

2. 直流系统事故处理

(1)直流屏低压断路器跳闸时,应对该回路进行检查,在未发现明显的故障现象或故障点的情况下,允许合断路器试送一次,试送不成则不得再行强送。

(2)直流某一段电压消失时,应根据具体情况进行处理:

①蓄电池总熔断器熔断,充电机跳闸,应先重点检查母线上的设备,找出故障点,设法消除,更换熔丝后试送。如再次熔断或充电机跳闸,应通知专业人员来处理。

②直流熔断器熔断,经外部检查无异常现象和气味,可更换熔断器后试送一次。如果故障依然存在,通知检修人员处理,没查出故障点前,禁止用任何方式对其供电。

(3)若充电机(或充电模块)故障,应进行如下处理:

①如有备用充电机,应改为备用充电机运行;

②检查交流电源熔丝是否熔断或电源是否缺相,低压断路器是否断开,更换熔丝后试送,如再次熔断或充电机跳闸,应通知专业人员来处理;

③将该充电模块交流电源开关试送一次,若试送不成功,通知有关专业人员。

10.4.3 任务准备

(1)做好安全措施:戴安全帽、绝缘手套,防摔防撞。

(2)熟悉事故处理工具的使用方法:安全帽、绝缘手套、500 V 摇表、2500 V 摇表、三相短路接地线、裸露铜线、尖嘴钳。

10.4.4 任务实施

学员按预先分好的小组,正确戴好安全帽,扣好袖口,盘好头发,携带好安全工器具、事故处理实操表等进入中控室、保护室、升压站。在运行人员的监护下,在现场对事故处理预案进行演习,按事故处理实操表依次进行,确保事故处理正确。

【典型案例】 恩施天楼地枕水力发电厂厂用电交、直流系统的事故处理

1. 事故现象

天电大网或 110 kV 线路事故,天 13、71(72、73、74)开关跳闸,厂用电消失,蝶阀未关闭,天 1#、2#(或 3#、4#)机组处于空转状态。

2. 事故处理步骤

(1)记录时间及故障现象,汇报调度和运行管理单位相关领导。

(2)穿戴好合格的安全工器具,对事故时厂内的相关设备进行检查。

(3)根据事故现象结合现场设备检查结果,对事故进行分析判断。

(4)采取措施限制事故的发展,解除对电网、人身、设备安全的威胁,具体内容如下:

①视事故前厂用电的所在母线,选择带厂用电的机组,并检查调速器油压是否正常(在 23 kg/cm^2 以上);

②迅速复归有关保护信号;

③在上位机或现地单元发开机至空载命令;

④将 1#(2#、3#、4#)发电机保护屏上同期转换开关 SAS 置于“非同期”位;

⑤将 1#(2#、3#、4#)发电机保护屏上手动同期转换开关 1SASC 置于“断开”位;

⑥将 1#(2#、3#、4#)发电机保护屏上远方/就地转换开关 QC 置于“就地”位;

⑦用五防钥匙智能解锁,操作断路器控制开关 SA,合上天 71(72、73、74)开关;

⑧检查天 71(72、73、74)开关确在合位;

⑨将 1#(2#、3#、4#)发电机保护屏上同期转换开关 SAS 置于“断开”位;

⑩将 1#(2#、3#、4#)发电机保护屏上手动同期转换开关 1SASC 置于“断开”位;

⑪将 1#(2#、3#、4#)发电机保护屏上远方/就地转换开关 QC 置于“远方”位;

⑫检查监控后台各数据是否正确;

⑬全面检查。

小　结

任务 10.1 主要提出了厂(站)用电的概念,水电厂及变电站的厂用负荷的分类,厂(站)用电电压等级,厂(站)用电电源及引接方式。

任务 10.2 主要介绍了厂(站)用电交流系统的主要负荷,厂(站)用变压器的巡视检查项目及要求,380 V/220 V 系统的巡视检查及运行维护;介绍了直流系统的组成与运行维护、充电装置的维护、直流系统的巡视检查项目和特殊检查项目;介绍了交流不间断电源系统的巡视与维护内容及事故保安电源的巡视。

任务 10.3 主要介绍了厂(站)用交流电消失的主要现象,厂(站)用交流系统异常的处理原则,厂(站)用交流系统异常处理危险点及控制措施;直流系统常见异常现象及处理原则,直流系统异常处理危险点及控制措施。

任务 10.4 主要介绍了厂(站)用交流系统事故原因及处理原则、直流系统事故原因及处理原则。

复习思考题

1. 何谓自用负荷？水电厂与变电站的自用负荷各有哪些？

2. 对自用电接线有哪些基本要求？

3. 厂(站)用电源有哪些？如何引接？

4. 厂(站用交流系统起什么作用？

5. 厂(站)用交流系统中变压器的巡视检查项目及要求有哪些？

6. 厂(站)用交流系统中380 V/220 V系统的巡视检查及运行维护内容有哪些?
7. 厂(站)用直流系统由哪几部分组成?其运行维护项目有哪些?
8. 厂(站)用直流系统的正常巡视检查项目有哪些?
9. 厂(站)用交流系统常见的异常有哪些?主要现象是什么?
10. 厂(站)用交流系统异常处理危险点有哪些?相应的控制措施有哪些?
11. 厂(站)直流消失的现象主要有哪些?如何处理?
12. 厂(站)用直流系统异常处理危险点有哪些?相应的控制措施是什么?
13. 厂(站)用交流系统的事故原因有哪些?有哪些处理原则?
14. 厂(站)用直流系统的事故原因有哪些?有哪些处理原则?

附　录

附表1　电气第一种工作票格式

____________电气第一种工作票　No:________

1. 工作部门:________班组:________工作负责人(监护人):____________
2. 工作班人员:________________________________共____人
3. 工作内容:________________________________
　工作地点:________________________________
4. 计划工作时间:自______年______月______日______时______分
　　　　　　　　至______年______月______日______时______分
5. 安全措施:

下列由工作票签发人填写　　　　　　　　下列由工作许可人(值班员)填写

应拉断路器(开关)和隔离开关(刀闸),包括填写前已拉断路器(开关)和隔离开关(刀闸)(注明编号)	已拉断路器(开关)和隔离开关(刀闸)(注明编号)
应装接地线(注明地点)	已装接地线(注明编号和装设地点)
应设遮栏、应挂标示牌	已设遮栏、已挂标示牌(注明地点)

续附表1

工作地点保留带电部分和补充安全措施	
工作票签发人签名：______ 收到工作票时间：____年____月____日____时____分 值班负责人签名：______	工作许可人签名：______ 值班负责人签名：______ 值　长　签　名：______

6. 危险因素控制措施

危险点	危险因素控制措施	措施落实人

7. 许可开始工作时间：______年______月______日______时______分

工作许可人签名：________工作负责人签名：________

8. 工作负责人变动：

原工作负责人______离去，变更______为工作负责人。

变动时间：______年______月______日______时______分。

工作票签发人签名：________

9. 工作票延期，有效期延长到：______年______月______日______时______分

工作负责人签名：________值长或值班负责人签名：________

10. 工作终结：

工作班人员已全部撤离，现场已清理完毕。

全部工作于______年______月______日______时______分结束。

工作负责人签名：________工作许可人签名：________

临时遮栏、标示牌，常设安全措施已恢复，接地线共______组，已拆除______组，因另有工作保留______组(保留原因和地点填写在备注栏内)。

值班负责人签名：________

11. 工作组成员安全交底签名

12. 备注：________________________

附表2 电气第二种工作票格式

________电气第二种工作票 No:________

1. 工作负责人(监护人):________班组:________部门:________

工作班成员:________________________共____人

2. 工作任务:________________________

工作地点:________________________

3. 计划工作时间:自____年____月____日____时____分

至____年____月____日____时____分

4. 工作条件(停电或不停电):

停电________________________

____

____

5. 注意事项(安全措施):________________________

____

____

____

____

____

____

____

6. 危险因素控制措施

危险点	危险因素控制措施	措施落实人

工作票签发人签名:________

7. 工作组成员安全交底签名

8. 许可开始工作时间:____年____月____日____时____分

工作许可人(值班员)签名:________工作负责人签名:________

9. 工作结束时间:__________年__________月__________日__________时__________分

工作负责人签名:______________ 工作许可人(值班员)签名:______________

10. 备注:____

____

____

____

附表3 二级动火工作票格式

________________二级动火工作票 No：__________

<table>
<tr><td>动火部门</td><td></td><td>班组</td><td></td><td>动火工作负责人</td><td></td></tr>
<tr><td>动火地点及
设备名称</td><td colspan="5"></td></tr>
<tr><td>动火工作内容
（示意图）</td><td colspan="5"></td></tr>
<tr><td>申请动火
时间</td><td colspan="5">自______年______月______日______时______分开始
至______年______月______日______时______分结束</td></tr>
<tr><td rowspan="5">运行应采取
的安全措施</td><td colspan="5"></td></tr>
<tr><td colspan="5"></td></tr>
<tr><td colspan="5"></td></tr>
<tr><td colspan="5"></td></tr>
<tr><td colspan="5"></td></tr>
<tr><td rowspan="5">检修应采取
的安全措施</td><td colspan="5"></td></tr>
<tr><td colspan="5"></td></tr>
<tr><td colspan="5"></td></tr>
<tr><td colspan="5"></td></tr>
<tr><td colspan="5"></td></tr>
<tr><td>危险点</td><td colspan="4">危险因素控制措施</td><td>措施落实人</td></tr>
<tr><td></td><td colspan="4"></td><td></td></tr>
<tr><td></td><td colspan="4"></td><td></td></tr>
<tr><td></td><td colspan="4"></td><td></td></tr>
<tr><td>审批人签名</td><td>动火部门
负责人</td><td>安监人员</td><td colspan="2">保卫人员</td><td>动火工作票
签发人</td></tr>
<tr><td></td><td></td><td></td><td colspan="2"></td><td></td></tr>
<tr><td colspan="3">运行应采取的安全措施已做完。
运行许可人签字：____________</td><td colspan="3">检修应采取的安全措施已做完。
工作负责人签字：____________</td></tr>
</table>

续附表3

<table>
<tr><td colspan="6">应配备的消防设施和采取的消防措施已符合要求,可燃性、易爆气体含量或粉尘浓度测定合格。

消防监护人签字:________ 检测人签字:________</td></tr>
<tr><td colspan="2">允许动火时间</td><td colspan="4">自____年____月____日____时____分开始</td></tr>
<tr><td>安监人员
签字</td><td>保卫人员
签字</td><td>动火工作
负责人签字</td><td>动火执行人
签字</td><td colspan="2">企业负责人
签字</td></tr>
<tr><td></td><td></td><td></td><td></td><td colspan="2"></td></tr>
<tr><td colspan="2">结束动火时间</td><td colspan="4">于____年____月____日____时____分结束</td></tr>
<tr><td>动火执行人
签字</td><td></td><td>动火工作
负责人签字</td><td></td><td>消防监护人
签字</td><td></td></tr>
<tr><td>备注</td><td colspan="5"></td></tr>
</table>

附表4 （水力）机械工作票格式

________（水力）机械工作票 No:________

部门:________ 班组:________

1. 工作负责人:________

2. 工作班成员:________共________人 附页:________张

3. 工作内容:________

工作地点:________

4. 计划工作时间:自________年________月________日________时________分

至________年________月________日________时________分

5. 必须采用的安全措施	6. 措施执行情况

工作票签发人:________ ________年________月________日________时________分

接票人:________ ________年________月________日________时________分

7. 运行值班人员补充安全措施	8. 补充安全措施执行情况

9. 危险因素控制措施

危险点	危险因素控制措施	措施落实人

10. 批准工作结束时间:________年________月________日________时________分

值长:________ ________月________日________时________分

工作许可人:________ ________月________日 值班负责人:________ ________月________日

11. 上述安全措施已全部执行,从________年________月________日________时________分许可开始工作。

工作许可人:________ 工作负责人:________

12. 工作负责人变动：自______年______月______日______时______分原工作负责人______离去，变更______担任工作负责人。

变动时间：______年______月______日______时______分

工作票签发人签名：______　工作许可人：______

13. 工作票延期，有效期延长到：______年______月______日______时______分

值长：______单元长：______工作许可人：______工作负责人：______

14. 工作终结：工作班人员已全部撤离，现场已清理完毕。

全部工作于______年______月______日______时______分结束。

工作负责人：______工作许可人：______

15. 检修设备试运后仍需进行检修工作，工作票所列安全措施已全部执行，可以工作。		
允许恢复工作时间	工作许可人	工作负责人
月　日　时　分		
月　日　时　分		
月　日　时　分		
月　日　时　分		

附表5　继电保护安全措施票格式

____________继电保护安全措施票

编号:No:__________　　　　　　　　对应工作票编号:No:__________

被试设备及保护名称	

工作负责人		工作时间	____年____月____日____时____分	签发人	

工作内容:

工作条件:

1. 一次设备运行情况;
2. 被试保护作用的断路器;
3. 被试保护屏上的运行设备;
4. 被试保护屏、端子箱与其他保护连接线。

安全措施:包括应打开及恢复的压板、直流线、交流线、信号线、联锁线和联锁开关等,按工作顺序填写安全措施。已执行,在执行栏打"√";已恢复,在恢复栏打"√"。

序号	执行	安全措施内容	恢复

拟票人		操作人		监护人		审批人	

备注	1. 此票不能代替工作票; 2. 此票与工作票同步使用。

附表6 操作票格式

______倒闸操作票

No:______

操作时间		开始	____年____月____日____时____分	
		终了	____年____月____日____时____分	
操作任务				
模拟	操作	顺序	操作项目	时分
备注				

操作人:______ 监护人: ______ 值班负责人(值长):______

________机械操作票

No:________ 　　　　　　　　　　　　　　　　　　第　　页/共　　页

发令人:	受令人:	发令时间:____年____月____日____时____分
操作开始时间:____年____月____日____时____分	操作结束时间:____年____月____日____时____分	
操作任务		

序号	操作项目	操作情况	时间
备注:			

操作负责人(监护人):________ 　值班负责人:________ 　值长:________

注:“操作情况”栏:操作正确执行,打“√”;未执行,打“×”,并在备注栏说明原因。

附

操作票专用标准章式样

序号	印章名称	盖章位置	印章尺寸（mm × mm）	印章字体
1	以下空白	操作项目第一空格左侧	45 × 15	仿宋三号
2	已执行	操作任务栏右侧	30 × 15	同上
3	未执行	操作任务栏右侧	30 × 15	同上
4	作废	操作任务栏右侧	30 × 15	同上

以 下 空 白

已执行

未执行

作　废

附表7 二次工作安全措施格式

______二次工作安全措施票

单位______ 编号______

被试设备名称						
工作负责人		工作时间	年 月 日	签发人		
工作内容：						
安全措施：包括应打开及恢复的连接片、直流线、交流线、信号线、联锁线和联锁开关等，按工作顺序做安全措施。						

序号	执行	安全措施内容	恢复

执行人：______ 监护人：______ 恢复人：______ 监护人：______

附表8 标示牌式样

名称	悬挂处	式样		
		尺寸 (mm×mm)	颜色	字样
禁止合闸，有人工作！	一经合闸即可送电到施工设备的断路器(开关)和隔离开关(刀闸)操作把手上	200×160 和 80×65	白底，红色圆形斜杠，黑色禁止标志符号	黑字
禁止合闸，线路有人工作！	线路断路器(开关)和隔离开关(刀闸)把手上	200×160 和 80×65	白底，红色圆形斜杠，黑色禁止标志符号	黑字
禁止分闸！	接地刀闸与检修设备之间的断路器(开关)操作把手上	200×160 和 80×65	白底，红色圆形斜杠，黑色禁止标志符号	黑字
在此工作！	工作地点或检修设备上	250×250 和 80×80	衬底为绿色，中有直径200 mm和65 mm的白圆圈	黑字， 写于白圆圈中
止步，高压危险！	施工地点临近带电设备的遮栏上，室外工作地点的围栏上，禁止通行的过道上，高压试验地点，室外构架上，工作地点临近带电设备的横梁上	300×240 和 200×160	白底，黑色正三角形标志符号，衬底为黄色	黑字
从此上下！	工作人员可以上下的铁架、爬梯上	250×250	衬底为绿色，中有直径200 mm的白圆圈	黑字， 写于白圆圈中
从此进出！	室外工作地点围栏的出入口处	250×250	衬底为绿色，中有直径200 mm的白圆圈	黑字， 写于白圆圈中
禁止攀登，高压危险！	高压配电装置构架的爬梯上，变压器、电抗器等设备的爬梯上	500×400 和 200×160	白底，红色圆形斜杠，黑色禁止标志符号	黑字

注：在计算机操作系统图上断路器(开关)和隔离开关(刀闸)的操作处所设置的“禁止合闸，有人工作！”“禁止合闸，线路有人工作！”和“禁止分闸”的标示牌即可参照表中有关标示牌的式样。

附表9 绝缘安全工器具试验项目、周期和要求

<table>
<tr><th>序号</th><th>器具</th><th>项目</th><th>周期</th><th colspan="4">要求</th><th>说明</th></tr>
<tr><td rowspan="10">1</td><td rowspan="10">电容型验电器</td><td>A.启动电压试验</td><td>1年</td><td colspan="4">启动电压值不高于额定电压的40%，不低于额定电压的15%</td><td>试验时接触电极应与试验电极相接触</td></tr>
<tr><td rowspan="9">B.工频耐压试验</td><td rowspan="9">1年</td><td rowspan="2">额定电压(kV)</td><td rowspan="2">试验长度(m)</td><td colspan="2">工频耐压(kV)</td><td rowspan="9"></td></tr>
<tr><td>1 min</td><td>5 min</td></tr>
<tr><td>10</td><td>0.7</td><td>45</td><td>—</td></tr>
<tr><td>35</td><td>0.9</td><td>95</td><td>—</td></tr>
<tr><td>63</td><td>1.0</td><td>175</td><td>—</td></tr>
<tr><td>110</td><td>1.3</td><td>220</td><td>—</td></tr>
<tr><td>220</td><td>2.1</td><td>440</td><td>—</td></tr>
<tr><td>330</td><td>3.2</td><td>—</td><td>380</td></tr>
<tr><td>500</td><td>4.1</td><td>—</td><td>580</td></tr>
<tr><td rowspan="10">2</td><td rowspan="10">携带型短路接地线</td><td>A.成组直流电阻试验</td><td>不超过5年</td><td colspan="4">在各接线鼻之间测量直流电阻，对于25，35，50，70，95，120 mm^2 的各种截面，平均每米的电阻值应分别小于0.79，0.56，0.40，0.28，0.21，0.16 mΩ</td><td>同一批次抽测，不少于2条，接线鼻与软导线压接的应做该试验</td></tr>
<tr><td rowspan="9">B.操作棒的工频耐压试验</td><td rowspan="9">4年</td><td rowspan="2">额定电压(kV)</td><td rowspan="2">试验长度(m)</td><td colspan="2">工频耐压(kV)</td><td rowspan="9">试验电压加在护环与紧固头之间</td></tr>
<tr><td>1 min</td><td>5 min</td></tr>
<tr><td>10</td><td>—</td><td>45</td><td>—</td></tr>
<tr><td>35</td><td>—</td><td>95</td><td>—</td></tr>
<tr><td>63</td><td>—</td><td>175</td><td>—</td></tr>
<tr><td>110</td><td>—</td><td>220</td><td>—</td></tr>
<tr><td>220</td><td>—</td><td>440</td><td>—</td></tr>
<tr><td>330</td><td>—</td><td>—</td><td>380</td></tr>
<tr><td>500</td><td>—</td><td>—</td><td>580</td></tr>
<tr><td>3</td><td>个人保安线</td><td>成组直流电阻试验</td><td>不超过5年</td><td colspan="4">在各接线鼻之间测量直流电阻，对于10，16，25 mm^2 的各种截面，平均每米的电阻值应分别小于1.98，1.24，0.79 mΩ</td><td>同一批次抽测，不少于两条</td></tr>
</table>

续附表 9

序号	器具	项目	周期	要求				说明
4	绝缘杆	工频耐压试验	1 年	额定电压（kV）	试验长度（m）	工频耐压（kV） 1 min	工频耐压（kV） 5 min	
				10	0.7	45	—	
				35	0.9	95	—	
				63	1.0	175	—	
				110	1.3	220	—	
				220	2.1	440	—	
				330	3.2	—	380	
				500	4.1	—	580	
5	核相器	A. 连接导线绝缘强度试验	必要时	额定电压（kV）	工频耐压（kV）	持续时间（min）		浸在电阻率小于 100 Ω · m 的水中
				10	8	5		
				35	28	5		
		B. 绝缘部分工频耐压试验	1 年	额定电压（kV）	试验长度（m）	工频耐压（kV）	持续时间（min）	
				10	0.7	45	1	
				35	0.9	95	1	
		C. 电阻管泄漏电流试验	半年	额定电压（kV）	工频耐压（kV）	持续时间（min）	泄漏电流（mA）	
				10	10	1	≤2	
				35	35	1	≤2	
		D. 动作电压试验	1 年	最低动作电压应达 0.25 倍额定电压				
6	绝缘罩	工频耐压试验	1 年	额定电压（kV）	工频耐压（kV）	时间（min）		
				6 ~ 10	30	1		
				35	80	1		
7	绝缘隔板	A. 表面工频耐压试验	1 年	额定电压（kV）	工频耐压（kV）	持续时间（min）		电极间距离 300 mm
				6 ~ 35	60	1		

续附表 9

<table>
<tr><th>序号</th><th>器具</th><th>项目</th><th>周期</th><th colspan="4">要求</th><th>说明</th></tr>
<tr><td rowspan="3">7</td><td rowspan="3">绝缘隔板</td><td rowspan="3">B. 工频耐压测试</td><td rowspan="3">1 年</td><td>额定电压（kV）</td><td>工频耐压（kV）</td><td colspan="2">持续时间（min）</td><td rowspan="3"></td></tr>
<tr><td>6～10</td><td>30</td><td colspan="2">1</td></tr>
<tr><td>35</td><td>80</td><td colspan="2">1</td></tr>
<tr><td rowspan="3">8</td><td rowspan="3">绝缘胶垫</td><td rowspan="3">工频耐压试验</td><td rowspan="3">1 年</td><td>电压等级</td><td>工频耐压（kV）</td><td colspan="2">持续时间（min）</td><td rowspan="3">用于带电设备区域</td></tr>
<tr><td>高压</td><td>15</td><td colspan="2">1</td></tr>
<tr><td>低压</td><td>3.5</td><td colspan="2">1</td></tr>
<tr><td rowspan="2">9</td><td rowspan="2">绝缘靴</td><td rowspan="2">工频耐压测试</td><td rowspan="2">半年</td><td>工频耐压（kV）</td><td>持续时间（min）</td><td colspan="2">泄漏电流（mA）</td><td rowspan="2"></td></tr>
<tr><td>25</td><td>1</td><td colspan="2">≤10</td></tr>
<tr><td rowspan="3">10</td><td rowspan="3">绝缘手套</td><td rowspan="3">工频耐压试验</td><td rowspan="3">半年</td><td>电压等级</td><td>工频耐压（kV）</td><td>持续时间（min）</td><td>泄漏电流（mA）</td><td rowspan="3"></td></tr>
<tr><td>高压</td><td>8</td><td>1</td><td>≤9</td></tr>
<tr><td>低压</td><td>2.5</td><td>1</td><td>≤2.5</td></tr>
<tr><td>11</td><td>导电鞋</td><td>直流电阻试验</td><td>穿用不超过 200 h</td><td colspan="4">电阻值小于 100 kΩ</td><td></td></tr>
</table>

注：接地线如用于各电源侧和有可能倒送点的各侧均已停电、接地的线路，其操作棒预防性试验的工频耐压可只做 10 kV 级，且试验周期可延长到不超过 5 年一次。

附表 10　带电作业高架绝缘斗臂车电气试验标准

电压等级(kV)	试验部件	测试项目、标准					备注
		交接试验		预防性试验			
		工频耐压	泄漏电流	工频耐压	泄漏电流	沿面放电	
各级电压	单层作业	50 kV 1 min	—	45 kV 1 min	—	—	斗浸水中高出水面 200 mm
	作业斗内斗	50 kV 1 min	—	45 kV 1 min	—	—	
	作业斗外斗	20 kV 1 min	—	—	0.4 m 20 kV ≤0.2 mA	0.4 m 45 kV 1 min	泄漏电流试验为沿面试验
	液压油	油杯:2.5 mm 电极,6 次试验平均击穿电压≥20 kV,任一单独击穿电压≥10 kV					更换、添加的液压油应试验合格
10	上臂(主臂)	0.4 m 50 kV 1 min	—	0.4 m 45 kV 1 min	—	—	耐压试验为整车试验,但在绝缘臂上应增设试验电极
	下臂(套筒)	50 kV 1 min	—	45 kV 1 min	—	—	
	整车	—	1.0 m 20 kV ≤0.5 mA	—	1.0 m 20 kV ≤0.5 mA	—	在绝缘臂上增设试验电极
35	上臂(主臂)	0.6 m 105 kV 1 min	—	0.6 m 95 kV 1 min	—	—	耐压试验为整车试验,但在绝缘臂上应增设试验电极
	下臂(套筒)	50 kV 1 min	—	45 kV 1 min	—	—	
	整车	—	1.5 m 70 kV ≤0.5 mA	—	1.5 m 70 kV ≤0.5 mA	—	在绝缘臂上增设试验电极

续附表10

电压等级(kV)	试验部件	测试项目、标准					备注
		交接试验		预防性试验			
		工频耐压	泄漏电流	工频耐压	泄漏电流	沿面放电	
63	上臂(主臂)	0.7 m 175 kV 1 min	—	0.7 m 175 kV 1 min	—	—	耐压试验为整车试验,但在绝缘臂上应增设试验电极
	下臂(套筒)	50 kV 1 min	—	50 kV 1 min	—	—	
	整车	—	1.5 m 70 kV ≤0.5 mA	—	1.5 m 70 kV ≤0.5 mA	—	在绝缘臂上增设试验电极。同时,核对泄漏表
110	上臂(主臂)	1.0 m 250 kV 1 min	—	1.0 m 220 kV 1 min	—	—	耐压试验为整车试验,但在绝缘臂上应增设试验电极
	下臂(套筒)	50 kV 1 min	—	45 kV 1 min	—	—	
	整车	—	2.0 m 126 kV ≤0.5 mA	—	2.0 m 126 kV ≤0.5 mA	—	在绝缘臂上增设试验电极。同时,核对泄漏表
220	上臂(主臂)	1.8 m 450 kV 1 min	—	1.8 m 440 kV 1 min	—	—	耐压试验为整车试验,但在绝缘臂上应增设试验电极
	下臂(套筒)	50 kV 1 min	—	45 kV 1 min	—	—	
	整车	—	3.0 m 252 kV ≤0.5 mA	—	3.0 m 252 kV ≤0.5 mA	—	在绝缘臂上增设试验电极。同时,核对泄漏表

附表 11　登高工器具试验标准

<table>
<tr><th>序号</th><th>名称</th><th>项目</th><th>周期</th><th colspan="3">要求</th><th>说明</th></tr>
<tr><td rowspan="5">1</td><td rowspan="5">安全带</td><td rowspan="5">静负荷试验</td><td rowspan="5">1 年</td><td>种类</td><td>试验静拉力（N）</td><td>载荷时间（min）</td><td rowspan="5">牛皮带试验周期为半年</td></tr>
<tr><td>围杆带</td><td>2 205</td><td>5</td></tr>
<tr><td>围杆绳</td><td>2 205</td><td>5</td></tr>
<tr><td>护腰带</td><td>1 470</td><td>5</td></tr>
<tr><td>安全绳</td><td>2 205</td><td>5</td></tr>
<tr><td rowspan="2">2</td><td rowspan="2">安全帽</td><td>冲击性能试验</td><td>按规定期限</td><td colspan="3">受冲击力小于 4 900 N</td><td rowspan="2">使用寿命:从制造之日起,塑料帽≤2.5 年,玻璃钢帽≤3.5 年</td></tr>
<tr><td>耐穿刺性能试验</td><td>按规定期限</td><td colspan="3">刚锥不接触头模表面</td></tr>
<tr><td>3</td><td>脚扣</td><td>静负荷试验</td><td>1 年</td><td colspan="3">施加 1 176 N 静压力,持续时间 5 min</td><td></td></tr>
<tr><td>4</td><td>升降板</td><td>静负荷试验</td><td>半年</td><td colspan="3">施加 2 205 N 静压力,持续时间 5 min</td><td></td></tr>
<tr><td>5</td><td>竹(木)梯</td><td>静负荷试验</td><td>半年</td><td colspan="3">施加 1 765 N 静压力,持续时间 5 min</td><td></td></tr>
</table>

参考文献

[1] 龚在礼,陈芳.水电厂机电运行[M].郑州:黄河水利出版社,2014.
[2] 杨娟,周卫星.变电运行[M].北京:中国电力出版社,2012.
[3] 黄栋,席川.电气运行[M].北京:中国电力出版社,2011.
[4] 张方庆,李敏,等.工厂常用电气设备运行与维护[M].北京:中国电力出版社,2009.
[5] 范绍彭.电气运行[M].北京:中国电力出版社,2006.
[6] 杜文学.电气设备运行及事故处理[M].北京:化学工业出版社,2006.
[7] 周立红.电力系统运行[M].北京:中国水利水电出版社,2005.
[8] 周志敏,周纪海,纪爱华.电气运行操作必读[M].北京:电子工业出版社,2004.